Richard von Krafft-Ebing

Lehrbuch der Psychiatrie auf klinischer Grundlage - für praktische Ärzte und Studierende

Band II: Die spezielle Pathologie und Therapie des Irreseins

Richard von Krafft-Ebing

Lehrbuch der Psychiatrie auf klinischer Grundlage - für praktische Ärzte und Studierende
Band II: Die spezielle Pathologie und Therapie des Irreseins

ISBN/EAN: 9783744673204

Hergestellt in Europa, USA, Kanada, Australien, Japan

Cover: Foto ©berggeist007 / pixelio.de

Weitere Bücher finden Sie auf **www.hansebooks.com**

LEHRBUCH

DER

PSYCHIATRIE

AUF KLINISCHER GRUNDLAGE

FÜR

PRACTISCHE ÄRZTE UND STUDIRENDE

VON

Dr. R. v. KRAFFT-EBING

PROFESSOR IN GRAZ.

DREI BÄNDE.

STUTTGART.

VERLAG VON FERDINAND ENKE.

1879.

LEHRBUCH

DER

PSYCHIATRIE

AUF KLINISCHER GRUNDLAGE

FÜR

PRACTISCHE ÄRZTE UND STUDIRENDE

VON

Dr. R. v. KRAFFT-EBING,

K. K. A. Ö. PROFESSOR DER PSYCHIATRIE AN DER UNIVERSITÄT GRAZ, DIRECTOR DER
STEIERM. LANDESIRRENANSTALT, MITGLIED DER SOCIÉTÉ MÉDICO-PSYCHOLOGIQUE UND
DER SOC. DE MÉDECINE LÉGALE IN PARIS, DER SOC. DE MÉDECINE IN GENT, DER SOC. DE
MÉDECINE MENTALE DE BELGIQUE, DES DEUTSCHEN VEREINS DER IRRENÄRZTE etc.

———

BAND II.

DIE SPECIELLE PATHOLOGIE UND THERAPIE DES IRRESEINS.

STUTTGART.

VERLAG VON FERDINAND ENKE.

1879.

SEINEN FREUNDEN

CARL PELMAN und HEINRICH SCHÜLE

ZUGEEIGNET.

Inhaltsverzeichniss.

Seite

Cap. 1. Die Classification der Psychosen 1
Psychoneurosen und psychische Entartungen (3), unterscheidende Merkmale (4), Untereintheilung der Psychoneurosen (6), und der psychischen
Entartungen (7), Hirnkrankheiten mit vorwaltenden psych. Symptomen
(8), Versuch einer Eintheilung der psychischen Krankheiten (9).

Cap. 2. Die Psychoneurosen 11
   I. Primäre heilbare Zustände.
     A. Die Melancholie 11
     Psychische Symptome (12), Symptome vom übrigen Nerven-
     system (17), Formen der Melancholie (18).
       1. Die Melancholia passiva 18
       Die Melancholia activa eine episodische reactive Erscheinung
       (18), Raptus melancholicus (20).
       2. Die Melancholia attonita s. cum stupore . . . 22
       Vorkommen, Verlauf, Ausgänge (24), Prognose (26), Therapie
       (26) der Melancholie.
     B. Die Manie 29
       1. Die maniakalische Exaltation 30
       Psychische (30) und somatische (33) Symptome; Vorkommen
       und Verlauf (34), Therapie (34).
       2. Die Tobsucht 35
       Wissenschaftliche Begrenzung des Begriffs „Tobsucht" (35)
       psychische Symptome (36), scheinbar hochgesteigerte Muskel-
       kraft Tobsüchtiger (38), somatische Symptome (39), Vor-
       kommen und Verlauf der Tobsucht (40), Ausgänge (41),
       Prognose (42), Therapie (42).
       Anhang: Die Mania transitoria 45
     C. Stupidität s. heilbare Dementia 46
     Klinisches Bild (47), differentielle Diagnose von der Mel.
     attonita (49), Therapie (50).
  II. Secundäre unheilbare Zustände psychischer
  Schwäche 50
     A. Secundäre Verrücktheit . 52
     B. Terminaler Blödsinn . . 53

       1. Agitirter Blödsinn oder allgem. Verwirtheit
       (démence) 55
       2. Apathischer Blödsinn   55

Cap. 3. Die psychischen Entartungen . .   .   56
Allgemeine klinische Diagnostik 57
  A. Das constitutionell affective Irresein (Folie raisonnante) 61
  B. Das moralische Irresein (Folie morale, moral insanity) 63
    Das angeborene (63), und das erworbene (64) moral. Irresein;
    Klinische Merkmale (65), klinische Unterschiede zwischen ange-
    borenen und erworbenen Fällen (67), Diagnose (68).
  C. Primäre Verrücktheit 70
    1. Die primäre Verrücktheit in Wahnideen . . . 70
      Geschichtliches (71), wesentliche Merkmale (72), Aetiologie
      (72), Belastungserscheinungen (functionelle neurotische 72,
      anatomische 73, charakterologische 73), vorwaltende unbe-
      wusste Geistesthätigkeit (74), Sectionsergebnisse (75), Ge-
      legenheitsursachen (75), Incubationsstadium (75), Stadium
      der vollen Entwicklung der Krankheit (76), Entstehungs-
      wege der Wahnideen (76), Sinnestäuschungen (77), Trans-
      formation der Primordialdelirien (78), Gesammtverlauf (78),
      Ausgänge (79).
      a. Die primäre Verrücktheit mit Beeinträch-
        tigungswahn (Verfolgungswahn) 80
        Incubationsstadium (80), Höhe der Krankheit (81),
        Sinnestäuschungen (81), Krankheitsbilder auf Grundlage
        sexueller Reizvorgänge, z. B. Uterinleiden, Klimacterium
        (82), Krankheitsbilder auf Grundlage gastrointestinaler
        Affectionen (83), Krankheitsbilder auf masturbatorischer
        Grundlage (83), affective Erscheinungen im Verfol-
        gungswahn (84), unterscheidende Merkmale von der
        Melancholie (84), Stadium der Passivität (84) und der
        Reaktion der Kranken (85), Transformation (85), unter-
        scheidende Merkmale zwischen primärer und secundärer
        Verrücktheit (86), Therapie (87).
        Anhang. Das Irresein der Querulanten und
        Processkrämer 87
      b. Die primäre Verrücktheit mit Wahnideen
        geförderter Interessen (Grössenwahn) . . 90
        α) Religiöse Verrücktheit 90
        β) Erotische Verrücktheit 94
    2. Die primäre Verrücktheit in Zwangsvor-
      stellungen 95
  D. Das epileptische Irresein 99
    Klinische Begränzung der epileptischen Neurose (100), Epilepsia
    nocturna (101), intervalläre neurotische Symptome beim Epi-
    leptiker (102), epileptischer Charakter (102), Vorläufer (103)
    und Folgeerscheinungen (104), epileptischer Anfälle.
    1. Die psychische Degeneration der Epileptiker. 105
    2. Die transitorischen Anfälle psychischer Störung 106

seite

a. Stupor   107
b. Dämmerzustände   108
    α) Mit Angst (petit mal Falret) 108; β) mit vorwiegend
    schreckhaften Delirien und Sinnestäuschungen (grand
    mal Falret) 108, γ) mit religiös-expansivem Delir
    (109), δ) traumartige Dämmerzustände (110), ε) Dämmer-
    zustände mit moriaartiger Erregung (110).
    Diagnose der transitorischen Anfälle psychischer Störung .   110
3. Die epileptischen Psychosen   111
    Anatomische Grundlagen der Epilepsie und Therapie . .   113
E. Das hysterische Irresein   114
    Hysterischer Charakter und elementare psychische Störun-
    gen (115).
    1. Transitorische Irreseinszustände   116
        a) Angstzustände (117), b) hystero-epileptische Delirien (117)
        c) ekstatisch visionäre Zustände (117), moriaartige Zu-
        stände (117).
    2. Chronisches Irresein   118
        Hystero-melancholie und Hystero-manie (118), degenerative
        psychische Zustände (118).
F. Das hypochondrische Irresein   119
    Die hypochondrische Neurose als Belastungserscheinung (120).
    Hypochondrische Verrücktheit (120) und psychische Schwäche-
    zustände (121).
G. Das periodische Irresein   121
    Pathogenese (121) und Aetiologie (123), allgemeine klinische
    Merkmale (124), Prognose (125).
I. Das periodische Irresein in idiopathischer Ent-
    stehungsweise   126
    1. In Form der Psycho(neur)ose   126
        Manie (126), Dipsomanie (130), Melancholia periodica
        (132). Circuläres Irresein in typischem Wechsel melanchol.
        und manischer Zustandsbilder (132), in abwechselnden Zu-
        ständen des Stupor und manieartiger Erregung (134).
    2. In Form von Delirium   135
II. Das periodische Irresein in sympathischer Ent-
    stehungsweise   136
    Das periodische menstruale Irresein   137
Cap. 4. Hirnkrankheiten mit vorwaltenden psychischen Symptomen 140
    A. Dementia paralytica   140
        Definition (141), allgem. Uebersicht der Symptome und des Ver-
        laufs der Krankheit (142), anatomische Ergebnisse (145). specielle
        Symptomatologie: 1. Psychische Störungen (maniakalische
        Zustandsbilder 147, Grössenwahn 149, Hypochondr., Delir 150,
        Dementia 150, Remissionen 151). 2. Motorische Störungen
        (Sprache 151, Irisinnervation 153, Facialis 153, Extremitäten 153,
        apoplect. und epilept. Anfälle 154). 3. Vasomotorische und trophische
        Störungen (155), Diagnose der Dem. paralytica (156), Aetiologie
        (157), Pathogenese (158), Therapie (159).

Seite

B. **Lues cerebralis**   161
    Pathol. Anatomie (161), klinische Krankheitsbilder (162), Diag-
    nostische Anhaltspunkte (165), Therapie (165).
C. **Der Alkoholismus chronicus und seine Complicationen**   166
    Die anatomischen und klinischen Merkmale des Alkohol. chron.
    (167), therapeutische Gesichtspunkte (172), Complicationen (173).
    1. Delirium tremens   173
        Ursachen (173), Vorboten (173), Stadium der entwickelten Krank-
        heit (174), Ausgänge (176), Behandlung (177).
    2. Pathologische Rauschzustände   180
        Ursächliche Bedingungen (180), klinische Erscheinungsweise und
        Diagnostik (181).
    3. Trunkfällige Sinnestäuschung 181
    4. Alkoholpsychosen   182
        a) Alkoholmelancholie (182), b) Mania gravis potatorum (183),
        c) alkohol. Verfolgungswahn (186), d) Alkoholparalyse (187).
    5. Alkoholepilepsie   188
D. **Dementia senilis**   189
    Pathol. anatomische Befunde (189), Krankheitsbild (190), compli-
    cirende Zustandsbilder (melancholische 191, manische 191, seniler
    Verfolgungswahn 191), Behandlung (192).
E. **Das Delirium acutum**   192
    Anatomische Befunde (193), Ursachen (193), Pathogenese (194),
    Krankheitsbild (195), Verlauf (198), Diagnose (199), Therapie (199).
Cap. 5. **Psychische Entwicklungshemmungen. Idiotie und Cretinismus.**   200
    Begriffsbestimmung (200), Ursachen (201), pathol. anatom. Ergebnisse
    (203), klinische Betrachtung (208), psychische Symptome (208), soma-
    tische Symptome (212), Verlauf und Prognose (213), Behandlung (213).

Die Classification der Psychosen.

Formen des Irreseins [1]).

Die Grundvoraussetzung für eine specielle Pathologie des Irreseins ist eine Eintheilung und Gruppirung der individuell so verschiedenartigen und durch ihre Mannichfaltigkeit geradezu verwirrenden Krankheitsbilder nach einheitlichen Gesichtspunkten.

Das Bedürfniss nach einer befriedigenden Eintheilung der psychischen Krankheiten hat sich früh schon geltend gemacht und zu unzähligen Classificationsversuchen geführt, von denen aber keiner sich allgemeiner und unbedingter Billigung zu erfreuen hatte.

Bei aller Schwierigkeit eines derartigen Versuchs kann darauf im Interesse des Fortschritts der Wissenschaft wie auch des Verständnisses zwischen Autor und Leser nicht verzichtet werden.

Es fragt sich zunächst, nach welchen Gesichtspunkten, beim gegenwärtigen Stande der Psychiatrie, ein solcher Versuch unternommen werden soll.

Es gibt in der Pathologie 3 Eintheilungsprincipien: ein anatomisches, nach den der Krankheit zu Grunde liegenden anatomischen Veränderungen, — ein ätiologisches, nach den besonderen jene bedingenden Ursachen, — ein klinisch-funktionelles, nach der besonderen Art und Weise, wie die Funktionen durch den Krankheitsprocess geändert erscheinen. An eine anatomische Eintheilung der Psychosen kann nicht gedacht werden.

Wir kennen die anatomischen Vorgänge, deren klinischer Aus-

---

[1]) S. Falret, malad. mentales, Introduction, p. 30. 31: Neumann, Psychiatrie p. 175; Morel, Traité des mal. ment. p. 249; Berthier, Annal. méd. psychol. 1873. Novb.; Kahlbaum, »Die Gruppirung der psychischen Krankheiten.« Danzig 1863; Derselbe in Volkmann's »Sammlung klinischer Vorträge.« No. 126; Schüle, Handb. p. 359.

druck die Phänomene des Irreseins sind, überhaupt zu wenig, geschweige die anatomischen Unterschiede, welche die verschiedenen Krankheitsbilder bedingen, wenn auch für einzelne in neuerer Zeit immer häufiger identische Befunde sich ergeben.

Mehr verspricht ein ätiologisches Eintheilungsprincip, unter der Voraussetzung, dass ein durch bestimmte Ursachen entstandenes Irresein auch besondere Eigenthümlichkeiten des Symptomendetails und Verlaufs böte, die mit Sicherheit auf das ätiologische Moment einen Rückschluss gestatteten.

Leider erweist sich diese Voraussetzung: specifische Ursache — specifische Züge des Krankheitsbilds nicht in dem Umfang stichhaltig, als es zur allgemeinen Verwerthung des Princips erforderlich wäre.

Das Irresein ist eben, seltene Fälle ausgenommen, der Effekt des Zusammenwirkens einer Mehrheit von Ursachen, deren Einzelwürdigung schwierig, deren Wirkungsweise vielfach unklar, deren klinischer Ausdruck vieldeutig ist und durch Interferenzwirkungen ein undeutlicher wird.

Bei aller Anerkennung bezüglicher Bestrebungen Morel's, Skae's, Clouston's, Kahlbaum's u. A. muss auf die Durchführung einer ätiologischen Classification der Geistesstörungen zur Zeit verzichtet werden, wenn auch die klinische Würdigung des Einzelfalls die ätiologische Frage immer wesentlich mit berücksichtigen muss.

Aber wenn auch die Hoffnung sich nicht erfüllt, dass eine bestimmte Ursache z. B. eine Kopfverletzung, Syphilis, Uterinerkrankung, selbst wenn sie eine allein zur Geltung kommende ist, bei der Verschiedenheit der Pathogenese, Lokalisation etc. ein im Verlauf und Symptomendetail eigenartiges Krankheitsbild hervorrufen wird, so lässt sich doch erwarten, dass gewisse ursächlich besonders bedeutsame Faktoren, wie z. B. Erblichkeit, constitutionelle Verhältnisse, einer ganzen Gruppe wenn auch noch so verschiedener Krankheitsbilder gemeinsame Züge bezüglich der Symptome und des Verlaufs aufdrücken werden[1]).

Unter der Voraussetzung der Richtigkeit dieser Annahme erscheint die Heranziehung des ätiologischen Faktors wenigstens für die Abscheidung grösserer Gruppen des Irreseins berechtigt und erfolgreich, insofern ein Rückschluss auf die ganz besondere constitutionelle

---

[1]) Analog der Bedeutung constitutioneller Verhältnisse auf somatischem Gebiet für Entstehung und Artung von Krankheitsprocessen. Eine Pleuritis z. B. bei einem tuberculösen oder zu Tuberculose disponirten Individuum hat andere Bedeutung und Artung (Empyem, Tuberculisirung) als bei einer nicht zu Tuberculose disponirten Persönlichkeit.

Grundlage jener aus Pathogenese, Verlauf und Symptomen gemacht werden kann.

In der That liegt ein fundamentaler Unterschied darin, ob eine psychische Störung sich bei einem von Geburt aus gut constituirten und normal funktionirenden „rüstigen" oder bei einem erblich belasteten oder sonstwie in der Entwicklung ungünstig beeinflussten, abnorm funktionirenden „invaliden" Gehirn entwickelte.

Diese Thatsache, die schon Morel in ihrer ganzen Bedeutung würdigte, und die Schüle neuerdings hervorhob, nöthigt für die Psychosen des entwicklungsfähigen und entwickelten Gehirns zu einer möglichst sorgfältigen Scheidung, je nach dem Vorhandensein oder Fehlen des ätiologisch bedeutsamen und belastenden Faktors.

Für die psychischen Störungen, die Individuen mit rüstigem Gehirn befallen, möge die Bezeichnung der Psychoneurosen, für die, welche auf Grundlage eines belasteten sich entwickeln, der Ausdruck der psychischen Entartungen gelten.

Es bedarf kaum einer Erwähnung, dass diese beiden grossen Gruppen keine strikten Gegensätze sind, sondern, wie überall im organischen Leben, Uebergänge aufweisen.

So kann es fraglich erscheinen, ob ein zwar von psychisch krankhafter Ascendenz stammendes aber bis zur Zeit der psychischen Erkrankung normal funktionirendes Individuum in die eine oder andere Gruppe zu rechnen sei.

Es kann ferner ein gut veranlagtes Gehirn durch ein erlittenes Trauma capitis oder ein sonstiges schädigendes Moment (Trunk, sexuelle Excesse etc.) eine degenerative Constitution erwerben, welche der sich durch irgend ein gelegentliches Moment entwickelnden Psychose einen degenerativen Charakter aufdrückt.

Es ist übrigens nicht bloss das ätiologische Moment, das die Trennung begründet, sondern es sind auch gewisse Eigenthümlichkeiten in Entstehung, Verlauf und Symptomengruppirung, auf welche die differentielle Diagnose sich stützt. Schon Morel hat diese klinischen Eigenthümlichkeiten des degenerativen Irreseins gekannt, sie aber ausschliesslich dem hereditär degenerativen vindicirt. Diese Anschauung ist einer Erweiterung bedürftig, denn die hereditäre Degeneration ist nur eine allerdings besonders wichtige Seite des degenerativen Irreseins überhaupt, das aber auch durch erworbene Degenerescenz, (Trauma, Hirnkrankheiten, Entwicklungsanomalieen etc.) seine Entstehung finden kann.

Die ätiologischen und klinischen trennenden Merkmale zwischen Psychoneurosen und psychischen Entartungen, wie ich sie seit Jahren in der von mir geleiteten Klinik aufgestellt habe, sind folgende:

I. Psychoneurosen.

1. Parasitäre, zufällig erworbene Erkrankungen von Individuen, deren cerebrale Funktionen bisher normal von Statten gingen und deren Erkrankung nicht vorauszusehen war.

2. Erkrankung auf Grund temporärer Disposition (z. B. schwere körperliche Erkrankung) und zusammentreffender mächtiger Gelegenheitsursachen. Erbliche Disposition nicht ausgeschlossen, aber nur als latente vorhanden (Gehirn bloss locus minoris, aber bisher normal in seinen Funktionen).

3. Neigung zur Lösung der Krankheit und Seltenheit von Recidiven.

4. Geringe Neigung zu Vererbung auf die Nachkommenschaft und dann in gutartiger Form (Psychoneurose).

5. Typischer Ablauf der Krankheitsbilder. Manie geht in der Regel aus einem melancholischen Vorstadium hervor, secundäre Zustände erscheinen als Ausgänge primärer. Das Krankheitsbild, auch da wo es als Zustands-

II. Psychische Entartungen.

1. Constitutionelle d. h. in der ganzen Constitution veranlagte Erkrankungen von Individuen, die schon ab ovo oder wenigstens in frühen Lebensjahren eine neuropsychopathische Constitution verriethen, deren centrales Nervensystem immer im Zustand eines labilen Gleichgewichts der Funktionen sich befand und einen Verlust desselben voraussehen liess.

2. Geringfügige Gelegenheitsursachen, selbst physiologische Lebensphasen (Pubertät, Menses, Puerperium, Klimacterium) genügend. Erkrankung vorwiegend bedingt durch pathologische, meist hereditäre Dispositionen oder unter dem fortwirkenden Einfluss von Schädigungen (Trauma capitis, akute Hirnerkrankungen etc.) entstanden, die das meist noch in der Entwicklung befindliche Gehirn trafen. Hier häufig auch psychische Erkrankung als letztes Glied einer Kette immer schwerer und intensiver sich gestaltender neuropathischer Zustände (Spinalirritation, Hysterie, Hypochondrie, Epilepsie).

3. Geringe Neigung zur Lösung, meist nur temporäre Rückkehr zum Status quo ante. Grosse Neigung zu Recidiven und Entwicklung immer schwererer Krankheitsformen.

4. Grosse Neigung zu Vererbung mit fortschreitend schwereren Erkrankungsformen bei der Nachkommenschaft (progressive hereditäre Entartung).

5. Alle Formen der Psychoneurosen hier möglich, aber dann vorwiegend in schwererer organischer Form auftretend. Der Verlauf ein unberechenbarer; ganz bunter, regelloser Wechsel der verschiedensten Zustandsformen, bei

form erscheint, besitzt eine gewisse
Dauer und Selbstständigkeit. Der Gesammtverlauf der Krankheit ist ein zeitlich eng begrenzter und zu Genesung
oder Blödsinn sich gestaltender.

Unmotivirtheit, Abruptheit einzelner
Symptomenreihen. Die »Zustandsformen« von ephemerer Dauer, zudem
nicht reine Bilder, sondern vielfach ein
Gemisch verschiedener »Formen« dar-
stellend. Die ganze Erkrankung ist
demnach von proteusartigem Charakter
und unclassificirbar nach physio-psycho-
logischem Eintheilungsprincip. Der Gesammtverlauf erscheint als ein schleppender, der sich oft auf die ganze übrige
Lebenszeit erstreckt, dabei auf einer
gewissen Stufe der Entwicklung be-
harrt und gar nicht oder erst spät zu
völligem Blödsinn vorschreitet.

6. Keine Neigung zu Periodicität
der Anfälle und der Symptomenreihen.

6. Grosse Neigung zu Periodicität;
das periodische Irresein ist eine degenerative Erscheinung.

7. Wahnideen vorwiegend auf
psychologischem Entstehungsweg als
Objektivirung und Erklärung krankhafter Stimmungen, Affekte, Aesthesen.
Der Kranke fühlt sich durch sie logisch
befriedigt. Sie sind spätere Symptome
der Krankheit und im Allgemeinen
der herrschenden Stimmung congruent.

7. Wahnideen vorwiegend auf phy-
sio-pathologischem Weg als direkte
spontane Schöpfungen des kranken Gehirns (Primordialdelirien). Sie kommen
ganz abrupt, unmotivirt. Der Kranke
staunt selbst über sie, ist überrascht
von ihrem Auftreten, associirt und
motivirt sie mühsam. Sie sind frühe
primäre Erscheinungen und inhaltlich
von der Stimmungslage unabhängig.
Sie können im ganzen Krankheitsverlauf fehlen oder sich auf gelegentliche
Affektdelirien beschränken. Statt ihrer
finden sich dann formale Störungen
des Vorstellens (Zwangsvorstellungen,
Folie raisonnante) oder originärer
Schwachsinn.

8. Inhalt der Wahnideen krankhaft
aber logisch vermittelt aus falscher
Prämisse und vereinbar mit Denk-
und Gefühlsweise des physiologischen
Lebens.

8. Inhalt vielfach barokk, märchenhaft, selbst monströs, vom Kranken
logisch kaum begründbar.

9. Gesundheit und Krankheit zeitlich scharf geschieden und Gegensätze.

9. Vielfach ganz unvermerkter Uebergang von pathologischer Anlage in
wirkliche Krankheit. Seltsames Ge-

misch von Lucidität und krankhafter
Verkehrtheit auf der Krankheitshöhe
bis zu Krankheitseinsicht.

10. Die Handlungen der Kranken
sind in der Regel durch bewusste Motive hervorgerufen.

10. Die Handlungen sind häufig
impulsive.

11. Allmälige Entwicklung und
Lösung der Krankheit.

11. Brüsker Ausbruch, brüske Lösung des Anfalls (so besonders beim
periodischen Irresein und beim symptomatischen, hysterischen und epileptischen Delir).

——— ———

Die weitere Untereintheilung dieser beiden Hauptgruppen des
Irreseins beim entwickelten Gehirn kann auf ätiologischem Weg nicht
angestrebt werden, denn bei den Psychoneurosen spielt ja das ätiologische Moment keine massgebende Rolle für Gestaltung von Symptomen
und Verlauf und bei den psychischen Entartungen verleiht, wenigstens
beim gegenwärtigen Stand unsres Wissens, der ätiologische Faktor
nur der ganzen Gruppe gewisse klinische Merkmale, ohne jedoch eine
weitere Differenzirung nach ätiologischen Faktoren der Degenerescenz
zu gestatten. Dies gilt speciell für das sog. hereditäre Irresein, das
zwar in gewissen Formen (moralisches, periodisches, aus constitutionellen
Neurosen transformirtes Irresein, in Zwangsvorstellungen sich bewegende
primäre Verrücktheit) vorzugsweise zu Tage tritt, jedoch nicht ausschliesslich die ätiologische Basis dieser bildet.

Zur weiteren Eintheilung der Psychoneurosen bleibt das
klinisch-funktionelle Princip das einzig mögliche. Die Art der
Symptomengruppirung, der Verlauf sind bei diesen typischen, in einer
bestimmten Verlaufsrichtung sich bewegenden, einen gesetzmässigen
Krankheitsprocess im psychischen Mechanismus darstellenden Zuständen
in erster Linie für die Classification zu verwerthen.

Mit Rücksicht auf den Verlauf lassen sich primäre und aus
diesen hervorgehende secundäre Irreseinszustände unterscheiden.

Diese Unterscheidung hat auch prognostisch Berechtigung, insofern eine Genesungsmöglichkeit im Allgemeinen nur in den primären
Zuständen besteht.

Innerhalb der primären Störungen lassen sich weiter nach dem
Verhalten der gestörten Funktionen unterscheiden:

a) Zustände gehemmten Ablaufs der psychischen Bewegungen,

zugleich mit schmerzlicher Selbstempfindung — Melancholie (Hemmungsneurose).

b) Zustände erleichterten Ablaufs der psychischen Bewegungen, zugleich mit vorwiegend heiterer Selbstempfindung — Manie (Erregungsneurose).

c) Zustände temporär aufgehobener psychischer Bewegung, zugleich mit Stimmungsmangel — Stupidität (Erschöpfungsneurose).

Die beiden ersteren Zustände gestatten eine weitere Abstufung in leichtere und schwerere klinische Formen, je nachdem eine oberflächliche oder tiefere Störung des Bewusstseins vorhanden ist und die Bewegungsakte der Kranken rein psychisch vermittelt oder mehr weniger der Ausdruck von Reizvorgängen in den psychomotorischen Centren sind. Es ergeben sich darnach für die Melancholie als leichtere Form die Mel. passiva, als schwerere die Mel. attonita s. cum stupore, für die Manie die maniakalische Exaltation und die Tobsucht.

Gehen diese primären Zustände nicht in Genesung über, so kommt es zu den sog. secundären. Sie sind charakterisirt durch Erlöschen der Affekte, Zerfall der bisherigen einheitlichen Persönlichkeit und damit des logischen Zusammenhangs zwischen Fühlen, Vorstellen, Streben, überhaupt der Coordination der psychischen Akte. Dazu kommen als wichtige Zeichen eingetretener psychischer Schwäche der Verlust der ethischen und ästhetischen Gefühle, der Nachlass der intellectuellen, namentlich der logischen Leistungen (psychische Schwächezustände). Je nachdem nun der psychische Mechanismus von einzelnen Wahngruppen aus noch in lockerem Zusammenhang erhalten und in Bewegung gesetzt wird oder ein allgemeiner Zerfall, eine allgemeine Schwächung der psychischen Leistungen eingetreten ist, kann man hier wieder Zustände der secundären Verrücktheit und des Blödsinns unterscheiden.

Den Blödsinn kann man, je nachdem noch Erregungvorgänge in dem zerrütteten psychischen Mechanismus vor sich gehen und verworrene Vorstellungen und Bestrebungen in ihm ablaufen oder völlige Ruhe und Reaktionslosigkeit besteht, klinisch weiter in einen agitirten oder apathischen trennen.

Wenden wir uns an die Differenzirung der psychischen Entartungszustände und versuchen wir eine analoge Eintheilung wie bei den Psychoneurosen, so erweist sich dieser Versuch sofort unmöglich. Eine Eintheilung nach dem Verlauf scheitert daran, dass viele als originäre anomale stationäre Zustände keinen solchen aufweisen, bei den anderen der Verlauf ein regelloser, proteusartiger, in seinen gesetzlichen Bedingungen unklarer ist.

Nur bei einigen bildet die periodische Wiederkehr der Anfälle eine allerdings hervorragende Erscheinung.

Diese Zustände erweisen sich als eigenartige Processe, als Erkrankungen der Person im strengsten Sinne des Worts, gegenüber den Psychoneurosen, als „psychischen Systemerkrankungen" mit typischer Entwicklung, mit empirisch klarem, gesetzmässigem Verlauf. Wie schon aus ihrer grösstentheils in hereditären Einflüssen wurzelnden Aetiologie hervorgeht, fordern diese Zustände eine vorwiegend anthropologische Auffassung, sie widerstehen völlig einer auf psychologischem Princip fussenden Eintheilung.

Da aber der anthropologisch-ätiologische Standpunkt nur eine allgemeine Verwerthung in der Abgrenzung der ganzen Gruppe von den Psychoneurosen gestattet, ergibt sich die Nothwendigkeit, eine weitere Eintheilung nach den besonders zu Tage tretenden negativen Merkmalen (Defekten) oder positiven der Symptomengruppirung, des Verlaufs, der Entwicklungsweise dieser immer mehr weniger individuell eigenartigen Krankheitszustände zu versuchen.

Als solche Typen lassen sich aufstellen:

a) Das constitutionell affektive Irresein, charakterisirt durch den rein formalen und stabilen Charakter des im Wesentlichen affektiven Krankheitsbilds.

b) Das moralische Irresein, gekennzeichnet durch Defekt ethischer Gefühle und darauf gegründeter Vorstellungen.

c) Die primäre Verrücktheit, charakterisirt durch primäre Entstehung von Wahnideen ohne affektive Grundlage.

d) Das aus constitutionellen Neurosen (Epilepsie, Hysterie, Hypochondrie) transformirte Irresein.

e) Das periodische Irresein, gekennzeichnet durch periodische Wiederkehr von in Inhalt und Verlauf wesentlich gleichen Anfällen.

Eine weitere Gruppe von psychischen Störungen, die das entwickelte Gehirn treffen können, ist dadurch klinisch von allen bisherigen unterschieden, dass das Krankheitsbild nicht auf psychische und psychomotorische Symptome sich beschränkt, sondern, als diesen mehr weniger coordinirt und integrirend, motorische, sensible, vasomotorische Funktionsstörungen aufweist; anatomisch ergibt sich ein wichtiger Unterschied dadurch, dass hier mehr weniger palpable organische Vorgänge zu Grunde liegen, die, über das Rindenterritorium des Gehirns hinausreichend, infracorticale, tiefer liegende motorische, sensible, vasomotorische Centren und Bahnen mitafficiren.

Diese Hirnkrankheiten mit prädominirenden psychischen Symptomen bilden den Uebergang zu den übrigen Cerebralkrankheiten der speciellen Pathologie, von denen sie nur practische Gesichtspunkte — eben das Vorherrschen der psychischen Störungen — abgronzen. Diese sind aber nicht selbstständige Störungen, wie bei den vorausgehenden Gruppen, sondern durchaus abhängig von Intensität und Extensität des anatomischen Processes. Sie folgen deshalb nicht dem psychologischen Entwicklungsmodus und Verlauf der eigentlichen Psychosen, sondern stellen Symptomenreihen einer Mitaffektion des psychischen Organs bei einem schweren Hirnprocess dar. Da dieser meist ein progressiver ist, so kommt es in der Regel zu einer immer zunehmenden nicht ausgleichbaren Störung des psychischen Organs (Dementia), wenn nicht vorher die Ausbreitung des anatomischen Processes auf vitale Centren dem Leben ein Ende setzt.

Als dahin gehörige prägnante Krankheitsbilder mit palpablem und mehr weniger typischem anatomischem Befund erscheinen a) die Dementia paralytica, b) die Lues cerebralis, c) der Alcoholismus chronicus, d) die Dementia senilis, e) das Delirium acutum.

Gegenüber diesen das entwickelte Gehirn befallenden psychischen Störungen sind endlich Zustände psychischer Defektuosität zu setzen, deren Ursache in schon im Fötalleben oder in der Entwicklungsperiode des Gehirns überhaupt zur Geltung gekommenen Schädigungen zu finden ist, vermöge deren die weitere Entwicklung des (Gehirns) geistigen Lebens gestört wurde — psychische Entwicklungshemmungen.

Je nachdem der örtliche oder constitutionelle (Rhachitis) ursächliche Vorgang bloss das psychische Organ afficirt oder auch Misswachs des Skelets und der vegetativen Organe hervorbringt, scheidet sich diese Gruppe wieder in das Gebiet der Idiotie und des Cretinismus. Das aus den vorausgehenden Eintheilungsprincipien sich ergebende Classificationsschema ist demnach folgendes:

A. Psychische Erkrankungen des entwickelten Gehirns.

I. Psychoneurosen.

1. Primäre heilbare Zustände.

   a) Melancholie d. h. Zustände mit depressivem Affekt und erschwertem Ablauf der psychischen Bewegungen.

   α) Mel. passiva (keine tiefere Störung des Bewusstseins, die Hemmungsvorgänge psychisch vermittelt, leichtere Form).

   β) Mel. attonita s. c. stupore (tiefere Störung des Bewusstseins, die Hemmungsvorgänge vorwiegend organisch (Tetanie, Katalepsie) vermittelt; schwerere Form).

   b) Manie d. h. Zustände mit vorwiegend expansivem Affekt und erleichtertem Ablauf der psychischen Bewegungen.

   α) maniakalische Exaltation (keine tiefere Störung des Bewusstseins; die Bewegungsakte psychisch ausgelöst; leichtere Form).

β) Tobsucht (tiefere Störung des Bewusstseins; die Bewegungsakte — triebartiges Bewegen — vorwiegend organisch ausgelöst durch Reizvorgänge in psychomotorischen Centren; schwerere Form).

c) Stupidität s. heilbare Dementia.

2. Secundäre, unheilbare Zustände.

  a) Secundäre Verrücktheit.

  b) Terminaler Blödsinn.

    α) Agitirter.

    β) Apathischer.

II. Psychische Entartungen.

  a) Constitutionell affektives Irresein (Folie raisonnante).

  b) Moralisches Irresein.

  c) Primäre Verrücktheit.

    α) In Wahnideen.

      αα) Mit Primordialdelirien der Beeinträchtigung der Interessen (Verfolgungswahn).

      ββ) Mit Primordialdelirien der Förderung (erotische, religiöse Verrücktheit).

    β) In Zwangsvorstellungen.

  d) Aus constitutionellen Neurosen transformirtes Irresein.

    α) Epileptisches.

    β) Hysterisches.

    γ) Hypochondrisches.

  e) Periodisches Irresein.

III. Hirnkrankheiten mit prädominirenden psychischen Störungen.

  a) Dementia paralytica.

  b) Lues cerebralis.

  c) Alcoholismus chronicus.

  d) Dementia senilis.

  e) Delirium acutum.

B. Psychische Entwicklungshemmungen.

Idiotie und Cretinismus.

Capitel 2.

Die Psychoneurosen.

1. P r i m ä r e h e i l b a r e Z u s t ä n d e.

A. Die Melancholie [1]).

Die Grunderscheinung im melancholischen Irresein bilden die schmerzliche, äusserlich nicht oder nicht genügend motivirte Verstimmung und eine allgemeine Erschwerung bis zur Hemmung der psychischen Bewegungen. Ueber den inneren Grund und Zusammenhang dieser beiden Grundanomalieen in dem psychischen Mechanismus des Melancholischen besitzen wir nur Hypothesen.

Während von den Einen die schmerzliche Verstimmung einfach als der Ausdruck einer Ernährungsstörung im psychischen Organ (psychische Neuralgie analog der gewöhnlichen Neuralgie) betrachtet und aus ihr als Folgerscheinung die Hemmung der geistigen Verrichtungen in psychologischer Auffassung abgeleitet wird, fasst eine neuere psychophysische Anschauungsweise die Hemmung als die primäre, den psychischen Schmerz als die secundäre Erscheinung auf, hervorgegangen aus dem Bewusstwerden dieser psychischen Hemmung. Diese beiden Auffassungen sind zum mindesten einseitig. Die Hypothese von dem secundären Bedingtsein des psychischen Schmerzes entspricht nicht der Erfahrung. Sie könnte nur annehmbar sein, wenn die Intensität des psychischen Schmerzes in proportionalem Verhältniss zur Grösse der Hemmung stünde, was aber nicht der Fall ist, und wenn die Hemmung zeitlich dem psychischen Schmerz vorausginge. Aber auch diese Voraussetzung trifft keineswegs zu. Die erste Erscheinung ist der psychische Schmerz, dann erst kommt die Hemmung, die freilich dann eine neue Quelle des psychischen Schmerzes schafft.

Die Thatsachen nöthigen somit psychischen Schmerz und Hemmung als einander coordinirte Erscheinungen, bei welchen freilich eine

---

[1]) Wunderlich, Pathol. 1854. II. Abth. 1, p. 1337; Falret, Maladies mental. p. 324; Morel, Traité des mal. ment. p. 439; Snell, Allg. Zeitschr. f. Psych. 28, p. 222; Semelaigne, Diagnostik u. Behandlung der Mel. in Mém. de l'académie de méd. XXV. 1; Richarz, Allg. Zeitschr. f. Psych. 15. p. 28; Billod, Annal. méd. psychol. 1856; Pohl, Die Melancholie. Prag 1852; de Smeth, De la mél. Bruxelles 1873; Meynert, Die primären Formen d. Irreseins, Oesterr. Zeitschr. f. prakt. Heilkde. 1871. 44—47; Frese, Allg. Zeitschr. f. Psych. 28. p. 487; v. Krafft, Die Melancholie. Erlangen 1874; Schüle, Handb. p. 438.

gegenseitige Rückwirkung nicht ausgeschlossen ist, zu betrachten. Dabei darf an eine gemeinsame Grundursache — eine zu verminderter Entbindung lebendiger Kräfte führende Ernährungsstörung (Anämie?) des Gehirns — gedacht werden.

Die Melancholie lässt sich nach dieser umfassenderen und voraussetzungslosen Anschauungsweise als ein auf einer Ernährungsstörung beruhender krankhafter Zustand des psychischen Organs bezeichnen, charakterisirt einerseits durch psychisch-schmerzliche Empfindungs- und Reaktionsweise des Gesammtbewusstseins (psychische Neuralgie), andererseits durch ein erschwertes Vonstattengehen der psychischen Bewegungen (Gefühle, Vorstellungen, Strebungen) bis zur Hemmung derselben.

Symptomatologie.

Psychische Symptome. Der Inhalt des melancholischen Bewusstseins ist psychischer Schmerz, Wehesein, Verstimmung, als Ausdruck einer Ernährungsstörung des psychischen Organs. Diese schmerzliche Verstimmung unterscheidet sich inhaltlich nicht von der motivirten des in schmerzlichem Affekt befindlichen Gesunden. Die Solidarität der psychischen Vorgänge macht die Verstimmung zu einer totalen; das psychische Organ kann, solange die ursächliche krankhafte Störung besteht, nur psychisch schmerzliche Vorgänge hervorrufen. Dieser organisch bedingte psychische Schmerzzustand erfährt Zuwächse auf psychologischem Weg durch gleichzeitig bestehende und grossentheils aus der schmerzlichen Verstimmung hervorgegangene anderweitige Störungen im psychischen Mechanismus.

Diese accessorischen Schmerzquellen sind gegeben in der widrigen Apperception der Aussenwelt im Spiegel des schmerzlich veränderten Bewusstseins (psychische Dysästhesie), in dem Gefühl der Ueberwältigung, das der Kranke in seinem psychischen Mechanismus empfindet, endlich in dem Bewusstwerden der Hemmung, welche alle psychischen Vorgänge (Vorstellungsablauf, Strebungen) dabei erfahren. Am peinlichsten ist für den Kranken auf der Höhe der Krankheit die fehlende Betonung der Vorstellungen und Sinneswahrnehmungen durch Gefühle der Lust oder Unlust (psychische Anästhesie).

Der Gesammteffekt dieser psychisch schmerzhaften Vorgänge ist klinisch Niedergeschlagenheit, Traurigkeit, Verstimmung. Die psychische Dysästhesie bedingt Zurückgezogenheit, Leutscheu oder ein feindliches Verhalten gegenüber der Aussenwelt, die psychische Anästhesie Gleichgiltigkeit gegen alle, selbst die sonst wichtigsten Lebensbeziehungen. Neben der inhaltlichen Störung findet sich eine formale in der

Sphäre des Gemüthslebens. Sie gibt sich darin kund, dass sowohl Vorstellungen als Sinneswahrnehmungen mit äusserst lebhaften Gefühlen der Unlust bis zu Affekten verbunden sind, wobei zudem die Erregbarkeitsschwelle für gemüthliche Erregungen abnorm tief liegt.

Auf der Höhe der Krankheit kann es geschehen, dass jeder psychische Vorgang, selbst die Sinneswahrnehmung mit Affekten der Unlust einhergeht (psychische Hyperästhesie).

Solche Zustände psychischer Hyperästhesie geben, analog den Erscheinungen, wie sie beim neuralgisch affieirten Nerven beobachtet werden, denen psychischer Anästhesie voraus oder wechseln mit ihnen ab.

Die so entstandenen Affekte äussern sich als Langeweile, Traurigkeit bis zur Verzweiflung oder als Ueberraschungsaffekte (Verlegenheit, Verwirrung, Bestürzung, Schrecken, Beschämung) oder als Erwartungsaffekte (Angst, Beklemmung, Furchtsamkeit).

Klinisch erscheint diese krankhafte Erregbarkeit als Reizbarkeit, Empfindlichkeit und, insofern Hyperästhesie und Anästhesie wechseln und quantitative Unterschiede darbieten, als Launenhaftigkeit.

Das psychische Ruhebedürfniss des Kranken spricht sich in Zurückziehung von Geschäften, Aufsuchen der Einsamkeit, Vermeiden von Sinneseindrücken, Gemüthsbewegungen aus.

Die Störungen auf dem Gebiet des Vorstellens sind theils formale theils inhaltliche. Die ersteren bestehen in einer Verlangsamung im zeitlichen Ablauf der Vorstellungen und in erschwerter Association derselben.

Die Verlangsamung ist Theilerscheinung der allgemeinen Erschwerung der psychischen Leistungen und wesentlich begründet in geänderten molekularen Bedingungen der Nervenmaterie, zum Theil auch abhängig von den Unlustgefühlen, die mit jeder psychischen Bewegung sich verbinden.

Die Hemmung des freien Ablaufs der Vorstellungen ist eine wichtige accessorische psychische Schmerzquelle. Sie äussert sich klinisch in dem Gefühl der Langeweile, der geistigen Oede, der verminderten geistigen Leistungsfähigkeit (Verdummung, Gedächtnisslosigkeit, über die so viele Kranke klagen). Die temporäre vollkommene Stockung des Vorstellungsablaufs ruft Affekte der Verzweiflung hervor. Die Störung der Association der Vorstellungen ist wesentlich bedingt dadurch, dass nur dem schmerzlichen Fühlen adäquate Vorstellungen im Bewusstsein möglich sind und somit die Summe der reproducirbaren Vorstellungen auf solche schmerzlichen Inhalts beschränkt wird. Hemmung und gestörte Association sind dem Auftreten von Zwangsvorstellungen günstig. Hervorgerufen durch innere krankhafte Erregungen oder äussere, bei der Impressionabilität und psychischen Hyperästhesie des Kranken besonders lebhaft betonte Eindrücke, bleiben sie durch die Verlangsamung des Vorstellens und durch die gehemmte Association im Bewusstsein fixirt und gewinnen dadurch an Stärke.

Formale Störungen des Vorstellens finden sich bei allen Melancholischen. Sie können in diesem Gebiet die einzigen sein (Mel. sine delirio), häufig aber kommt es auch zu inhaltlichen Störungen im Vorstellen — zu Wahnideen.

In der überwiegenden Zahl der Fälle sind diese auf psychologischem Weg entstanden, als Erklärungsversuch der krankhaften Bewusstseinszustände, wobei indessen nicht gerade die Wahnidee das Produkt einer im Bewusstsein sich vollziehenden logischen Denkoperation zu sein braucht, sondern auch das bloss in's Bewusstsein erhobene Resultat von an und für sich unbewussten Associationsvorgängen sein kann.

Seltener bilden sich Wahnideen in der Melancholie aus Sinnestäuschungen, noch seltener sind sie rein primordiale Delirien. In der Regel lässt sich die auf psychologischem Wege entstandene Wahnidee auf die zu Grund liegende elementare Störung zurückführen.

So führt die tief veränderte Selbstempfindung des Kranken, die wieder auf das Bewusstsein der Hemmung der Gefühle, Vorstellungen und Strebungen sich gründet und ihren klinischen Ausdruck in Niedergeschlagenheit, Mangel an Selbstvertrauen findet, zum Wahn ruinirt, ein Bettler zu sein, verhungern zu müssen. Die psychische Dysästhesie spiegelt die Aussenwelt in feindlichem Licht und täuscht Verfolgungen und drohende Gefahren vor. Das Gefühl der Hemmung und Ueberwältigung führt bei geistig beschränkten Individuen zum Wahn finsteren Mächten anheimgefallen, verhext, verzaubert zu sein. Die psychische Anästhesie, die gar keine humane Gefühle und ethische Regungen mehr zulässt, erzeugt den Wahn der Attribute der menschlichen Würde verlustig, in ein Thier verwandelt zu sein und insofern sie auf religiösem Gebiet als mangelnder Trost im Gebet, Zerfallensein mit der Religion empfunden wird, kommt es leicht zum Wahn von Gott verstossen, der ewigen Seligkeit verlustig, vom Teufel besessen zu sein.

In den höchsten Graden der psychischen Anästhesie, da wo auch Sinneswahrnehmungen keine Betonung mehr erfahren, erscheint die Aussenwelt nur noch als eine Schein- und Schattenwelt und erweckt trübe Wahnideen allgemeinen und individuellen Untergangs.

Ganz besonders wichtige Quellen für Wahnideen sind die Präcordialangst und überhaupt ängstliche Erwartungsaffekte. Sie führen zum Wahn, dass eine Gefahr wirklich drohe. Diese kann individuell wieder in imaginärer Verfolgung, drohendem Tod, Vermögensverlust objektivirt werden. Dabei kommt der Kranke auf Grundlage seines tief herabgesetzten Selbstgefühls leicht zum Wahn ein Sünder, Ver-

brecher zu sein, dem eine solche Busse gebühre. Zur weiteren Motivirung muss dann eine frühere wirklich begangene Gesetzesübertretung
herhalten oder eine harmlose gar nicht gesetzwidrige frühere Handlung
oder Unterlassung erscheint dem hyperästhetischen Gewissen als eine solche.

Auch krankhafte Empfindungen im Bereich der sensiblen Nerven
(Paralgieen, Anästhesieen, Neuralgieen) wie auch Anomalieen der Ge-
schmacks- und Geruchsempfindung etc. können auf dem Wege der
allegorischen Umdeutung zu Wahnideen werden. Bewegt sich das
schmerzliche Fühlen und Vorstellen vorwiegend auf dem Gebiet gestörter Gemeingefühlsempfindung, so gewinnt das Krankheitsbild ein
hypochondrisches Gepräge.

Der Inhalt der melancholischen Wahnideen ist ein äusserst man-
nichfacher, der alle Varietäten menschlichen Kummers, Sorgens und
Fürchtens in sich begreift. Da er immer aus dem individuellen Bewusstseinsinhalt geschöpft wird, ist es natürlich, dass er, je nach
individuellem Reichthum des Seelenlebens, je nach Geschlecht, Stand,
Bildung, Zeitalter unendlich variirt, wenn auch gewisse stehende
Sorgen und Befürchtungen der Menschen dem Delirium unzähliger
Melancholischer aller Völker und Zeiten übereinstimmende Züge und
gleichen Inhalt verleihen (Griesinger).

Der gemeinsame Charakter aller melancholischen Wahnideen ist
der des Leidens und im Gegensatz zu ähnlichen in der primären Verrücktheit mit Persecutionsdelir, des durch eigene Schuld motivirten.

Auch die Sinnestäuschungen sind eine ergiebige Quelle für
Wahnideen. Sie können in allen Sinnesgebieten auftreten, den Kranken in eine ganz imaginäre Welt versetzen.

Wie die Vorstellungen in der Melancholie einen feindlichen, schmerzlichen Inhalt haben, ist auch der der Hallucinationen ein schreckhafter,
beängstigender.

Der in ängstlichem Erwartungsaffekt schmachtende Kranke hört
Stimmen, die ihm drohendes Unheil, Tod, Einsperrung, Verdammniss
verkünden. Die Aussenwelt erscheint ihm feindlich, ganz bedeutungslose Worte oder Geräusche wandeln sich ihm in Drohungen, Be-
schimpfungen, Spott, Hohngelächter um.

Ebenso schreckhaft sind die Visionen derartiger Kranker. Sie
sehen sich von Gespenstern, Teufeln umgeben, sehen den Henker, der sie
erwartet, Mörder, die sie bedrohen. Geschmackstäuschungen erzeugen
den Wahn, dass im Essen Gift oder dass es verunreinigt sei — Geruchstäuschungen rufen den Glauben hervor, von Leichen umgeben zu
sein, sich im Schwefelpfuhl der Hölle zu befinden; neuralgisch-paral-
gische Sensationen führen zum Wahn gemartert, von bösen Geistern
heimgesucht zu werden.

Besonders intensiv und gehäuft treten die Sinnestäuschungen in Affekten auf, namentlich in ängstlichen Erwartungsaffekten.

Auf der psychomotorischen Seite des Seelenlebens spricht sich die der Melancholie eigenthümliche Hemmung der psychischen Bewegungen besonders deutlich aus.

Die peinliche Steigerung des psychischen Schmerzes durch jeden Bewegungsvorgang im psychischen Mechanismus setzt Trägheit, Vermeidung jeder Arbeit, Vernachlässigen der Berufsgeschäfte, Neigung zur Abschliessung und Bettruhe. Der Mangel an Selbstvertrauen lässt ein Begehren nicht mehr erreichbar erscheinen und auf ein Streben verzichten. Die gehemmte psychische Bewegung an und für sich, der ersehnte Umsatz der Vorstellungen durch Unlustgefühle, der Ausfall von geistigen Interessen, die zu einem Handeln treiben könnten, finden ihren beredten Ausdruck in der Klage des Kranken, dass er wollen möchte und doch nicht wollen könne.

Die peinliche Beeinflussung der concreten zu einem Wollen hindrängenden Vorstellung durch contrastirende, aus dem tief herabgesetzten Selbstgefühl, dem Bewusstsein mangelnder Leistungsfähigkeit, geistiger Ohnmacht hervorgehende und die Möglichkeit eines Erfolgs negirende Vorstellungen, lässt den Kranken beständig zwischen Antrieb und Verzicht schwanken und gibt sich klinisch in jener Wankelmüthigkeit und Unentschlossenheit kund, die solche Kranke auszeichnet.

Der Grundcharakter der Melancholie ist der der Anenergie, der Passivität. Indessen ist hier, episodisch wenigstens, ein sehr stürmisches, gewaltthätiges Handeln möglich bis zum Toben. Die Erklärung für dasselbe liegt in zeitweise die Hemmung überwindenden Affekten. Es kann dann zu Unstetigkeit (Mel. errabunda), zu Impulsen und Handlungen zerstörenden Charakters bis zu wuthartigem Toben kommen. Diese affektartigen Entäusserungen sind vorwiegend Verzweiflungsausbrüche; sie resultiren aus der zeitweise bis zur Unerträglichkeit sich steigernden Schmerzhaftigkeit und Hemmung der psychischen Vorgänge (psychische Anästhesie, Hyperästhesie, Anenergie, Gedankenhemmung, Zwangsvorstellungen), aus complicirenden Neuralgieen, überhaupt aus körperlichen Missgefühlen, Präcordialangst, schreckhaften Sinnestäuschungen und Wahnideen.

Nahe liegt in solchen psychischen Zwangslagen die Vernichtung des eigenen Lebens. Die Analgesie erleichtert die Ausführung des Selbstmords. Häufig auch kommt es zu zerstörenden Handlungen gegen Andere oder Objekte. Die psychische Dysästhesie und Anästhesie begünstigt ihr Zustandekommen.

Ganz besonders heftig treibt zu zerstörenden Handlungen die

Präcordialangst an. Die Literatur verzeichnet die schwersten Gewaltthaten auf Grund dieses psychischen Ausnahmezustands.

Symptome vom übrigen Nervensystem. Bei allen Melancholischen leidet im Anfang und auf der Höhe der Krankheit der Schlaf. Er fehlt gänzlich oder ist durch schreckhafte Träume und häufiges Aufschrecken gestört oder die Kranken empfinden, trotzdem sie schlafen, davon nicht die Erquickung und Stärkung, wie sie der Schlaf des Gesunden mit sich bringt.

Häufig ist Kopfweh, namentlich bei Anämischen; oft belästigen die Kranken auch eigenthümliche Sensationen von Leersein, Druck etc. im Kopf, theils als Ausdruck von Paralgieen, theils als Allegorie der psychischen Hemmungen. Das Gemeingefühl ist gestört. Die Kranken fühlen sich matt, abgeschlagen, unbehaglich und diese Herabsetzung der vitalen Energie findet ihren klassischen Ausdruck in der zusammengesunkenen Haltung, der geringen Ausdauer der Muskelaktion, den zögernden Bewegungen, der leisen Rede, der Schlaffheit und Schwäche der Muskulatur. Ausser den psychischen Momenten (herabgesetztes Selbstgefühl etc.), die hier eingreifen, scheint diese Innervationsschwäche von gestörten Vitalempfindungen, geänderten Muskelgefühlen (Schwere, Schmerzhaftigkeit) und gleichzeitiger allgemeiner Anämie abzuhängen.

Häufig sind sensible Störungen. Seltener findet man Parästhesieen und Anästhesieen als Paralgieen, Hyperästhesieen und Neuralgieen, die die Stimmung verschlechtern, Affekte hervorrufen und zu allegorischen Wahnvorstellungen Anlass geben. Zur Zeit der Menses pflegen sie dann gesteigert zu sein. Die Sekretionen sind vermindert, desgleichen die Triebe.

Dies zeigt sich besonders gegenüber der Nahrungsaufnahme, die nicht selten positiv verweigert wird. Neben Wahnideen und Sinnestäuschungen als Motiv finden sich häufig als somatische Ursache der Nahrungsweigerung Anorexie und Verstopfung.

Auch ohne dass Nahrungsverweigerung bestünde, liegt die Ernährung tief darnieder. Fortschreitende Gewichtsabnahme und Anämie sind regelmässige Befunde und zum Theil auf eine Mitbetheiligung trophischer Nervencentren an der Psychoneurose beziehbar. Eine wichtige Störung bietet die vasomotorische Innervation. Bei den meisten Kranken sind die Arterien contrahirt, ist der Puls klein, die Arterie drahtartig zusammengezogen.

Als Folgeerscheinungen bestehen, ausser dem Darniederliegen der Sekretionen, verminderter Turgor vitalis, trockene spröde, kleienartig sich abschilfernde Haut, Kälte der Extremitäten bis zu venösen Stasen und Oedemen. Damit erscheinen die Kranken viel älter als sie wirklich sind. Auf dem abnormen Zustand der vasomotorischen Inner-

vation beruht wohl die bei Melancholischen so constante Präcordialangst.
Die Eigenwärme ist meist eine subnormale, die Respiration eine oberflächliche, unvollkommene, wenn auch durch Angst oft beschleunigte. Die
Pulsfrequenz ist eine wechselnde, auf der Höhe ängstlicher Erregungszustände bedeutend gesteigerte. Das melancholische Irresein erscheint,
nach der psychomotorischen Seite betrachtet, klinisch unter 2 prägnan-
ten Formen, die als Mel. passiva und als Mel. cum stupore bezeichnet werden und eine gesonderte Besprechung erfordern.

1. Die Melancholia passiva.

Das melancholische Irresein geht mit einer eigenthümlichen, aus
dem psychischen Schmerz und der erschwerten Umsetzung der psychischen Bewegungen sich ergebenden Gebundenheit der motorischen
Sphäre einher. Der Grundcharakter der Melancholie ist eben Passivität,
die Grundform derselben die Mel. passiva.

Die motorische Gebundenheit und gesunkene Willensenergie äussert
sich gradweise verschieden in Trägheit, Bettsucht bis zu einer temporären vollständigen Hemmung der psychomotorischen Sphäre.

Der Kranke, obwohl sein Bewusstsein der Schauplatz der qual-
vollsten Affekte, Vorstellungen und Sinnesdelirien ist, vermag nicht
mehr in einer erleichternden That der quälenden inneren Spannung
Luft zu machen, sei es, weil das Gegengewicht hemmender Vorstellungen zu gross ist oder die treibende Vorstellung zu dämmerhaft im
Bewusstsein erscheint, um als genügender Reiz zu wirken oder auch,
weil die psychische Hyperästhesie jeden Versuch einer psychischen
Entäusserung zu schmerzhaft macht, sei es auch, weil der Leitungs-
widerstand auf der psychomotorischen Bahn ein zu grosser geworden ist.

Die Bewegungen des Kranken werden dann immer seltener, kommen nur noch äusserst langsam, ruckweise, und nur auf besonders
starke und öfter wiederholte Reize zu Stande. Mit der Zeit werden
sie nur noch intendirt, nicht aber vollendet, bis schliesslich jegliche
mimische sprachliche oder handelnde Bewegung unmöglich geworden ist.

Nicht während der ganzen Dauer der Krankheit braucht aber
der Melancholische in dieser Passivität zu verharren. Es können
Zeiten eintreten, in welchen der Kranke in fortwährender Erregung
und Thätigkeit ist und sein psychischer Schmerzzustand in höchst
affektvoller Weise durch Jammern, Händeringen, unstetes Umhertreiben,
destruirende Handlungen etc. eine Entäusserung erfährt (Mel. agitans
s. activa). Die Ursache dieses Verhaltens kann nicht in einer erleichterten Umsetzung der Vorstellungen in Bewegungsimpulse wie bei
der Manie gesucht werden, sondern nur in der enormen und dadurch

alle Hemmungen überwindenden durchbrechenden Stärke, mit welcher
die Bewegungsmotive sich im Bewusstsein geltend machen.

In der That bilden diese agitirten melancholischen Zustände nur
die Acme des gesammten Krankheitsbilds oder episodische Erscheinungen im Verlauf der passiven Melancholie, bedingt dadurch, dass
peinliche Ueberraschungs- oder Erwartungsaffekte, Zwangs- oder Wahnvorstellungen oder auch Hallucinationen den psychischen Schmerzzustand vorübergehend auf eine unerträgliche Höhe treiben. Namentlich sind es heftige Steigerungen der Präcordialangst, die solche
Ausbrüche heftiger motorischer Reaktion im Verlauf einer sonst passiv
und stille verlaufenden Melancholie vermitteln.

So erscheint die agitirte Mel. nur als eine bestimmte psychomotorische Reaktionsform auf gewisse Bewusstseinsvorgänge bei Melancholischen, die wieder zum Theil abhängig von Individualität und
Temperament gedacht werden muss. Jedenfalls ist sie keine besondere
Krankheitsform, sonst wäre es unverständlich, wie solche Zustände
plötzlich in ganz entgegengesetzte Krankheitsbilder sich umwandeln
können. Auf der Höhe der Erregung ist das Bewusstsein immer
erheblich getrübt und deshalb die Rückerinnerung für diese Zeiten
eine nur summarische.

In seinen Paroxysmen gleicht der in heftiger Agitation befind-
liche Kranke einem Tobsüchtigen, ja er kann ihn an zerstörenden
Leistungen noch übertreffen. In der Regel werden auch von Nicht-
fachärzten solche Zustände von „Schwermuth mit anhaltender Willens-
aufregung" als Tobsucht diagnosticirt, obwohl zwischen dem zerstörenden
Bewegungsdrang des Tobsüchtigen und der Bewegungsreaktion des
Schwermüthigen auf peinliche Bewusstseinszustände ein wesentlicher
Unterschied besteht.

Auch zur Gedankenflucht kann es bei M. activa kommen, aber
diese Ideenjagd hat hier ebenfalls einen ganz anderen Charakter als
bei der Manie, wie dies Richarz (Allg. Zeitsch. f. Psych. XV. p. 28)
treffend hervorgehoben hat.

Trotz aller etwaigen Beschleunigung im Ablauf der Vorstellungen
ist das Delirium bei M. activa doch ein monotones, im Inhalt rein
schmerzliches, im engen Kreis des melancholischen Affekts sich bewegendes, eine beständige Variation über dasselbe Thema.

Das Vermögen einer fortlaufenden, durch Association vermittelten
Reihenbildung von Vorstellungen fehlt hier gegenüber der Manie, wo
die Associationen enorm erleichtert sind.

Die Vorstellungen des Melancholischen sind nur Bruchstücke von
Vorstellungsreihen, er kann eine begonnene nicht durchdenken, die
Gedankenkette reisst ihm beständig ab, er wird immer wieder auf den

Anfang derselben zurückgeworfen. Ebendeshalb klagen auch solche Kranke über den beständigen peinlichen resultatlosen Denkzwang, über die Unmöglichkeit bei einem Gedanken zu beharren, ihn auszudenken, über die Oede und Leere ihres Bewusstseins, trotz der anscheinenden Ueberfüllung desselben.

Mit einer gewissen Berechtigung fasst daher Emminghaus (Psychopathol. p. 199) diesen Zustand als ein massenhaftes Zwangsvorstellen auf.

Eine hochgradige Steigerung des skizzirten Zustands agitirter Melancholie stellt der sogenannte Raptus melancholicus dar, der nicht selten aus der tiefsten Passivität des Kranken heraus sich entwickelt, aber auch als freistehender Paroxysmus bei vor- und nachher nicht Melancholischen in transitorischer Aeusserungsweise sich klinisch abspielen kann.

Die Pathogenese und Aetiologie in solchen Fällen ist eine nicht genügend geklärte; der symptomatische Charakter dürfte zweifellos sein. Es ist unwahrscheinlich, dass solche Erscheinungen von Raptus melancholicus als freistehende Erkrankung Individuen befallen können, deren Nervensystem und somatische Funktionen intakt sind.

In einer grösseren Zahl von Fällen handelt es sich um neuropathische Individuen, die auf eine Gemüthsbewegung, einen Blutverlust, eine Neuralgie (N. supraorbitalis, occipitalis, intercostalis, lumbalis) in dieser abnormen Weise reagiren, wobei nicht selten Pubertät, Schwangerschaft, Geburt, Lactation, Menses die Disposition steigerten.

In anderen Fällen trat ein Raptus mel. bei Leuten auf, die an einer ausgesprochenen Neurose litten. Die hier in Betracht kommenden Neurosen sind die Hysterie, Hypochondrie, Epilepsie. Die Gelegenheitsursachen bei solcher Disposition können geringfügige Gemüthsbewegungen oder Störungen des somatischen Befindens sein. Unter den Hirnkrankheiten disponirt entschieden der Alkoholismus chronicus zu Raptusanfällen. Die Gelegenheitsursachen können Alkoholexcesse, Affekte abgeben.

Ob auch ohne alle neuropathische Disposition, Belastung oder Neurose auf Grund von Circulationsstörungen Raptus hervorgerufen werden kann, muss dahingestellt bleiben, da in den bezüglichen Beobachtungen, wo bei Klappenfehlern des Herzens, Fettherz, Emphysem ein solcher Raptus auftrat, auf etwaige nervöse Prädispositionen nicht geachtet wurde.

Das Krankheitsbild des Raptus mel. stellt wesentlich eine Steigerung der Präcordialangst dar, ausgezeichnet dadurch, dass eine Trübung bis zur Aufhebung des Bewusstseins sich einstellt und die namenlose Angst in heftigster, so zu sagen convulsivischer Weise motorische Reaktionen hervorruft.

Nicht selten gehen dem eigentlichen Anfall auraartige Zustände
voraus in Form von gedrückter Gemüthsstimmung, Reizbarkeit, Kopfschmerz, Schwindel, neuralgischen und paralgischen Sensationen.
Der Anfall erreicht mit dem Eintreten der Angst in's Bewusstsein in jähem Anstieg seine Höhe. Alle psychischen Vorgänge (Apperception, Ideenassociation, Reproduktion) werden durch die herein-
brechende Angst tief gestört bis zur Vernichtung. Die tief gestörte
bis aufgehobene Apperception erweckt die Vorstellung, dass nur noch
eine Scheinwelt übrig, Alles zu Grunde gegangen sei; das Vorstellen
ist momentan ganz sistirt oder es besteht nur noch ein wirres Durch-
einanderwogen peinlicher, unbeherrschter und nicht mehr associirbarer
Vorstellungen, in welchem desultorische, schreckhafte Hallucinationen,
Delirien von allgemeiner Vernichtung, Weltuntergang, Teufelsbesessen-
heit auftauchen können; das Bewusstsein ist tief gestört bis zur temporären Aufhebung des Selbstbewusstseins.

Die motorische Sphäre bietet, je nach der Höhe und Intensität
des Anfalls, Aeusserungen des Affektes der Verzweiflung (Haarraufen,
Zerreissen der Kleider), zerstörende Akte (Mord, Selbstmord, wuth-
artige Zerstörung alles Dessen, was dem Kranken in die Hände fällt),
die nur noch der dunkle Drang nach einer Lösung des psychischen
Spannungszustands motivirt und wobei die Analgesie das Zustandekommen der schrecklichsten Selbstverstümmelungen (Bergmann's Kranke,
die sich die Augen aus der Orbita herauswühlte), die psychische Anästhesie die schlimmsten Gewaltthaten gegen Andere ermöglicht. Auf
der Höhe des Zustands stellen die planlosen, destruirenden Handlungen
des Unglücklichen wahre psychische Convulsionen dar.

Mit diesen psychischen Symptomen gehen bemerkenswerthe Störungen der Respiration und Circulation einher. Jene ist gehemmt, oberflächlich, frequent, die Herzaktion ist beschleunigt, unregelmässig, der
Puls klein, celer, die Haut kühl, blass, die Sekretionen sind während
des Anfalls unterdrückt. Gegen Ende des Paroxysmus tritt meist eine
profuse Schweisssekretion ein. Die Erscheinungen der gestörten Circulation machen die Annahme einer Sympathieusneurose (Gefässkrampf)
als Ursache des Raptus wahrscheinlich.

Das Aufhören desselben ist ein plötzliches, so dass sich der Verlauf unter der Form einer steilansteigenden und abfallenden Curve
graphisch denken lässt.

Die Angst verfliegt, der Kranke athmet wie aus einem schweren
Traum auf, fühlt sich erleichtert. Je nach der Schwere des Anfalls
ist die Erinnerung für die Vorgänge desselben eine vollständig fehlende
oder nur summarische. Die Dauer des Zustands beträgt Minuten bis
zu einer halben Stunde.

2. Die Melancholia attonita s. stupida s. cum stupore[1]).

Als eine schwerere klinische Form der Melancholie, charakterisirt durch tiefere Störung des Bewusstseins, völlige Gebundenheit der psychischen Vorgänge und Hinzutreten von eigenthümlichen psychomotorischen Störungen erscheint die Mel. c. stupore.

Die Kranken sind hier ganz in sich versunken, scheinbar der Aussenwelt völlig entrückt und willenlos. Sie gleichen damit äusserlich dem Blödsinnigen und in der That haben ältere Beobachter bis auf Baillarger diesen Zustand mit primären Blödsinns- und Stuporzuständen verwechselt. Baillarger erkannte zuerst die melancholische Natur dieses Leidens, indem er in diesem Krankheitsbild melancholische Delirien nachwies und die scheinbare Willenlosigkeit der Kranken als höchsten Grad der psychomotorischen Hemmung auffassen lehrte.

Selten entwickelt sich das Krankheitsbild primär — diese Entstehungsweise scheint ein besonders geschwächtes oder vulnerables Gehirn (Typhus, Puerperium) und eine plötzlich aber intensiv wirkende Gelegenheitsursache (emotiver Shok, Schrecken etc.) zur Bedingung zu haben — in der Regel erscheint es secundär und allmälig aus einer passiven Melancholie, meist im Anschluss an einen stürmischen Ausbruch von Angst, Verzweiflung oder an eine Gewalttbat. Episodisch kann die Mel. attonita sich auch im Verlauf einer „Mel. activa" zeigen.

Die Störung des Bewusstseins bei diesen Kranken erscheint durch ihre aufgehobene Reaktionsmöglichkeit viel bedeutender, als sie in Wirklichkeit ist. Ein aufmerksamer Beobachter erkennt in einem Stirnrunzeln, Augenzwinkern, angstvollen Blick, einer Intention sich zurückzuziehen, die freilich nur eine stärkere Contraktion der Muskeln bei sonstiger Unbeweglichkeit herbeiführt, die Fortdauer von Apperceptionen aus der Aussenwelt.

Auch der Umstand, dass die Kranken eine mindestens summarische Erinnerung für diese Krankheitsperiode besitzen, zuweilen an geringfügige Details sich erinnern, beweist, dass der Stupor dieser Kranken nicht bedeutend sein kann.

Bei der Mittheilungsunfähigkeit dieser Kranken bekommt man erst in der Reconvalescenz Aufschluss über die inneren psychischen Vorgänge während dieses eigenthümlichen schmerzlichen Hemmungszustands.

---

[1]) Liter.: Baillarger, Annal. méd. psych. 1843; Aubanel ebenda 1853; Baillarger ebenda 1853; Delasiauve ebenda 1853. Oct.; Dagonet ebenda 1872; Berthier ebenda 1869. Juli; Cullere ebenda 1873; Newington, Journal of mental science. Oct. 1874; Frigerio, Archiv ital. 1874. März; Legrand du Saulle, Gaz. des hôp. 1869. 128. 130. 131; Judée ebenda 1870. 67; Maudsley. Lancet 1866. 14. April.

Weit entfernt, dass eine tabula rasa bestanden hätte, berichten die Kranken über äusserst plastische und schreckhafte Hallucinationen und Delirien, denen sie unterworfen waren, über grauenhafte Bilder von Todesqualen, Hinrichtung, Abschlachtung der liebsten Angehörigen, Untergang der Welt. In schwereren Fällen war solchen Kranken das innere Leben zu einem wahren Dämmerzustand geworden, in welchem sie die objektiven äusseren Eindrücke nur noch ganz confus, schattenhaft und feindlich empfanden; eine schreckliche, vage, inhaltslose, aber alle Energie lähmende Angst nahm Bewusstsein und Sinne gefangen und machte eine motorische Reaktion unmöglich, wobei noch das entsetzliche Bewusstsein des Nichtmehrkönnens und Nichtmehrwollens die Angst verzehnfachte. Diesem Bewusstseinsinhalt entsprechend erscheinen die Kranken mit ängstlich staunender oder maskenartig starrer Miene, reaktionslos, statuenartig an die Stelle gebannt.

Die Haltung ist eine zusammengesunkene, die Muskeln sind gespannt und in leichter Flexionscontraktur (Tetanie), die bei Eingriffen in die Passivität des Kranken sich zu einem enormen Widerstand steigert, der nur mit Aufbietung grosser Gewalt überwunden wird.

In selteneren Fällen zeigen die Muskeln nicht diese Rigidität und Flexionsstellung. Sie leisten passiven Bewegungen keinen Widerstand, beharren aber längere Zeit in der ihnen mitgetheilten Position (kataleptiformer Zustand), ohne indessen Flexibilitas cerea zu bieten. In einer kleinen Zahl von Fällen tritt sogar diese ein (Katalepsie).

Als eine Theilerscheinung der allgemeinen psychomotorischen Hemmung erscheint Stummheit.

Ueber das Verhalten der Sensibilität ist es schwer bei diesen Kranken in's Reine zu kommen, da sie nicht sprechen können und auch sonst in ihrer Reaktion gehemmt sind. Meist ist die Sensibilität erhalten und nur die Aeusserung des Schmerzes gehindert, in einigen Fällen bestand temporär sogar Hyperästhesie, in seltenen und besonders schweren Fällen fand sich wohl central bedingte Anästhesie.

Die Herzaktion ist meist beschleunigt, der Puls klein, celer, die Arterie drahtartig contrahirt. Der Turgor vitalis fehlt, die Haut ist trocken, spröde, die Patienten sehen viel älter aus als sie sind. Die Respiration ist verlangsamt, oberflächlich und damit ungenügend, die Temperatur des Körpers eine subnormale, die Sekretionen sind vermindert, die Menses fehlend.

Die Ernährung sinkt beträchtlich. Die Nahrungsaufnahme begegnet passivem Widerstand, der nicht selten zu Zwangsmitteln nöthigt. Fast constant besteht Verstopfung, die oft sehr hartnäckig ist. In schwereren Fällen, bei vorwiegend ungünstigem Verlauf, hat Dagonet auch Salivation beobachtet.

Wendet sich das Leiden zu ungünstigem Ausgang, so lässt allmälig die Starrheit der Züge und der Glieder nach und weicht einer Erschlaffung mit nur mehr particllen Contracturen, die den vorausgehenden Zustand verrathen. Der Kranke verblödet, wird andauernd unreinlich, die Ernährung hebt sich, der Puls wird tard, es stellen sich Kälte, Cyanose und Oedem der Extremitäten ein.

Der Verlauf ist ein remittirend exacerbirender. Zeiten einer Abnahme der Hemmung, wo dann der Kranke in Jammern oder Worten, allerdings mit leiser, unsicherer Stimme und zögernd sich mittheilen kann, auch eine gewisse Spontaneität z. B. im Essen entwickelt, wechseln mit Zeiten completer Immobilität und stuporartiger Hemmung.

Ganz plötzlich, mitten aus tiefster Gebundenheit können bei solchen Kranken raptusartige Akte der Selbstbeschädigung oder des Angriffs auf die Umgebung erfolgen; die letzteren treten meist dann auf, wenn der Kranke in seiner schmerzlichen Passivität durch Anforderungen der Pflege, Nahrung gestört wird.

Die anatomischen Befunde sind Anämie, venöse Stauung und Oedem der Pia und des Gehirns. In protrahirten, in Blödsinn übergehenden Fällen findet sich auch Rindenatrophie. Diese anfangs als Anämie, später als Degeneration erscheinenden Veränderungen des psychischen Organs entsprechen tiefen Ernährungsstörungen desselben, anfänglich wohl hervorgerufen durch Gefässkrampf, später durch Gefässlähmung, geschwächte Herzaktion und Hydrämie.

Vorkommen, Verlauf und Ausgänge.

Von der Melancholie als Krankheitsform ist das melancholische Element, wie es bei den verschiedensten Neurosen und Psychosen als einleitende oder intercurrente Störung im Grundbild der betreffenden Krankheit sich finden kann, sorgfältig zu trennen.

Als prodromale Erscheinung findet sich ein melancholischer Symptomencomplex sehr häufig bei Manie, als intercurrente Erscheinung bei Dementia senilis, paralytica, bei Epileptischen, Hysterischen, Hypochondern, zuweilen auch bei primärer Verrücktheit. Nur die Melancholie als Krankheitsform kann Gegenstand einer gesonderten klinischen Betrachtung sein.

Sie ist eine sehr häufige, wohl die häufigste psychische Erkrankungsform, namentlich in ihren mildesten Erscheinungsformen, die sich auf das Bild einer Mel. sine delirio mit oder ohne Zwangsvorstellungen und Präcordialangst beschränken können.

Solche leichtere Störungen entgehen oft lange der Beobachtung, da der Kranke das Bewusstsein seiner Krankheit hat und wenigstens die äussere Ruhe und Besonnenheit zu wahren im Stande ist, oder sie werden als noch physiologische Verstimmungen, oder als Chlorose, als Hysterie und Hypochondrie falsch gedeutet.

Das düstere Wesen solcher Kranker, ihre Reizbarkeit, ihre unmotivirten Verstimmungen und Aenderungen der gewohnten Denk- und Empfindungsweise werden als Eigensinn, Launenhaftigkeit, Bosheit angesehen und es finden sich gewöhnlich äussere Veranlassungen, die dafür herhalten müssen oder vom Kranken selbst vorgeschützte Gründe, um die angeblichen Launen, das Sichgehenlassen, die Faulheit, Vernachlässigung gewohnter Pflichten und Rücksichten zu motiviren. So geht es oft Monate lang, bis eine Steigerung des Leidens und das Hinzutreten von Wahnideen und Sinnestäuschungen oder eine durch die Intensität der Wehegefühle, durch Zwangsvorstellungen oder sonstwie motivirte Gewaltthat oder ein Selbstmordversuch über die wahre Bedeutung des Leidens aufklären.

Der Verlauf der Melancholie ist ein continuirlicher, subacuter oder chronischer. Bei subacutem Verlauf entwickelt sich das Krankheitsbild rasch zu seiner vollen Höhe, stellen sich früh Präcordialangst, Wahnideen, Sinnestäuschungen ein. Bei chronischem Verlauf ist die Entwicklung eine langsame. Das Krankheitsbild kann sich Wochen und Monate lang im Rahmen einer Melancholia sine delirio bewegen; das Hinzutreten und Intensiverwerden von Präcordialangst bildet dann eine weitere Phase, bis endlich Wahnideen, häufig auch Sinnestäuschungen die Krankheit auf ihrer Entwicklungshöhe darstellen.

Auf dieser Höhe pflegt die Krankheit dann Monate zu verharren.

Das melancholische Irresein zeigt in allen Phasen Remissionen und Exacerbationen. Sie sind theils in organischen Vorgängen, theils in psychologischen begründet. Fast constant fallen die Remissionen auf die Nachmittags- und Abendstunden, die Exacerbationen auf die frühen Morgenstunden. Der Grund liegt grossentheils in der Präcordialangst, die im Lauf des Tages an Intensität abzunehmen pflegt.

Die Lösung der Krankheit ist eine allmälige, nicht plötzliche, wenigstens bei dem chronischen und essentiellen melancholischen Irresein. Die Remissionen werden tiefer und andauernder, Schlaf und Ernährung bessern sich, der Kranke fängt an der Realität seiner Wahnideen und Sinnestäuschungen zu zweifeln an, während diese seltener werden.

In seltenen Fällen hat man bei Mel. cum stupore eine binnen Tagen sich einstellende Lösung der Krankheit beobachtet unter Erscheinungen, die auf eine Herstellung normaler Circulationsverhältnisse und wahrscheinliche Resorption von Oedemen hindeuteten.

Die Gesammtdauer der Melancholie als Krankheitsform beträgt Monate bis Jahre.

Die Prognose ist, wenn man die unzähligen leichteren Fälle ausserhalb der Irrenanstalten berücksichtigt, eine günstige. Zahlreiche derartige Fälle bleiben auf der Entwicklungsstufe einer Mel. sine delirio oder praecordialis stehen, gehen dann in Genesung über, ohne dass je Wahnideen oder Sinnestäuschungen auftreten.

Eine ernstere Prognose bieten die Zustände von Mel. passiva im Uebergang zur Mel. cum stupore. Leicht geht dieser Zustand tiefer psychischer Gebundenheit in wirkliche psychische Schwäche über. Noch mehr ist dies zu besorgen bei den Zuständen von wirklicher Mel. cum stupore, die jedenfalls auch prognostisch als die schwerere Form anzusehen ist, bei jugendlichen Individuen und rechtzeitiger sachverständiger Behandlung jedoch häufig günstige Resultate ergibt.

Im Allgemeinen gestatten die Bilder von Mel. activa, die zudem einen mehr subacuten Verlauf einhalten, eine günstigere Prognose als die Fälle von Mel. passiva, jedoch drohen dort, namentlich bei älteren Leuten, die Gefahren der Erschöpfung und Inanition.

Ausser dem Ausgang in Genesung, der in etwa 60 % der Fälle stattfindet, ausser dem in Tod durch Erschöpfung, der durch colliquative Diarrhöen in Folge der venösen Stasen der Darmschleimhaut, durch Lungentuberculose in Folge der tief gestörten Ernährung, in seltenen Fällen auch durch fortschreitende Hirnlähmung erfolgen kann, ist der in einen psychischen Schwächezustand zu erwähnen. Der Terminalzustand einer nicht zur Lösung gelangten Melancholie kann der einer secundären Verrücktheit oder des Blödsinns sein. Der letztere ist nicht selten der direkte Ausgang der Mel. cum stupore, während bei ungünstigem Ausgang der Mel. agitans häufiger Verrücktheit beobachtet wird.

Therapie.

Für die Behandlung der Melancholischen lassen sich folgende allgemeine Grundsätze aufstellen:

1) Man verschaffe dem Kranken vollkommene körperliche und geistige Ruhe, halte alle Reize, bestehen sie nun in angeblichen Zerstreuungen oder Ermahnungen, Tröstungen der Religion u. dgl. von dem erkrankten Gehirn ab und erinnere sich wohl, dass Einflüsse, die unter normalen Verhältnissen freudige Eindrücke machen würden, nun den psychischen Schmerz nur steigern können.

Diese Indication ist um so wichtiger, je grösser die psychische Hyperästhesie, je acuter der Fall ist. Für die meisten Melancholischen ist Bettruhe die wichtigste ärztliche Verordnung und die grösste Wohl-

that. Namentlich bei Melancholischen mit und aus Hirnanämie gibt
es kein besseres Beruhigungsmittel.

2) Ueberwachung und Schutz des Kranken vor sich selbst und
der Gesellschaft vor diesem. Jeder Melancholische kann plötzlich
einen Angriff auf das eigene Leben machen, jeder ist auch gemeingefährlich. Die Ueberwachung muss eine unablässige sein. Die Schlauheit und Ausdauer solcher Kranken in der Verfolgung ihrer selbst-
mörderischen Absichten ist oft eine staunenswerthe.

Die Zwangsjacke ist durchaus keine Garantie gegen Selbstmord [1]).

3) Ueberwachung des Standes der Kräfte und der Nahrungsaufnahme.

Schlaflosigkeit, Affekte, unregelmässiger Genuss von Speise bei
durch catarrhalische Affektion der Verdauungswege so häufig gestörter
Assimilation disponiren zu Inanition, Erschöpfung, Tuberculose, wenn zu
letzterer eine Anlage besteht. Man reiche deshalb jedem derartigen
Kranken kräftige, leicht verdauliche, proteinreiche Nahrung! Häufig
ist diese Indication nur mühsam zu erfüllen, wegen der Abneigung
des Kranken, Nahrung zu sich zu nehmen. Um jene rationell zu bekämpfen, ist es nöthig, ihre Gründe zu kennen. Die Ursachen der
Nahrungsverweigerung können verschiedene sein.

Zuweilen handelt es sich einfach um einen Mund-, Magen- oder
Darmcatarrh, auf deren geeignete medicinische Behandlung die Speise-
scheu weicht, nicht selten ist die Ursache eine hochgradige Verstopfung
und führt dann eine ausleerende Behandlung rasch zum Ziel. Häufiger
ist das Motiv ein psychisches.

In manchen Fällen, besonders da, wo die Mel. von Hause aus
geistesbeschränkte Individuen befällt, ist die Nahrungsscheu einfach
aus dem Motiv entstanden, sich gegenüber der schmerzlich und feindlich empfundenen Aussenwelt in Opposition zu setzen. Nichtbeachtung
dieses oppositionellen Gebahrens führt in der Regel bald zum Aufgeben
des Widerstandes oder es gelingt den Kranken genügend zu ernähren,
indem man ihm scheinbar zufällig Speisen in die Nähe bringt, sie wie
absichtslos stehen lässt und es ihm so ermöglicht, unbemerkt sie sich
anzueignen.

Bei Mel. attonita ist die Nahrungsweigerung die Folge der ge-
störten Apperception und allgemeinen psychomotorischen Hemmung.
Der Kranke würde hier einfach verhungern weil er seine körperlichen
Bedürfnisse nicht mehr wahrnehmen, bezügliche Vorstellungen nicht
mehr bilden, festhalten und zu Motiven eines Handelns machen kann.
Hier genügt nicht selten energisches Zureden, um den Kranken zur

---

[1]) Neumann, Lehrb. p. 203.

Annahme von Speise zu bewegen; wird ein aktives Einschreiten nöthig,
so ist der gebotene Widerstand gewöhnlich leicht mit Löffel- oder
Schnabeltasse zu bewältigen.

Bei gewissen Melancholischen, die Nahrung verschmähen, handelt
es sich um religiöse Motive, um Sündenwahn, Drang Busse zu thun
u. dgl.; nicht selten begegnet man auch als Motiv aus dem tiefsten
Affekt der Selbsterniedrigung entspringenden Vorstellungen, der Speise
nicht mehr werth zu sein, sie Armen oder Würdigeren zu entziehen; oder es besteht der nihilistische Wahn, dass Nichts mehr
vorhanden, Alles zu Grund gegangen sei, Pat. keine Zahlung mehr
leisten könne.

Bei anderen Kranken sind es Geschmacks- und Geruchstäuschungen
und damit zusammenhängender Wahn der Vergiftung, der Verunreinigung der Speisen, die die Nahrung verweigern lassen.

Bei hypochondrischer Melancholie können gestörte Gemeingefühle
und darauf gegründete Wahnideen, z. B. dass Mund und After zu,
die Därme unpassirbar, der Körper abgestorben, die Organe verfault,
der Magen geschwunden sei, den Grund der Nahrungsverweigerung
abgeben. Zuweilen gehorcht der auf Nahrung verzichtende Kranke
dem Gebot von befehlenden Stimmen, am seltensten versucht der
Kranke durch Aushungerung sich das Leben zu nehmen. Da wo
Wahnideen, Hallucinationen oder Lebensüberdruss im Spiel sind, ist
häufig eine künstliche zwangsweise Ernährung des Kranken nicht zu
umgehen (Bd. I, p. 267).

4) Bekämpfung der sehr erschöpfenden, die Entstehung von
Wahnideen und Hallucinationen begünstigenden Schlaflosigkeit mittelst
geeigneter Mittel. Morphium leistet hier wenig, Chloralhydrat mehr,
jedoch kann es nicht beliebig lang fortgegeben werden; besser ist
Opium, am besten wirken laue Bäder, namentlich prolongirte, Senf-
bäder, Priesnitz'sche Einpackungen. Bei Anämischen erzielen oft
Spirituosa, namentlich kräftiges Bier eine gute schlafmachende Wirkung,
auch empfiehlt es sich in solchen Fällen die Hauptmahlzeit auf den
Abend zu verlegen.

5) Anwendung der empirisch erprobten und symptomatisch ge-
forderten Heilmittel. In erster Linie stehen hier laue, nach Umständen
bis auf Stundendauer ausgedehnte Bäder von 26—28° R. und das
Opium (vgl. Bd. I, p. 255), das besonders bei präcordialer und agitirter Melancholie, dann durch anämische und alkoholische Basis des Falls,
Frischheit desselben und weibliches Geschlecht indicirt ist. Man be-
ginne mit Dosen von 0,03 2mal täglich und steige rasch, etwa um
0,02 alle 2 Tage. Die günstige Wirkung des Mittels da, wo es indicirt ist, pflegt sich bald, zunächst in Eintritt von Schlaf und Beruhi-

gung zu äussern. Toxische Wirkung zeigt sich dabei nicht oder selten, auch die anfänglich verstopfende Wirkung verliert sich bald und die Stühle werden breiig und reichlich. Am besten ist der Schonung des Magens und der sicheren Dosirung wegen die subcutane Anwendung. (Extract. opii aquos. in wässeriger Solution mit Zusatz von etwas Glycerin.)

Congestive Erscheinungen contraindiciren nicht die Anwendung des Mittels an und für sich. Maximaldosen lassen sich nicht aufstellen.

Ist aus irgend einem Grund die subcutane Anwendung nicht möglich, so gebe man Extr. opii aquos. intern in Verbindung mit Amaris oder mit einem südlichen Wein.

6) In erhöhtem Masse ist eine minutiöse Erfüllung aller hygienischen Vorschriften bei schweren Fällen von Mel. passiva und cum stupore nöthig. Alle diese Kranken müssen andauernd im Bett gehalten werden, wodurch Stauungen des Bluts und unnöthigen Wärmeverlusten begegnet wird.

Die Diät muss eine proteinreiche, aber bei dem Zustand der Verdauungswege reizlose sein; am besten eignen sich zu diesem Zweck Milch und Milchspeisen. Nicht minder wichtig ist Sorge für täglichen Stuhl, aber Drastica sind hier zu vermeiden. Die ungenügende Respiration kann Sinapismen, Faradisation der Brustmuskeln und des Zwerchfells erfordern. Bei darniederliegender Herzthätigkeit sind Spirituosa, namentlich guter alter Wein, nach Umständen Aether, Campher angezeigt. Ist zugleich der Puls krampfhaft contrahirt, so kann Amylnitrit oder auch der reichliche Genuss von Grog, heissem Zuckerwasser mit Branntwein u. dgl. Nützliches leisten. Diese Mittel befördern auch besser als alle Narcotica den Schlaf. Die darniederliegende Hautthätigkeit kann eine Anregung durch Kleien-Seifenbäder, warme Essigwaschungen erfordern. Das Opium leistet bei diesen Krankheitszuständen nichts, erweist sich eher geradezu schädlich.

B. Die Manie [1]).

Als die Grunderscheinungen des maniakalischen Irreseins ergeben sich eine Aenderung der Selbstempfindung im Sinn einer

[1]) Lit.: Esquirol, »Die Geisteskrankheiten«, übersetzt v. Bernhardt. II, p. 70; Prichard, treatise on insanity 1835, p. 71; Jacobi, »Die Hauptformen d. Seelenstörung; Spielmann, Diagnostik; Wunderlich, Pathol. II. Abth. 1, p. 1348; Falret. Mal. ment. p. 318; Morel, Traité des mal. ment. p. 471; Jessen, Berlin. encyclop. Wörterbuch XXII. 1840; Wachsmuth, Allgemeine Zeitschrift für Psych. 15. p. 325; Meynert, Oesterreichische Zeitschrift für praktische Heilkunde 1871 und Anzeiger der Gesellschaft der Aerzte in Wien. 1875, 10; Schüle. Handbuch p. 447 u. 492.

vorwiegend heiteren Stimmungslage und ein abnorm
erleichterter Ablauf der psychischen Akte bis zur völligen Ungebundenheit der psychomotorischen Seite des
Seelenlebens. Die Manie stellt damit ein der Melancholie gegen-
sätzliches Krankheitsbild dar. So wenig als bei dieser lassen sich die
Stimmungsanomalieen aus dem geänderten (hier erleichterten) Ablauf
der psychischen Vorgänge ausschliesslich erklären, obwohl nicht be-
stritten werden kann, dass ein wichtiger Zuwachs an Lustgefühlen für
den Kranken aus dem Innewerden des erleichterten Vonstattengehens
der psychischen Bewegungen, des Wegfalls aller Hemmungen resultirt.
Beide Grunderscheinungen sind als einander coordinirte aufzufassen
und finden wahrscheinlich funktionell ihre Begründung in einer erleichterten Entbindung lebendiger Kräfte, anatomisch in einem grösseren
Blutreichthum des psychischen Organs.

Auch innerhalb der Manie lassen sich zwei wesentlich nur gradweise unterschiedene und vielfach in einander übergehende Krankheitsbilder aufstellen, ein leichteres, die maniakalische Exaltation und
ein schwereres, die Tobsucht.

1. Die maniakalische Exaltation.

Psychische Symptome: Der Inhalt des Bewusstseins ist
hier Lust, psychisches Wohlsein. Er ist ebenso unmotivirt in den
Vorgängen der Aussenwelt, wie der gegensätzliche Zustand psychischen
Schmerzes des Melancholischen und deshalb nur auf eine innere
organische Ursache beziehbar. Der Kranke schwelgt hier geradezu
in Lustgefühlen und berichtet nach erfolgter Genesung, dass er nie
in gesunden Tagen sich so wohl, gehoben, glücklich gefühlt habe, wie
während seines Krankseins. Diese spontane Lust erfährt mächtige
Zuwächse durch die geänderte Apperception der Aussenwelt, durch
das Innewerden des erleichterten Vonstattengehens des Vorstellens und
Strebens, durch die intensive Betonung der Vorstellungen mit Lustgefühlen und durch behagliche Gemeingefühle, namentlich im Gebiet
der Muskelempfindung (erhöhter Muskeltonus). Dadurch erhebt sich
vorübergehend die heitere Stimmung bis zur Höhe von Lustaffekten
(Ausgelassenheit, Uebermuth), die ihre motorische Entäusserung in
Singen, Tanzen, Springen und übermüthigen Streichen finden.

Neben der inhaltlichen Störung im affektiven Gebiet geht eine
formale einher, eine gesteigerte Erregbarkeit (psychische Hyperästhesie) gekennzeichnet dadurch, dass mit den Sinneswahrnehmungen
und reproducirten Vorstellungen, statt blosser Gefühle sich Affekte
verbinden, die bei der herrschenden Grundstimmung vorzugsweise

Lustaffekte sind. Diese formale Störung äussert sich klinisch in dem abnorm leichten Eintreten von Gemüthsbewegungen. Daraus ergibt sich nothwendig eine geänderte Apperception der Aussenwelt. Statt des düsteren Grau, in dem sie dem Melancholischen auf Grund seiner psychischen Dysästhesie erscheint, kommt sie dem Maniakalischen sinnlich wärmer, farbenprächtiger und interessanter vor. Er sucht sie deshalb auf, geht gern in Gesellschaft, auf Reisen, auch hier wieder entgegen dem Melancholischen, der sie vermeidet, ja selbst verabscheut.

Der Gesammteffekt der geänderten Apperceptionsvorgänge der Aussenwelt und der eigenen Persönlichkeit ist ein gesteigertes Selbstgefühl, das vielfach auch in einem Aufputz des äusseren Menschen seinen Ausdruck findet.

Wenn auch die heitere Verstimmung die affektive Grundlage des maniakalischen Irreseins bildet, so sind damit gegensätzliche Stimmungen nicht ausgeschlossen. Sie können bei der schrankenlosen Association der Vorstellungen und ihrer lebhaften Gefühlsbetonung durch contrastirende Vorstellungen hervorgerufen werden, häufig aber sind sie Artefacte, vermittelt durch Beschränkung der Freiheit des Kranken, Versagung von Wünschen u. dgl., wodurch das krankhaft erhöhte Selbstgefühl empfindlich verletzt wird. Diese schmerzlichen und zornigen Stimmungslagen sind aber nur episodische, die bei dem beschleunigten Ablauf der psychischen Vorgänge rasch von der heiteren Grundstimmung wieder verdrängt werden.

Auf dem Gebiet des Vorstellens äussert sich die Beschleunigung des Umsatzes psychischer Kräfte in einer erleichterten Reproduktion, Association und Combination der Vorstellungen, die nothwendig zu einer Ueberfüllung des Bewusstseins führt und in grellem Gegensatz zur Monotonie und Hemmung des Vorstellungsablaufs, wie sie beim Melancholischen sich findet, steht.

Mit der erleichterten Reproduktion und Apperception und der sinnlich wärmeren Betonung seiner Vorstellungen und Apperceptionen wird der Kranke plastischer in seiner Diktion, er bemerkt sofort die Pointe der Sache, die Schwächen und Sonderbarkeiten der Umgebung, ist rascher in seinem Auffassungsvermögen und, bei beschleunigter Association, wieder zugleich schlagfertiger, witzig, humoristisch bis zur Ironie. Die Ueberfüllung seines Bewusstseins gibt ihm unerschöpflichen Redestoff und die enorme Beschleunigung seines Vorstellens, bei welchem ganze Zwischenglieder nur mit des Gedankens Schnelle auftauchen, ohne sprachliche Entäusserung zu erfahren, lässt seinen Gedankengang abspringend erscheinen.

Das gesteigerte Selbstgefühl verschmäht dabei vielfach die Dialektsprache und gefällt sich in hochdeutscher. Zu inhaltlichen Störungen des Vorstellens kommt es auf der Stufe des maniakalischen Irreseins, wie sie die maniakalische Exaltation darstellt, höchstens episodisch und in allegorischer Objektivirung des gesteigerten Selbstgefühls. Der Kranke vergleicht sich gelegentlich mit einer bedeutenden Persönlichkeit, ohne sich mit ihr zu identificiren.

Dazu ist sein Bewusstsein zu wenig gestört. Er übt immer noch Kritik seinem eigenen Zustand gegenüber und dokumentirt sein Bewusstsein für seinen abnormen Zustand u. A. damit, dass er zur Entschuldigung seiner übereilten Handlungen faute de mieux geltend macht, dass er ja ein Narr und einem solchen Alles erlaubt sei.

Auch zu Hallucinationen kommt es höchstens vorübergehend und sie werden dann zudem corrigirt, mindestens nicht verwerthet. Eher sind Illusionen bei der enormen Beschleunigung der psychischen Vorgänge möglich.

Auf der psychomotorischen Seite des Seelenlebens macht sich die Störung zunächst in einem gesteigerten Wollen und in Thatendrang geltend, aber alle Bewegungsakte des Kranken sind zum Unterschied von der Tobsucht noch psychisch vermittelt und in der Sphäre des Bewusstseins ausgelöst.

Ihre Motive sind affectartige Vorgänge oder deutlich bewusste Vorstellungen. Es sind Handlungen, entsprechend denen des physiologischen Lebens, nur auffällig dadurch, dass sie das Gepräge des Uebereilten, Unbesonnenen, Ungehörigen, Muthwilligen, Anstössigen, selbst Unsittlichen an sich tragen, ohne dass man sie aber geradezu als unsinnige bezeichnen könnte.

Die Bedingungen für dieses gesteigerte Wollen des Maniakalischen wurden in Bd. I. p. 78 besprochen.

Klinisch gibt sich diese Exaltation auf der psychomotorischen Seite in Wanderlust, Hang Wirthshäuser zu besuchen, alte Freunde und Bekannte aufzusuchen, Merkwürdigkeiten zu sehen, Schreibsucht, Kauflust u. dgl. kund. Der Wegfall oder das zu späte Eintreten hemmender controlirender Vorstellungen lässt diese an und für sich nicht unsinnigen Handlungen nur ungehörig, übereilt erscheinen und da auch ästhetische und ethische Hemmungsvorstellungen fehlen, vielfach gegen Sitte und Anstand verstossend; die lebhafte Betonung aller Wahrnehmungen durch Lustgefühle macht solche Kranke begehrlich, ihr krankhaft gesteigertes Selbstgefühl lässt sie zudringlich, prahlerisch, rechthaberisch erscheinen, die Flüchtigkeit der Bewegungsmotive macht sie unstet und bei aller Geschäftigkeit unfähig all das zu vollenden, was sie sich vorgenommen und begonnen haben.

Nicht bei allen diesen Kranken sind sämmtliche Züge des Krankheitsbildes bis zur Höhe entwickelt; bei einzelnen ist der Rededrang, bei anderen das gesteigerte Wollen, bei anderen wieder die heitere Stimmung (Amenomanie) die am meisten hervortretende Krankheitserscheinung und hier kann wieder eine einfach überschwängliche oder eine erotische oder eine religiöse Färbung bestehen.

Es verlohnt sich nicht der Mühe, diese klinischen Nüancen durch besondere Namengebung auszuzeichnen.

Fast regelmässig, bei weiblichen Individuen wohl immer, ist bei der maniakalischen Exaltation auch die Geschlechtssphäre in den Vordergrund des Bewusstseins gerückt. Der geschlechtliche Drang entäussert sich hier immer noch in einer der nur oberflächlichen Störung des Bewusstseins entsprechenden bürgerlich tolerablen Form: bei Männern in Courmacherei, übereilten Heirathsversprechen, Zweideutigkeiten in der Conversation, Aufsuchen von Bordellen; — bei Weibern in Neigung sich zu putzen, zu salben, in Herrengesellschaft sich zu bewegen, zu coquettiren, von Heiraths- und Skandalgeschichten zu sprechen, Liebesintriguen anzuspinnen, andere Weiber sexuell zu verdächtigen.

Dem Arzt gegenüber zeigt sich grössere Vertraulichkeit und Vorliebe von sexuellen Angelegenheiten mit grosser Ungenirtheit zu sprechen. Sehr häufig äussert sich hier auch die sexuelle Erregung in äquivalenter religiöser Exaltation, im Drang zu beten, an Wallfahrten, Missionen theilzunehmen, in's Kloster zu gehen und dem Himmel sich zu weihen, oder wenigstens Pfarrerköchin zu werden, wobei viel von der eigenen Unschuld, Jungfräulichkeit etc. die Rede ist.

Sehr häufig besteht in diesem Exaltationszustand auch ein gesteigertes Bedürfniss nach Genussmitteln und Nervenreizen, dem durch stark gewürzte Speisen, Rauchen und Schnupfen, starken Kaffee, und namentlich durch spirituöse Getränke Genüge geleistet wird.

Solche Excesse führen dann leicht eine Steigerung der maniakalischen Exaltation zur Höhe der Tobsucht herbei.

Symptome in der somatischen Sphäre: Ziemlich constant ist hier eine Störung des Schlafs. Die Kranken schlafen nur wenige Stunden, stehen schon mitten in der Nacht auf, treiben sich geschäftig im Hause und auf der Strasse umher.

Im Gebiet der Gemeingefühlsempfindung gibt sich ein Gefühl gesteigerten körperlichen Wohlseins, erhöhter Kraft und Leistungsfähigkeit kund. Der Kranke kann nicht genug Worte finden, um sein maniakalisches Wohlbefinden, seine „Urgesundheit" zu schildern. Zu einem Gefühl körperlicher Ermüdung kommt es hier nicht, selbst nicht einmal nach forcirten Märschen und sonstigen Ueberanstrengungen.

Aber der Kranke ist auch thatsächlich frischer. Er sieht jünger aus, sein Turgor vitalis ist erhöht, seine Miene belebter, seine vegetativen Funktionen vollziehen sich prompter, sein Appetit ist gesteigert, nur findet der Kranke vor lauter Bewegungsunruhe vielfach keine Zeit ihn zu befriedigen.

Trotz aller Erscheinungen eines gesteigerten Stoffwechsels und guter Assimilation sinkt jedoch das Körpergewicht.

Ganz besonders gesteigert ist hier der Muskeltonus. Die Muskulatur fühlt sich praller und turgescirend an, die Haltung ist eine strammere, die Sicherheit und Schnelligkeit der Bewegungen eine grössere als im normalen Zustand. Die Bewegungen erfolgen auffallend prompt, es macht den Eindruck, als ob der Willensreiz rascher die Bewegungscentren erreiche. Der Kranke wird sich selbst dieser erleichterten Innervation und Coordination bewusst und schöpft daraus neue Anregung für seine gute Laune und Unternehmungslust.

Vorkommen und Verlauf. Die maniakalische Exaltation erscheint seltener als ein die ganze Zeitdauer der psychischen Störung umfassendes Krankheitsbild (Krankheitsform), viel häufiger als Zustandsform. Als solche stellt sie ein Prodromal- oder Remissionsstadium der Tobsucht oder ein Durchgangsstadium anderweitiger Irreseinszustände dar. Als solches bildet sie eine Zustandsphase des circulären, des hysterischen Irreseins. Als prodromales Bild findet sie sich bei der allgemeinen Paralyse, aber hier eigenthümlich gefärbt durch die früh sich zumischenden Erscheinungen psychischer Schwäche.

Als selbstständiges Krankheitsbild erscheint sie noch am häufigsten in Form periodischer Anfälle (s. period. maniak. Irresein), aber hier, entsprechend der degenerativen Grundlage, in raisonnirender und reizbarer Färbung.

In den seltenen Fällen wo die maniakalische Exaltation als selbstständige und nicht periodische Psychose sich abspielt, geht ihr meist ein melancholisches Prodromalstadium voraus. Ihr Verlauf ist ein remittirend exacerbirender, ihre Dauer beträgt Wochen bis Monate. Sie kann sich zurückbilden, wobei die Lösung eine allmälige, nicht plötzliche ist und, entsprechend der leichten Störung, ein etwaiges Erschöpfungsstadium kaum angedeutet und von nur kurzer Dauer sich anschliesst. In anderen Fällen, namentlich durch sexuelle und Alkoholexcesse, geht sie in Tobsucht über. Die Prognose ist bei dieser mildesten Form des maniakalischen Irreseins eine sehr günstige und sind psychische Defecte nicht zu besorgen wie bei der Tobsucht.

Therapie. Das wichtigste Heilmittel ist hier eine der Höhe der Exaltation angepasste Isolirung und damit die Fernhaltung von Krankheitsreizen, namentlich Excessen. Für viele Fälle wird das Spital als solches genügen, vorübergehend auch das Isolirzimmer nöthig sein.

Gegen die Schlaflosigkeit und nächtliche Unruhe erweist sich Chloralhydrat erfolgreich; die Narcotica, namentlich Opium und Morphium, so nützlich vielfach bei den periodischen Fällen, haben hier keine günstige, vielfach eine die Aufregung geradezu steigernde Wirkung.

Dagegen verfehlen laue Bäder, namentlich prolongirte, selten ihre beruhigende Wirkung auf's centrale Nervensystem, jedoch hält ihr Effekt gewöhnlich nur einige Stunden vor.

Bei vom Sexualsystem ausgehenden und vorwiegend geschlechtlichen Erregungszuständen empfiehlt sich das Bromkali. Zugleich ist hier der Kranke wegen Hanges zur Masturbation sorgfältig zu überwachen.

2. Die Tobsucht.

Eine höhere Entwicklungsstufe der maniakalischen Exaltation stellt die Tobsucht dar.

Der ursprünglich nach dem äusseren d. h. tobenden Verhalten des Kranken gebildete Begriff „Tobsucht" bedarf der wissenschaftlichen Einschränkung. Toben ist ein blosses Symptom, Tobsucht ein bestimmter in den Rahmen der Manie gehöriger Krankheitszustand. Das Toben des Melancholischen aus Angst, das Toben des Hallucinanten (epileptisches, hysterisches, alkoholisches und Fieberdelirium) auf Grund schreckhafter Sinnestäuschungen darf mit der Tobsucht nicht zusammengeworfen werden. Die entscheidenden Merkmale der Tobsucht sind eine Beschleunigung der psychischen Vorgänge bis zur Ungebundenheit derselben, wobei das Ich des Kranken alle Direktive verloren hat, in den Ablauf der psychischen Akte nicht mehr einzugreifen vermag. Dabei bestehen Phänomene direkter Erregung im Organe des Bewusstseins.

In den psychomotorischen Centren des Vorderhirns bestehen sie in Reizvorgängen, die Bewegungsakte auslösen, welche zwar noch das Gepräge psychischer an sich tragen, aber ohne Ziel und Zweck, ohne Intervention des Willens und selbst des Bewusstseins zu Stande kommen und somit als rein triebartige Akte bezeichnet werden müssen. Diese verdrängen immer mehr die willkürlichen, durch Vorstellungen und Lustgefühle vermittelten Handlungen des bloss maniakalisch Exaltirten. Als weitere, selten fehlende Erregungsphänomene sind Delirien und Sinnestäuschungen zu erwähnen. Entsprechend der tieferen Erkrankung des psychischen Organs besteht auch eine erheblichere Störung des Bewusstseins.

Eine nähere Betrachtung des Krankheitsbilds constatirt auf dessen affektiver Seite und in formaler Beziehung eine hochgesteigerte Erregbarkeit (psychische Hyperästhesie), vermöge welcher alle Eindrücke, welche das Bewusstsein erfährt, mit lebhaften Affekten betont werden und einhergehen.

Auch hier, wie bei der maniakalischen Exaltation, wiegen expansive Affekte vor, aber gegensätzliche Affekte, namentlich solche des Zorns sind nicht ausgeschlossen, ja es gibt sogar seltene Fälle, wo Affekte des Zorns während der ganzen Dauer der Krankheit vorwiegen (zornige Tobsucht, Mania furiosa). Diese klinische Nuance des Krankheitsbildes ist theils bedingt durch die originäre, anomale (belastete) Hirnorganisation des Kranken (von Hause aus jähzorniger, reizbarer Charakter), theils ist sie Artefakt (Einsperrung, Zwangsjacke), theils Reaktionserscheinung auf schreckhafte Delirien, Sinnestäuschungen und complicirende Angstgefühle.

Ist eine zornige Stimmungslage durch irgend eines dieser Momente beim Kranken hervorgerufen, so erzeugt sie bei der hochgesteigerten Erregbarkeit des Kranken fort und fort secundäre schmerzliche Reproduktionen von Vorstellungen, die aber gegenüber der Mel. agitans den Charakter der Ideenflucht und Reihenbildung besitzen. Sie unterhalten dann die zornige Stimmungslage. Solche Fälle von rein zorniger Tobsucht sind die seltensten; viel häufiger sind die rein expansiven, am häufigsten die gemischten d. h. solche, bei welchen durch die hohe Erregbarkeit und den rapiden Wechsel der Vorstellungen bei gleichzeitig schrankenloser Association ein bunter Wechsel der inhaltlich verschiedenartigsten Affekte zu Tage tritt (Stimmungswechsel). Da das Ich bei der enormen Beschleunigung aller psychischen Akte, bei dem Wegfall aller Hemmungen machtlos diesem Erregungsvorgang hingegeben ist, werden diese Affekte mit Inbeschlagnahme des ganzen mimischen und motorischen Apparates entäussert. Tolle Lustigkeit und maniakalischer Jubel wechseln so mit Phasen zorniger Erregung und schmerzlichen Jammerns, Singen, Pfeifen, Schreien, Johlen mit Heulen und wuthartigem Toben. Oft genügt ein flüchtiger äusserer Eindruck, eine beliebige Reproduktion, um bei der psychischen Hyperästhesie sofort die Stimmung in eine gegensätzliche umschlagen zu machen.

Die enorme Beschleunigung des formalen Vorstellungsablaufs führt zur Ideenflucht und da keine Einzelvorstellung mehr festgehalten werden kann, zur Verworrenheit (Ueberfüllung des Bewusstseins, darniederliegende, nur noch durch Assonanz und Alliteration geknüpfte Ideenassociation, massenhafte spontane physiologische, nicht associatorische Erregung von Vorstellungen).

Damit geht dann nothwendig die logische Verbindung der Vorstellungen und die grammatikalische Form der Rede verloren. Bruchstücke von Sätzen, abgerissene Worte, schliesslich nur noch Interjektionen, Schreilaute als sprachliche Aeusserungen bezeichnen wechselnde Höhegrade der tobsüchtigen Ideenflucht und Verworrenheit.

Die Apperception ist bei dem enormen Vorstellungsschwindel eine unvollkommene lückenhafte und es kommt hier leicht zu Illusionen. Hallucinationen können jederzeit und in allen Sinnesgebieten eintreten. Sie sind besonders bei acutem Verlauf massenhaft zu beobachten, namentlich in der Sphäre des Gesichtssinnes.

Fast regelmässig kommt es auch zu Wahnideen. Sie erscheinen vorwiegend im Anschluss an Sinnestäuschungen, dann als primordiale Delirien, seltener als flüchtiger Erklärungsversuch von Bewusstseinszuständen und Sensationen. Ihr Inhalt ist ein unbeschränkter, jedoch vorwiegend expansiver (Grössenwahn). Häufig, namentlich bei weiblichen Individuen, hat er eine sexuelle oder religiös äquivalente Färbung. Dahin gehören die Wahnideen, Mutter Gottes, vom heiligen Geist überschattet zu sein, das Jesukindlein geboren zu haben. Bei zorniger Tobsucht kann auch Persekutionsdelir, namentlich in dämonomanischer Färbung, den Wahnkern des Affektes bilden.

Diese Wahnideen sind, entsprechend der Flüchtigkeit der sie auslösenden Vorgänge und der Beschleunigung aller psychischen Akte, die keine Reflexion zulässt, desultorisch und führen nur selten und nur bei chronisch sich gestaltender Manie zu einer dauernden Fälschung des Bewusstseins mit möglichem Ausgang in secundäre Verrücktheit. Die wichtigsten Erscheinungen bietet die psychomotorische Sphäre des Krankheitsbildes, von welcher dieses auch seinen Namen bekommen hat. Der Kranke ist, soferne nicht Erschöpfungspausen dazwischen treten, in steter Aktivität und es gibt keine willkürliche Muskelgruppe, die nicht eine nach der anderen in Aktion versetzt würde. Die Bewegungsakte des Kranken sind sehr verschiedenartig motivirt. Im Uebergang der maniakalischen Exaltation zur Tobsucht und in den Remissionen dieser können noch „Handlungen" vorkommen. Indem deren auslösende Vorstellungen aber mit zunehmender Beschleunigung der psychischen Vorgänge und zunehmender Trübung des Bewusstseins immer weniger deutlich bewusst werden, sinken jene immer mehr zur Bedeutung impulsiver Akte herab; daneben finden sich noch psychische Reflexakte, veranlasst durch Lustaffekte (Tanzen, Singen etc.) oder durch Angst- und Zornaffekte.

Auf der Höhe der Krankheit treten solche psychisch vermittelte Bewegungsakte nur mehr ganz vereinzelt zu Tage. Sie werden verdrängt von durch direkte Reize in psychomotorischen Centren ausgelösten zwangsmässigen Bewegungen (Bewegungsdrang); daneben finden sich durch Wahnideen und Sinnestäuschungen vermittelte Handlungen.

Man hat früher vielfach angenommen, der Tobsüchtige entwickle mehr Muskelkraft als in physiologischem Zustand und hat aus diesem Vorurtheil die unglücklichen Kranken, vor denen man sich geradezu fürchtete, an Ketten gefesselt und in massiven Kerkern verhalten. Diese Anschauung ist physiologisch unhaltbar. Wohl vollbringt der Tobsüchtige gelegentlich Kraftleistungen, deren der Gesunde nicht fähig scheint, aber diese Ueberproduktion von Muskelkraft ist nur eine scheinbare. Sie erklärt sich aus der Rücksichtslosigkeit des Kranken, der in seinem gestörten Bewusstsein keine Gefahr, kein Schwindel- oder Ermüdungsgefühl wahrnimmt und so befähigt wird, seine volle Muskelkraft einzusetzen, gerade wie auch der Gesunde in einem Affekt der Verzweiflung, in Todesgefahr z. B., Aussergewöhnliches zu leisten vermag. Wenn aber auch die absolute Kraftgrösse nicht gesteigert ist, so ist doch die zeitliche Dauer der Muskelleistung eine das Mass der Norm überschreitende. Ein Tobsüchtiger kann Tage lang springen, tanzen, klettern, toben, ohne zu ermüden, geschweige einer Erschöpfung anheim zu fallen — ein Simulant vermag dies keine Stunde zu leisten; der Grund liegt darin, dass beim Ersteren kein Gefühl der Ermüdung aufkommt (Muskelanästhesie durch gestörte Apperception im Bewusst- seinsorgan), wesentlich aber in dem Umstand, dass beim Letzteren der Wille alle diese Bewegungsakte hervorrufen muss, während beim Tob- süchtigen der Wille ausgeschlossen und die Bewegung das Produkt spon- taner Erregung ist. Mag der Erfolg (Muskelarbeit) der gleiche sein, so besteht doch ein grosser Unterschied darin, ob die Leistung des Central- nervensystems eine willkürliche psychische oder spontane automatische ist. Gleiches sehen wir bei Hysterischen, Hysteroepileptischen, Chorea- tischen etc., die Tage lang in Form von Krämpfen Muskelarbeit leisten, ohne zu ermüden, ohne sich zu erschöpfen. Offenbar sind psychische und spontane motorische Leistungen nicht gleichwerthig und gehen viele Aequivalente grober mechanischer spontaner Kraftleistung auf ein Aequi- valent psychischer.

Dies zeigt sich auch in trophischer Beziehung, insofern der Tob- süchtige trotz wochenlanger luxuriirender anhaltender Bewegungsaktion, trotz Schlaflosigkeit, ungenügender Nahrungsaufnahme und vermehrter Wärmeverluste, lange nicht die bedeutende Gewichtsabnahme erfährt, die ein Gesunder unter annähernd gleichen Verhältnissen zeigen müsste.

Sehr häufig ist auch bei der Tobsucht der Geschlechtstrieb erregt und Fälle, in welchen er im Vordergrund des Krankheitsbilds steht, hat man vielfach als Satyriasis (beim Mann) und Nymphomanie (beim Weib) mit besonderem Namen ausgezeichnet.

Die tiefere Störung des Bewusstseins gegenüber der maniakali- schen Exaltation lässt den Trieb hier in nackter unverhüllter Gestalt zu Tage treten — in Form von direkten Angriffen auf Personen des anderen Geschlechts, öffentlich ausgeübter Onanie, beckenwetzenden Coitusbewegungen etc.

Zweifellos sind auch bei Frauen das beständige An- und Ausspucken, Befriedigen der natürlichen Bedürfnisse in Gegenwart des Arztes, Haarnesteln, Beschmieren des Körpers und der Wände mit Stuhlgang, Speichel, Menstrualblut und Urin, die Beschimpfung der weiblichen Umgebung mit obscönen Scheltworten als äquivalente Erscheinungen aufzufassen.

Die Störung des Bewusstseins ist eine sehr verschiedenartige, im Allgemeinen um so grössere, je acuter der Verlauf ist. Ihrer Höhe geht die Rückerinnerung so ziemlich parallel. Bei chronischer Tobsucht kann diese eine ganz ungetrübte sein; bei acutem Verlauf ist sie wenigstens eine summarische. Eine völlige Amnesie kommt bei wirklicher Tobsucht nicht vor.

Somatische Symptome. Eine constante Erscheinung ist auch hier Störung des Schlafs. Er kann wochenlang fehlen. Häufig finden sich Fluxionen zum Gehirn, die seltener als ursächliche, meist als consekutive Erscheinungen (aktive Wallungen durch funktionelle Erregung des Gehirns oder auch verminderte Widerstände durch Vasoparese) aufzufassen sind.

Die Pulsfrequenz wird durch die excessive Bewegungsaktion an und für sich wenig beeinflusst. Trotz heftiger Tobsucht ist der Puls oft eher verlangsamt als beschleunigt und eher klein als voll.

Die Körperwärme ist normal, zuweilen selbst subnormal, indem die geringe Wärmesteigerung, welche durch forcirte Muskelarbeit bedingt wird, durch gesteigerte Wärmeausgabe in Folge ungenügender Bekleidung mehr als compensirt wird. Eine bedeutendere und anhaltende Erhöhung der Eigenwärme über 38°, wenn sie nicht auf eine complicirende somatische Erkrankung zurückführbar ist, muss Bedenken erregen, ob der Fall überhaupt noch als Tobsucht und nicht vielleicht als Delirium acutum oder als ein sonstiger psychomotorischer Erregungszustand eines anderweitigen organischen Hirnleidens anzusprechen ist.

In früheren Stadien der Tobsucht ist der Turgor vitalis gesteigert, der Kranke sieht jünger und frischer aus. Bei lange dauernder Tobsucht sinken Ernährung und Kräftezustand und kann es selbst zu Inanitionserscheinungen kommen. Stets begleitet den Krankheitsprocess auf seiner Höhe eine fortschreitende Gewichtsabnahme. Die Sekretionen können ganz normal von Statten gehen. Häufig ist der Harn abnorm reich an Phosphaten. Eine besonders häufige Erscheinung ist Salivation, die namentlich Exacerbationen der Psychose begleitet.

Sensible Störungen spielen bei Tobsüchtigen eine geringe Rolle. Zuweilen wird in Remissionen über Kopfschmerz geklagt. Etwa vor-

kommende Anästhesieen, unter welchen namentlich Unempfindlichkeit
gegen Kälte auffällt, sind wohl immer central bedingt. Nicht selten ist
sensorielle Hyperästhesie. Motorische Störungen infracorticaler Gebiete
in Form von Krämpfen, particllen Muskelzuckungen, grimassirenden
Bewegungen etc. können complicirend bei schwerer Tobsucht auf der
Krankheitshöhe vorkommen und stellen Uebergänge zum Delirium
acutum und anderen Hirnkrankheiten dar.

Vorkommen. Die Tobsucht erscheint viel häufiger als selbstständige Krankheitsform denn als Zustandsform. Sie hat im letzteren
Fall meist einen brüsken Ausbruch, acuten Verlauf und findet sich
bei Dementia paralytica und andern Hirnkrankheiten mit prädominirenden psychischen Störungen, bei Hysterie, bei gewissen Formen
von circulärem Irresein mit kurzen Verlaufstypen, die sich in alter-
nirend manischen Symptomenreihen und solchen von Stupor mit
tetanisch-kataleptiformen Erscheinungen abspielen.

Entstehung und Verlauf. Hier sind wesentlich zu unterscheiden die akuten und die chronischen Fälle.

a) Die acute Tobsucht hat eine Dauer von Tagen bis Wochen;
sie bricht plötzlich aus unter vorausgehenden sensorischen, nicht melancholischen Erscheinungen (Kopfweh, Fluxion, gestörter Schlaf, Angst,
Reizbarkeit). Daran reihen sich die Symptome einer maniakalischen,
meist reizbar gefärbten Exaltation, die in überaus raschem Anstieg
die Höhe der Tobsucht erreicht. Je acuter der Verlauf, um so
schwerer ist die Bewusstseinsstörung. Der Abfall von der Krankheitshöhe
pflegt ein ziemlich rascher zu sein. Symptome funktioneller Erschöpfung
bis zu leichtem Stupor vermitteln den Uebergang zur Gesundheit.

Die acute Tobsucht verlauft vielfach als zornige oder wenigstens
als reizbare. Als zornige kann sie binnen wenigen Tagen ablaufen,
recrudeseirt aber gerne, so dass sich dann ein protrahirtes Irresein
entwickelt, in welchem die einzelnen zornigen Anfallsexplosionen von
den Remissionen (Zeiten funktioneller Erschöpfung und Gemüthsreizbarkeit) sich scharf abheben.

b) Die chronische Tobsucht hat eine Gesammtdauer von Monaten
bis über Jahresfrist. Sie ist meist eingeleitet durch ein melancholisches
Prodromalstadium. Dessen Dauer ist eine sehr verschiedene, von
Tagen bis zu Monaten. Je länger dessen Dauer ist, um so länger
dauert auch die folgende Manie.

Es fehlt oder ist nur angedeutet bei puerperalen, nach acuten
Blutverlusten und in der Reconvalescenz von schweren fieberhaften
Processen entstandenen Fällen, ferner bei durch direkte Hirninsulte,
wie Trauma capitis, Insolation, sowie durch Alcoholexcesse provocirter
Tobsucht. Dieses Prodromalstadium beschränkt sich gewöhnlich auf

den Symptomencomplex einer Mel. sine delirio, jedoch dürfte der Ausspruch von Hagen, dass hier Wahnideen und Sinnestäuschungen überhaupt fehlen, keine absolute Giltigkeit haben.

Der Umschlag in die Manie ist meist ein plötzlicher, selten ein derartiger, dass eine amphibole Periode von Stunden oder Tagen beobachtet wird, in welcher sich melancholische und manische Elemente mischen, quasi um die Herrschaft streiten, bis das manische Krankheitsbild rein dasteht. Bald rascher, bald langsamer entwickelt sich nun aus der maniakalischen Exaltation das Bild der Tobsucht, indem der Gedankendrang immer mehr Ideenflucht, der expansive Affekt ein Kaleidoskop der buntesten affektartigen Erregungen, das Bewegen immer mehr ein rein triebartiges, unbeherrschbares wird und zunehmende Bewusstseinsstörung, Delirien und Hallucinationen sich hinzugesellen. Der Gesammtverlauf der chronischen Tobsucht ist ein remittirend-exacerbirender. In den Remissionen geht das Krankheitsbild auf die Stufe einer maniakalischen Exaltation zurück, die freilich vielfach durch die Zeichen funktioneller Erschöpfung verdeckt wird; diese letztere kann zudem schmerzlich empfunden werden und es kann dann bei der grossen Erregbarkeit zu moroser Stimmung bis zu Zornexplosionen kommen.

Die Ausgänge der Tobsucht sind:

1. Genesung. Dieselbe tritt nie plötzlich ein, sondern allmälig unter Remissionen und mannichfachen Durchgangszuständen. Ein plötzliches Aufhören der Tobsucht deutet auf eine symptomatische oder periodische Begründung derselben.

Die Durchgangszustände zur Genesung können sein:

a) Ein Stadium melancholischer Verstimmung, wie es die Krankheit einleitete. Eine solche Lösung ist eine sehr seltene, wenn man nicht unrichtigerweise ein Erschöpfungsstadium mit reaktiver, schmerzlicher Perception der durch die Erschöpfung bedingten geistigen Insufficienz als Melancholie auffasst.

b) Ein Stadium der Stupidität, des funktionellen Blödsinns als Ausdruck der schweren Hirnerschöpfung, wie sie auf schwere oder schwächend, besonders mit Blutentziehungen behandelte Fälle chronischer Tobsucht nothwendig folgt. Dieses Stadium dauert zuweilen mehrere Monate. Die ausbleibende oder nur geringe und allmälige Zunahme des Körpergewichts in solchen symptomatischen Blödsinnszuständen gegenüber der rapiden in Zuständen von terminalem Blödsinn ist hier differentiell diagnostisch wichtig.

Im Allgemeinen entspricht die Intensität und Dauer dieser von leichtem Stupor bis zu wahrem Blödsinn reichenden Erschöpfungszustände der Intensität und Dauer der vorausgehenden Manie, der Intensität und Bedeutung der sie veranlasst habenden Ursachen,

. worunter speciell eine primär belastete, abnorm erschöpfbare Hirn-
eonstitution besonders in's Gewicht fällt.

c) Durchgang der Tobsucht durch ein Stadium der abklingenden
maniakalischen Erregung bei gleichzeitigen aber ausgleichbaren
psychischen Schwächeerscheinungen („Moria“).

d) Allmäliges Abklingen der Tobsucht, indem die Remissionen
immer tiefer und deutlicher werden und keine bedeutenderen intellectuellen Schwächeerscheinungen bestehen. Hier ist aber vielfach die
affektive Seite des Seelenlebens schwer geschädigt, in labilem Gleichgewicht, insofern ein Zustand erhöhter Gemüthsreizbarkeit besteht, der
leicht in zornigen Affekten explodirt und zu Recrudescenzen führt.

Die Prognose der Tobsucht ist im Allgemeinen eine günstige,
um so günstiger, wenn acuter Verlauf, reparable Ernährungsstörungen
(Anämie, Puerperium), sympathische Ursachen, jugendliches Alter,
nicht zu sehr belastetes Hirn vorliegen.

Indessen darf nicht verschwiegen werden, dass eine schwerere
Tobsucht nur selten eine vollkommen wissenschaftlich befriedigende
Wiederherstellung zulässt und eine leichte zurückbleibende geistige
Schwäche (namentlich gemüthlich, auch leichtere Bestimmbarkeit) vielfach
eine Heilung mit Defekt bedeutet.

2. Ausgang in einen terminalen dauernden geistigen
Schwächezustand (Schwach- bis Blödsinn mit dessen beiden
klinischen Bildern, selten Verrücktheit).

3. Ausgang in Tod durch Erschöpfung oder durch Steigerung
des Hirnprocesses bis zur Höhe eines Delirium acutum.

Therapeutische Gesichtspunkte. 1. Isolirung. Die klinische
Thatsache, dass die maniakalischen Zustände Erregungszustände des
Gehirns sind, namentlich mit einer Hyperästhesie der psychischen und
sensoriellen Organe einhergehen, fordert als erste Indication psychische
Ruhe und Hirndiät, d. h. Abhaltung aller grellen Sinneseindrücke und
überhaupt aller psychischen Reize. Diesem Zweck entspricht nur eine
sachverständig durchgeführte Isolirung des Kranken, deren Grad der
jeweiligen Höhe der cerebralen Hyperästhesie angepasst sein muss.
Für zahlreiche Fälle genügt die Isolirung allein, um den Kranken der
Genesung zuzuführen.

Am meisten empfiehlt sich zu diesem Zweck ein mindestens
50 Cubikmeter grosses gut ventilirbares Isolirzimmer, das grelles
Licht durch dicke, unzerstörbare Scheiben abhält und in einer
entfernten Abtheilung des Spitals gelegen ist. Der alte Zopf einer
sogenannten Tobabtheilung ist tadelnswerth, da hier der Lärm eines
einzigen Kranken die Ruhe der ganzen Abtheilung stört, während eine
Dislocirung der einzelnen unruhigen Kranken in abgelegenen und den

Lärm nicht durchdringen lassenden Räumen des Hauses von den wohlthätigsten Folgen begleitet ist.

Diese Isolirung bewahrt den Kranken auch vor Excessen, namentlich in Alkohol et Venere, die er in der Freiheit zu seinem grosser Schaden begehen würde.

2. Sicherung des Kranken und der Umgebung vor seinen zerstörenden Ausbrüchen. Es ist selten, dass ein Kranker sich selbst beschädigt (Polsterzellen sind deshalb entbehrlich, da sie zudem nicht rein zu erhalten sind). Auch der Umgebung ist der Tobsüchtige, ausser in acuter Tobsucht und bei schwer gestörtem Bewusstsein oder auf Grund von zornigen Affekten, nicht so gefährlich, als man oft annimmt. Viele Tobsüchtige wissen, was sie thun, bewahren einen Rest von Einsicht, wenn sie auch nicht fähig sind, ihre Handlungen zu bemeistern. Der Glaube, dass Tobsüchtige riesig stark wären, ist ein Vorurtheil und die darauf fussende Behandlung mit Ketten und Zwangsjacke eine Rohheit. Mechanischer Zwang ist nur erforderlich, wenn aus Heilgründen horizontale Lage (bei tiefer Anämie des Gehirns) nöthig ist, ferner bei anhaltender Onanie und bei gewissen chirurgischen Verletzungen.

Ein Versuch, den Bewegungsdrang durch mechanische Beschränkung zu mässigen und damit Kräfte zu sparen, ist erfolglos. Der Kranke arbeitet sich in der Jacke nur noch ärger ab. Viele Fälle von Tobsucht werden durch mechanische Beschränkung, namentlich wenn man damit dem Kranken imponiren will, geradezu gesteigert. Es ist Thatsache, dass die Heftigkeit der Tobsucht mit zunehmendem „no restraint" sich bedeutend gemildert hat. Tobsüchtige, die Alles zerstören und sich beständig auskleiden, lasse man nackt in gut erwärmter Zelle oder gebe ihnen Seegras, noch besser Rosshaar, zur Deckung. Man entferne alle Geräthe aus der Zelle!

3. Erhaltung des Kranken in gutem Ernährungszustand. — Toben, Schlaflosigkeit, Delirium consumiren die Kräfte; dafür muss Ersatz geleistet werden. Nicht selten hängt davon der Erfolg ab, ob die Ernährungsstörung im Gehirn nach abgelaufener Tobsucht reparabel ist oder in Atrophie übergeht. Man reiche kräftige Fleischkost, lasse so kräftig und gut essen als nur möglich!

4. Bekämpfung der Hirnerregung, des Bewegungsdrangs und der Schlaflosigkeit. Aus der Heftigkeit der Tobsucht schloss man früher auf Entzündungs- oder Fluxionszustände des Gehirns und bemühte sich, den ganzen antiphlogistischen und ableitenden Heilapparat auf den Kranken anzuwenden.

Damit wurde nur das Hirn erschöpft (Blutentziehungen), irritirt (Moxen, Sturzbäder, Douchen, Haarseile, Blasenpflaster) und die Ver-

dauung geschädigt (Tart. emetic., Cupr. sulf., Zinc. acet.). Diese Mittel
verdienen alle aus der Therapie ausgemerzt zu werden. Auch die
Blutentziehungen, namentlich die Venäsektionen sind im Allgemeinen
zu verwerfen.

Allerdings sind häufig Fluxionen vorhanden und beachtenswerth,
aber sie sind durch vasomotorische Innervationsstörung bedingt. Eine
Blutentziehung kann hier nichts nützen, eher schaden durch Vermehrung der Gefässlähmung und Blutverarmung. Schon der Umstand,
dass Tobsucht aus weitgetriebenen Excessen, aus schweren Blutverlusten (Puerperium) vielfach erfolgt, sollte veranlassen, mit dem Blut
der Kranken schonend umzugehen, abgesehen von dem Umstand, dass
Jactation, Schlaflosigkeit, Wärmeverluste in der Tobsucht an und für
sich die Ernährungsvorgänge schädigen.

Die symptomatische Behandlung der Tobsucht kann nur eine
individualisirende sein, unter Berücksichtigung der Ursachen und zu
vermuthenden pathologisch-anatomischen Störungen. Bei Tobsuchtsfällen,
die durch bedeutende Fluxion ausgezeichnet sind, bei denen Erscheinungen erhöhter Reflexreizbarkeit, Zuckungen, Zähneknirschen, enge
Pupillen etc. einen bedeutenden Hirnreiz verrathen, sind Blutentziehungen
gestattet, aber nie allgemeine, sondern nur lokale (Blutegel). Hier
kann auch eine Ableitung auf den Darm in Form von Calomel etc.
passen.

In der Regel wird man aber auch hier wie bei den einfach
fluxionären Tobsuchtsfällen mit Eiskappe, Bädern mit Eisumschlägen und
Digitalis ausreichen. Bei Tobsucht mit vorwaltender sexueller Erregung passt Bromkali in Gaben von 4,0—10,0.

Bei Tobsucht aus Alkoholexcessen, ferner bei Tobsucht, deren
klinisches Bild sich vorzugsweise im Rahmen eines zornigen Affekts
bewegt, passt Opium oder Morphium.

Bei Tobsucht aus oder mit den Zeichen der Hirnanämie ist Branntwein, Bier, Wein das beste Beruhigungs- und Schlafmittel. Auch
Bettruhe kann hier sehr nützlich wirken. Geht die tobsüchtige Erregung in einen stuporartigen Erschöpfungszustand über, so ist Bettruhe, Wärme, kräftige Ernährung, Wein und Geduld die Hauptsache.

Im Reconvalescenzstadium bedarf der Kranke der sorgsamsten
Ueberwachung, des Schutzes vor Reizen aller Art, um nicht die
Krankheit recrudesciren zu lassen. Besteht hier grosse Reizbarkeit
und vermittelt sie leicht zornige Affekte, so ist hier Morphium das
trefflichste, die Dauer der Reconvalescenz abkürzende Mittel.

Anhang.

Die Mania transitoria [1]).

Im Anschluss an die Tobsucht sei einer ebenso seltenen als interessanten peracuten psychischen Störung gedacht, die als „Mania transitoria" bezeichnet wird, jedoch nur in lockerem Verband mit der Manie steht. Dieser Zusammenhang besteht nur insofern als eine enorme Beschleunigung der psychischen Akte, namentlich deutliche Ideenflucht vorhanden ist. Der Zustand steht aber durch die tiefe Traumstufe des Bewusstseins, den brüsken Ausbruch und Abfall des Krankheitsbilds, den peracuten Verlauf, die massenhaften Delirien von vorwiegend schreckhaftem Inhalt — dem Delirium und speciell dem epileptischen Delirium jedenfalls viel näher als der Manie. Sicher bedarf die Lehre von der Mania transitoria einer wissenschaftlichen Revision. Die Erweiterung des klinischen Begriffs der Epilepsie und namentlich die Forschungen über Ep. larvata, die Thatsache, dass eine Psychose, die transitorisch auftritt, die keine Entwicklungsgeschichte, keine Prodromi hat, einen symptomatischen Charakter besitzt, lassen kaum daran zweifeln, dass die Mehrzahl der als Fälle von Mania transitoria angesehenen auf epileptischem Boden steht, als epileptisches Aequivalent angesprochen werden muss. Thatsächlich finden sich bei den meisten dieser Fälle auch epileptische Antecedentien, jedoch nur bei der Mehrzahl.

Es gibt entschieden Fälle, in welchen solche, selbst im weitesten Sinn genommen, fehlen. Für diese muss der Begriff der Mania transitoria aufrecht erhalten werden.

Abgesehen von der epileptischen Bedeutung zahlreicher in der Literatur sich findenden Fälle, gibt es auch nicht wenige, in welchen pathologische Affekte, Raptus melancholicus, hysterische Delirien, pathologische Rauschzustände, ja selbst Anfälle gewöhnlicher acuter, namentlich zorniger Manie als Mania transitoria fälschlich aufgefasst wurden. Es erscheint vor Allem nöthig, den klinischen Begriff der Krankheit zu geben.

Unter Mania transitoria versteht die gegenwärtige Wissenschaft eine bis zu mehreren Stunden andauernde, bei vorher und nachher psychisch Gesunden vorkommende, plötzlich einsetzende und schwindende, mit tiefer Störung des Bewusstseins während ihrer ganzen

---

[1]) v. Krafft, Die Lehre v. d. Mania trans. Erl. 1865; Derselbe, Die transit. Störungen des Selbstbewusstseins 1868, p. 76 (ausführliche Literatur); Derselbe, Irrenfreund 1871, 12.

Dauer verbundene psychische Störung, die als wuthzornige Erregung oder als maniakalische Verworrenheit mit Ideenflucht und massenhaften Delirien und Sinnestäuschungen klinisch sich darstellt. Sie schliesst mit einem quasi kritischen tiefen Schlaf ab, aus welchem der Kranke lucid, ohne die geringste Erinnerung an die Erlebnisse des Anfalls, zu sich kommt.

Heftige Fluxionen leiten meist den Anfall ein, begleiten in der Regel seinen Verlauf, so dass die Vermuthung gerechtfertigt erscheint, es handle sich hier nur um ein symptomatisches Delirium, bedingt durch eine plötzliche, transitorische, fluxionäre Hyperämie der Gehirnrinde. Auch die Aetiologie spricht dafür, insofern es sich meist um plethorische oder durch Excesse, Ueberanstrengung, Geburtsakt erschöpfte Individuen mit geschwächtem Vasomotorius handelt, während als gelegentliche Ursachen Gemüthsaffekte, calorische Schädlichkeiten, Kohlendunst, Alkoholexcesse erscheinen. Eine auffallende Disposition zeigen junge Soldaten. Der Inhalt der Delirien ist ein vorwiegend schreckhafter, jedoch laufen auch heitere Delirien mit unter. Die Agitation des bewusstlosen Kranken ist eine mass- und ziellose, zum Theil die Reaktion auf Delirien, grossentheils aber Ausdruck eines heftigen Erregungsvorgangs in den psychomotorischen Centren, der sich sogar zu schweren Hirnreizerscheinungen in Form von tonischen und clonischen Krämpfen, Zähneknirschen steigern kann. Nach stundenlangem Toben und Wüthen ermattet der Kranke, schläft ein und erwacht aus mehrstündigem tiefem Schlaf erschöpft und abgeschlagen, aber vollkommen lucid. Kopfweh, Schwindel als Erscheinungen einer noch nicht völlig ausgeglichenen Hirnhyperämie überdauern häufig noch einige Zeit den eigentlichen Anfall. Die Prognose ist eine günstige. Selbst Recidive werden nur selten beobachtet. Therapeutisch ist Sicherung des sich selbst und der Umgebung sehr gefährlichen Kranken und Herbeiführung von Schlaf durch Chloralhydrat, das hier kaum anders als per Klysma beizubringen sein dürfte, angezeigt.

C. Die Stupidität oder primäre heilbare Dementia [1]).

Die psychologischen Merkmale dieser Psychoneurose sind Störungen im Ablauf der psychischen Bewegungen bis zur Aufhebung derselben mit gleichzeitigem Stim-

---

[1]) Dagonet, Ann. méd. psychol. 1872, März—Mai; Crichton Browne, West-Riding lunatic. asyl. reports Vol. IV, p. 265; Newington, Journ. of mental science 1874, Oct.; Schüle, Hdb. p. 524; Gambari, Ueber primäre stupide Form des Irreseins und ihre Trennung von Lypemanie. Gazz. lombard. 1864. 14. 22.

m u n g s m a n g e l. Diese Zustände erschwerter bis aufgehobener
psychischer Thätigkeit sind zum Unterschied von der Idiotie erworbene,
im Gegensatz zur geistigen Leistungsunfähigkeit aus gehemmter Reak-
tionsfähigkeit der Mel. attonita, aller affektiven Grundlage entbehrende,
gegenüber dem postmaniakalischen stuporartigen Erschöpfungszustand
primäre, entgegen den auf tieferen Erkrankungen beruhenden Zuständen
von primärer progressiver Dementia (senilis, apoplectica etc.) heilbare
Zustände.

Als analoge Erscheinungen des physiologischen Lebens lassen sich
jene transitorischen Zustände erschwerter geistiger Leistungsfähigkeit
hinstellen, wie sie nach Nachtwachen, Excessen, geistigen Ueberanstrengungen beobachtet werden.

Auch diese pathologischen Zustände von Stupidität oder primärer
Dementia erscheinen in Bezug auf Aetiologie und klinisches Verhalten
durchaus als Erschöpfungszustände.

Die sie bedingenden Ursachen beruhen wesentlich in ungewöhnlicher Vulnerabilität eines ab ovo belasteten, abnorm reiz- und erschöpf-
baren Gehirns und in die Ernährung desselben schädigenden Einflüssen.
Unter diesen sind in erster Linie masturbatorische Excesse, ferner
ungenügende Nahrung, Blutverluste und profuse Sekretionen geltend
zu machen. Bei so geschaffener Disposition kann dann ein Schrecken,
eine profuse Menstruation oder sonst eine schwächende Gelegenheitsursache das Leiden hervorrufen.

Die davon Befallenen sind durchweg jugendliche, vorwiegend
männliche Individuen unter 30 Jahren.

Die Entwicklung der Krankheit ist eine allmälige unter den Erscheinungen zunehmender Apathie, oder eine plötzliche, wo dann gewöhnlich
eine heftige Gemüthsbewegung sich als Gelegenheitsursache erweisen lässt.

Im ersteren Falle wird der Kranke von Tag zu Tag langsamer
und schwerfälliger in seinem Denken und Leisten, er bleibt wie träumerisch in Gedanken versunken stundenlang auf einem Fleck stehen,
schläft bei der Arbeit ein. Nach einigen Tagen bis Wochen tritt
völliges Versinken in einen Zustand stuporöser Dementia ein, in
welchem Patient seiner selbst und der Aussenwelt kaum mehr bewusst,
aller Spontaneität verlustig ist und nur noch ein vegetirendes Leben
führt. Der Kranke muss zu Allem, selbst dem Nöthigsten, geschoben
werden. Das vorgesetzte Essen appercipirt er nicht, man muss es
ihm in den Mund schieben, selbst bis in den Rachen, damit wenigstens
Reflexe angeregt werden und der Schlingakt stattfindet.

Auch die Reflexe sind bedeutend vermindert, treten nur auf
starke Reize ein. Die Sensibilität ist immer herabgesetzt, meist ganz
erloschen, so dass selbst starke elektrische Ströme keinen Eindruck

machen. Diese Anästhesie erstreckt sich zuweilen auch auf die Binde-
haut der Augen.

Die Muskulatur ist schlaff, die Haltung eine nachlässige, der
Kranke leistet Eingriffen von Aussen keinen Widerstand. Die Miene
ist schlaff, ausdrucksslos, der Blick in's Leere gerichtet. Die Pupillen
sind erweitert und reagiren träge.

Versucht man diese Kranken imitatorisch zum Ausstrecken der
Zunge zu bewegen, so zeigt sich Zittern derselben, meist auch fibril-
läres Zucken der Mundmuskeln. Die Herzaktion ist schwach, die Herz-
töne dumpf, der Puls meist verlangsamt, klein, tardodicrot bis monocrot.
Führt man den Kranken herum, schreit man ihn an, so wird der
Puls sehr frequent. Die Extremitäten sind meist kühl bis cyanotisch.
Verharrt der Kranke stundenlang in einer Position, so stellen sich
Oedeme an den Füssen ein, die in horizontaler Lage bald verschwinden.
Morgens beim Erwachen erscheint andrerseits das Gesicht oft leicht
gedunsen.

Die Eigenwärme ist eine subnormale. Trotz reichlicher und un-
gehinderter Nahrungszufuhr sinken Ernährung und Körpergewicht
beträchtlich. Wiederholt habe ich Differenzen zwischen Ein- und Aus-
trittsgewicht bis zu 10 Kilo gefunden.

Constant fand sich auf der Höhe der Krankheit eine oft enorme
Vermehrung der Phosphate im Urin. Die tiefe Ernährungsstörung
gibt sich u. A. in der trockenen, spröden Haut kund; Browne fand
bei seinen Kranken auch Neigung zu Decubitus. Bei Frauen sistiren
während der Dauer der Krankheit die Menses; durch venöse Stauung
kommt es nicht selten zu Darm- und Uterincatarrhen.

Die Respiration ist eine oberflächliche. Entsprechend der tiefen
Bewusstseinsstörung und Apathie ist der Kranke unrein, lässt Koth
und Urin laufen, den Speichel aus dem Mund rinnen.

Der Verlauf der Krankheit ist ein remittirend-exacerbirender, insofern Stunden oder Tage spurweiser geistiger Regsamkeit, Sprach-
fähigkeit, Beweglichkeit und Wahrnehmungsfähigkeit in dem sonst
stummen, stupiden, reaktionslosen Zustand sich einstellen. Eine seltene
intercurrente Erscheinung sind temporäre, Stunden bis Tage dauernde
Erregungszustände, in welchen der Kranke singt, pfeift, verbigerirt,
sich planlos herumtreibt, ganz impulsive Akte vollbringt, an seinen
Kleidern herumzupft, gelegentlich auch einmal gegen die Umgebung
aggressiv wird. Solche Erregungszustände dürfen nicht mit Manie
verwechselt werden.

Nimmt das Leiden einen günstigen Ausgang, so werden die Remissionen dauernder und tiefer. Die Miene belebt sich, der Kranke
beginnt einzelne Worte und Sätze zu sprechen, anfangs imitatorisch,

später spontan Bewegungen auszuführen. Er fängt nun auch an seine psychisch-motorische Unfähigkeit schmerzlich zu empfinden. Diese Besserungen sind ruckweise, jeweils von temporären Erschöpfungszuständen wieder gefolgt. Erst ganz allmälig, unter Besserung der Ernährung, Zunahme des Körpergewichts, Schwinden der Circulationsstörungen, der Phosphate im Harn, unter Wiedereinstellung der normalen Eigenwärme, stellt sich die Genesung her. Die Erinnerung für die Krankheitsperiode fehlt gänzlich oder ist nur eine höchst summarische. Die Dauer der Krankheit beträgt bis zu einigen Monaten. Am schnellsten scheinen noch die durch Schrecken oder Blutverluste hervorgerufenen Fälle sich auszugleichen.

Die Prognose ist bei dem jugendlichen Alter der Patienten und dem rein funktionellen Charakter des Processes eine günstige. In seltenen Fällen geht die funktionelle Erschöpfung in irreparablen Blödsinn über; noch seltener ist tödtlicher Ausgang durch Lungenschwindsucht oder Pneumonie.

Die Aetiologie und Erscheinungen der Krankheit weisen auf einen Zustand tiefer Anämie des psychischen Organs hin. Auch die Augenspiegelbefunde Aldrige's (West-Riding lunat. reports IV, p. 291), mit denen die meinigen übereinstimmen, deuten auf Anämie. In späteren Stadien fand Aldrige Oedem des Augenhintergrunds. In zwei tödtlichen Fällen, die Cr. Browne mittheilte, fand sich in einem venöse Hyperämie der Pia, in dem anderen vorgeschrittneren Oedem der Pia und Atrophie einiger Gyri. Von grosser Wichtigkeit ist die richtige Diagnose dieser, früher vielfach mit der Mel. attonita und gar mit der Idiotie zusammengeworfenen Zustände. Mit letzterer ist gar keine Verwechslung möglich, wenn die Anamnese berücksichtigt wird. Von der primären progressiven Dementia unterscheiden der rasche Beginn, die bei dieser sich findenden motorischen Störungen, als Ausdruck des schweren ihr zu Grunde liegenden Hirnleidens (Apoplexie, Atherose etc.), sowie das verschiedene Alter.

Gegenüber der Mel. attonita ist zu berücksichtigen:

Bei Stupidität primärer, meist plötzlicher Beginn, bei Mel. attonita aus gewöhnlicher Melancholie sich entwickelnder allmäliger; entsprechend der Suspension der höheren psychischen Funktionen besteht bei jener Tabula rasa, bei dieser ein exquisit schmerzlicher Inhalt des Bewusstseins; dort meist aufgehobene, hier ziemlich gut erhaltene Erinnerung für die Zeit der Krankheit; dort blöde stupide Miene, hier ängstlich gespannte; dort einfacher Nachlass der Muskelinnervation, des Muskeltonus, deshalb schwache, unvollkommene Bewegungen, schlaffe Haltung, keine Willensäusserungen, kein passiver Widerstand — hier eigenthümlicher Spannungszustand (Tetanie, Katalepsie) der Musculatur,

der sich bei Eingriffen in die angenommene Haltung enorm steigert;
das Bewusstsein dort aufgehoben, hier bloss occupirt durch schmerzliche
Vorstellungen; dort zuweilen intercurrent psychoautomatische Erregungszustände, hier nicht selten explosive Reflexaktionen, welche die Spannung und psychomotorische Hemmung überwinden und in Attentaten
gegen die Umgebung, raptusartigen Selbstmordversuchen sich kundgeben; dort tiefe Herabsetzung der Sensibilität, hier erhaltene, wobei
nur der Kranke keine Reaktion äussert, jedoch durch Zunahme der
Tetanie, Gesichtsrunzeln, Zusammenkauern etc. Sensibilität verräth;
dort Unfähigkeit spontaner Nahrungsaufnahme, hier positiver Nahrungs-
widerstand; dort guter Schlaf, hier Schlaflosigkeit; dort gute Verdauung, hier darniederliegende; dort weniger bedeutende Gewichts-
schwankungen, hier progressive Ernährungs- und Gewichtsabnahme;
dort langsamer, schwacher, weicher, tarder Puls, hier meist beschleunigter puls. celer bei drahtartig fest zusammengezogener Arterie; dort als
Ausdruck der gestörten Circulation früh Kälte, Cyanose, Oedeme, hier
erst spät; dort in späteren Stadien Oedem des Augenhintergrunds,
hier nie; dort meist grosse Unreinlichkeit, hier meist Reinlichkeit;
dort langsame Reconvalescenz, hier zuweilen plötzliche Genesung; dort
die Pupillen weit, hier verengt. Die Therapie geht grossentheils in der
Erfüllung der Indicatio causalis auf, in der Behebung des Erschöpfungs-
zustands durch Bettruhe, Warmhalten, Vorsorge, dass der Kranke
nicht onanirt (!), kräftige Kost, Wein, Anregung der Respiration.

Symptomatisch kann die reflectorische Anregung der Gefässinner-
vation durch kalte Abreibungen nützlich sein. Die Bekämpfung der
Anämie durch Eisen, ferner Chinin, die Schonung des in der Reconvalescenz leicht ermüdenden Kranken bei geistiger und körperlicher
Arbeit sind weitere Aufgaben der Heilkunst. Von Cr. Browne wird
auch der constante Strom (5—20 El. durch den Kopf) empfohlen.

2. Secundäre unheilbare Zustände (secundäre psychische Schwächezustände[1]).

Der traurige Ausgang aller nicht zur Ausgleichung gelangenden
primären Psychoneurosen ist ein fortschreitender Zersetzungsprocess
der psychischen Existenz, ein Zerfall der historisch und inhaltlich bisher
eins gewesenen Persönlichkeit. Dieser tragische Process des psychischen
Untergangs vor dem leiblichen Ende vollzieht sich bisweilen als Ausdruck schwerer Gehirnveränderungen, wie sie namentlich in der Tobsucht vorkommen, äusserst rasch; in anderen tritt er ganz allmälig
ein, indem zuerst die ethischen, dann die intellectuellen Leistungen,

---

[1] Griesinger, Pathol. d. psych. Krankh. p. 322; Wunderlich, Pathol. II. Abth.
1, p. 1360.

speciell Gedächtniss und logische Processe defekt werden, bis schliesslich auch Apperceptionsvorgänge und jegliche affektiven Regungen darniederliegen und von der früheren Grösse eines menschlichen Daseins nur noch die körperliche Hülle mit ihren automatischen und rein vegetativen Funktionen übrig bleibt.

Ein frühes Zeichen des hereinbrechenden psychischen Untergangs ist die Physiognomie des Kranken. Sie nimmt einen eigenthümlich verzerrten, theils durch ungleiche Innervation homologer Muskelgruppen, theils durch mimische Contraktur bedingten Charakter an. Der Gesichtsausdruck erhält dadurch etwas Gealtertes, Verwittertes und im Verein mit geänderten Spannungszuständen des Auges, wodurch der Blick eigenthümlich starr wird, etwas Unheimliches.

Mit dem Eintritt in das Stadium der Verblödung bekommt die Physiognomie, da sich auf ihr keine Affekte, überhaupt keine psychischen Regungen mehr abspielen, den Charakter des Nichtssagenden, Leeren.

Die in den affektiven Irreseinszuständen oft sehr lebhafte Mitbetheiligung sensorischer, vasomotorischer Centren und vegetativer Organe fehlt in diesen psychischen Schwächezuständen. Die vegetativen Processe, Schlaf, Ernährung etc. lassen, sofern keine somatischen Complicationen vorliegen, keine bemerkenswerthe Störungen ihrer Funktionen erkennen.

Dagegen finden sich mannichfache trophische, in ihrer näheren Deutung übrigens noch ziemlich unklare Störungen, deren Gesammtausdruck der der verfrühten Senescenz ist und diese Kranken älter erscheinen lässt als sie wirklich sind.

Speciell äussern sich diese trophischen Störungen in verfrühtem Ergrauen der Haare, Schwund des Fetts, Trockenheit, mangelnder Frische der Haut mit träger Circulation in den capillaren Bahnen, Neigung zu Oedemen, Pityriasis, zu Haematoma auriculae, Verfettung der Organe, namentlich des Herzens und frühauftretender Arteriosclerose.

Daraus erklärt sich zum Theil der Marasmus und die geringere durchschnittliche Lebensdauer der Bewohner von Irrenpflegeanstalten.

Fast scheint es unmöglich in diesem individuellen qualitativ und quantitativ äusserst verschiedenartigen psychischen Auflösungsprocess allgemeine klinische Krankheitsbilder aufzustellen. Im Grossen und Ganzen lassen sich hier 2 Grundzustände unterscheiden:

A. die secundäre Verrücktheit,

B. der terminale Blödsinn, mit seinen 2 klinischen Varietäten:

a) dem agitirten und

b) dem apathischen.

A. Die secundäre Verrücktheit.

Unter diesen Begriff lassen sich alle psychischen Zustände sub-
sumiren, in welchen im primären affektiven Stadium gebildete Wahnvorstellungen auch nach dem Erloschensein der bei ihrer Entstehung
belangreichen Affekte als dauernde Verstandesirrthümer, als mehr
weniger stationäre krankhafte Vorstellungsmassen fortbestehen und eine
ganz neue Persönlichkeit, überhaupt ganz andere Beziehungen des
Lebens, als sie das gesunde Ich aufzuweisen hatte, unterhalten.

Damit ist aber eine wichtige weitere Störung gegeben — der
fehlende Impuls im Sinne der im Bewusstsein vorhandenen Wahnvorstellungen, die nun eine starre träge Masse geworden sind, zu handeln.

Es fehlt überhaupt die dem affektiven Irresein eigenthümliche
Congruenz zwischen Fühlen, Vorstellen und Streben. Nicht einmal
die Einheit der psychischen Persönlichkeit, des „Ich" ist mehr erhalten.
Das einheitliche historische Ich ist in ebensoviele Ich's, als sich Gruppen
von Wahnvorstellungen erhalten haben, zerfallen und vergebens sucht
man in diesem Zerfall nach einem Bestreben, diese Wahnideen, deren
Inhalt ein vollkommen contradictorischer, den Gesetzen der Zeit, des
Orts, der Logik und Erfahrung diametral entgegengesetzter sein kann,
mit einander in irgend eine, wenn auch noch so oberflächliche Beziehung zu bringen.

Dieser bedenkliche Mangel eines Bedürfnisses nach einem Ausgleich der Differenzen, nach Lösung der Widersprüche, bedeutet eben
eine tiefgehende Schwächung aller höheren intellectuellen Processe, des
Urtheils, der Logik, vielfach auch des Gedächtnisses.

Eine geistige Thätigkeit, wie sie vor der Krankheit möglich
war, ein planvolles Streben und Schaffen ist damit zur Unmöglichkeit
geworden; der Kranke bewegt sich in dem Cirkel seiner fixen Ideen,
seine Selbst- und Weltanschauung ist eine total andere geworden.

Wohl kann der Kranke, da sein formaler Vorstellungsmechanis-
mus intakt und durch keine affektiven Vorgänge gestört ist, da zudem
noch zahlreiche Residuen des früheren gesunden Lebens ihm zu Gebot
stehen, noch etwas Conversation machen, aber von eigentlichem Scharf-
sinn und Witz kann nicht mehr die Rede sein; seine scheinbaren Ge-
dankenblitze sind nur zufällige Combinationen, die durch ihren barokken,
gegensätzlichen Inhalt zwar überraschen, aber der inneren Berechtigung entbehren. Einer geordneten geistigen Thätigkeit ist der Verrückte schon deswegen nicht mehr fähig, weil er mit krankhafter
Beharrlichkeit immer wieder auf den Cirkel seiner fixen Ideen zurück-
kommt, zwangsmässig sich in demselben bewegt.

Ganz besonders in die Augen fallend ist die ethische Indifferenz und gemüthliche Abgestorbenheit dieser Kategorie von Kranken. Das ganze vergangene Leben mit seinen gemüthlichen Beziehungen zu Familie und Freundschaft ist ihnen fremd geworden, und ebenso unempfindlich sind sie für das Wohl und Wehe ihrer gegenwärtigen Umgebung. Nur das, was den Kern ihrer Wahnideen direkt betrifft, seien es fördernde oder hemmende Einflüsse, vermag noch Anfangs wenigstens Affekte hervorzurufen; doch mit der Zeit erlischt auch die Erregbarkeit für den krankhaften Vorstellungskreis und der abgeschmackte, abgeblasste, dem Bewusstsein in seiner Bedeutung dunkle, schliesslich unfassbare Wahn wird ganz affektlos reproducirt, sobald äussere Eindrücke oder Associationsvorgänge ihn gerade in's Bewusstsein rufen.

In den äussersten Graden der Verrücktheit (im Uebergang zur allgemeinen Verwirrtheit) besteht ein ganz sinn- und zusammenhangsloses Auf- und Niedersteigen von Vorstellungen im Bewusstsein, die nur ganz locker noch durch die Einheit der fixen Idee zusammengehalten werden. Häufig finden sich bei solchen Verrückten noch Hallucinationen oder wenigstens sehr lebhafte Vorstellungen, die die Wahnvorstellungskreise beständig wieder anklingen lassen — aber auch hier zeigt sich Schwäche — es wird nichts Neues mehr producirt gegenüber dem aktiv schaffenden, phantastisch wuchernden, logisch sich immer weiter ausbauenden Wahn im affektiven Irresein.

Der Wahn des Verrückten bleibt eben eine todte, keiner wesentlichen Modification mehr zugängliche Vorstellungsmasse, die mit der fortschreitenden Verödung des geistigen Lebens immer mehr zur blossen Phrase, zu einem indifferenten Inhalt wird, dem kein Drang zur Verwirklichung des wahnhaft Gefühlten und Gedachten mehr innewohnt.

Die Verrücktheit ist der regelmässige Ausgang des melancholischen Irreseins mit Wahnvorstellungen, wenn dasselbe nicht in Genesung übergeht. Viel seltener ist die Verrücktheit der Ausgang einer Manie, da bei dieser, beim raschen Ablauf aller psychischen Processe, die Fixirung von Wahnideen und die Systematisirung solcher nur selten möglich wird.

Solche Zustände von secundärer Verrücktheit erhalten sich zuweilen noch Jahrelang auf dem gleichen Niveau, bis auch hier die blödsinnige Schwäche immer mehr überhand nimmt und die Wahnideen immer gehalt- und gestaltloser werden lässt.

B. Der terminale Blödsinn.

Der endliche Ausgang nicht geheilter Psychosen, wenn das Leben lange genug erhalten bleibt, sind Zustände der Verblödung. Sie sind der Ausdruck formativer Processe in der Hirnrinde, die wir uns unter dem Bilde der Atrophie vorzustellen haben.

Je nach der Natur des anatomischen Processes kann die Verblödung äusserst rapid Platz greifen, z. B. nach schwerer Tobsucht, oder ganz allmälig im Verlauf von Jahren, so z. B. als Ausgang der Verrücktheit. Klinisch bestehen unzählige Nuancen in Bezug auf In- und Extensität der psychischen Schwäche bis zum apathischen Blödsinn. Im concreten Falle sind die verschiedenen Funktionen des intellectuellen Lebens, namentlich Art und Umfang der ethischen und ästhetischen Leistungen, die Schärfe des Urtheils, der logischen Begriffe, die grössere oder geringere Energielosigkeit des Wollens, die Schnelligkeit oder Langsamkeit der Apperception, Combination, Aktion — die Leistungsfähigkeit des Gedächtnisses mit Berücksichtigung seiner verschiedenen Qualitäten zu prüfen und als Gradmesser für die vorhandene psychische Schwäche zu verwerthen. Leichtere Grade, wie sie namentlich nach schwereren Melancholieen und Manieen nicht selten sind, entgehen häufig der Beobachtung. Diese leise Abnahme der geistigen Leistungsfähigkeit zeigt sich oft gar nicht in der Anstalt, wo der „Genesene" als geistige Grösse unter den Kranken glänzt und in die Lebensverhältnisse des Hauses eingewöhnt ist und kommt erst dann zum Ausdruck, wenn der „Genesene" entlassen ist und seine wiedergewonnene Kraft im öffentlichen und beruflichen Leben zu erproben versucht. Je schwieriger und höher die Lebensstellung, um so eher zeigt sich dann das Minus, welches der Betreffende durch seine schwere Krankheit erfahren hat, wenn auch vielfach seine geistige Fähigkeit noch bedeutend die eines von Hause aus nicht mit geistigen Gütern gesegneten Menschen überragt.

Nur ein feiner Beobachter, der die frühere Persönlichkeit genau kannte, bemerkt dann, dass der Betreffende namentlich an seinem ethischen Gehalt eingebüsst hat, dass er indifferent gegen manche früher hochgehaltene Lebensbeziehungen, stumpfer in seinem Gemüth, laxer in seinen sittlichen Principien, leichter zugänglich für Versuchungen, weniger energisch in seinem Streben geworden ist. Gesellen sich dazu geringere Treue des Gedächtnisses, verlangsamte Arbeitsfähigkeit, geringere Arbeitslust, Aenderung des Charakters im Sinn einer gesteigerten Gemüthsreizbarkeit, so wird die psychische Schwäche schon deutlicher und nicht unwichtig für die forensische Beurtheilung, insofern derart Geschwächte in der Zugkraft ihrer sittlichen Motive Einbusse erlitten haben, leichter bestimmbar in ihrem Handeln geworden sind und ihren Affekten weniger Widerstand entgegensetzen können. In Bezug auf die ausgeprägten Endzustände secundärer

Demenz lassen sich zwei klinisch sehr deutlich sich markirende Bilder unterscheiden:

a) Der sog. agitirte Blödsinn (allgemeine Verwirrtheit — démence).

Hier besteht noch eine gewisse Erregung auf psychischem Gebiet; es finden sich noch Vorstellungen und Bestrebungen, aber in einem total zerrütteten geistigen Mechanismus, dessen Einzelglieder autonom geworden, nicht mehr zur Einheit eines Bewusstseins, eines Ich verbunden sind. Das Vorstellen solcher Kranker ist ein ganz vages, planloses, zufälliges, an oberflächliche Aehnlichkeiten des Wortlauts anknüpfendes oder selbst gänzlich der Ideenassociation entbehrendes. Selbst der logische Sinn der Worte ist dem Kranken abhanden gekommen, er spricht Worte, die für ihn ohne alle Bedeutung sind, nur mehr blosse Worthülsen, Residuen früherer Vorstellungen und Bewegungsanschauungen darstellen.

Bei seiner Agitation, seiner verworrenen Geschwätzigkeit ähnelt der Kranke dem Maniacus, aber diese Aehnlichkeit ist eine sehr oberflächliche. Statt lebhafter Affekte, wie sie der Maniacus besitzt, findet sich hier nur ein blödes Mienenspiel, das sich in fadem Lächeln oder weinerlichem Grinsen bewegt, ein kindisches, läppisches Gebahren. Während bei dem Maniacus, selbst auf der Höhe der Verworrenheit, zusammenhängende Vorstellungsmassen, logische Knüpfungen und Associationen auftauchen, ist die Verworrenheit des agitirt Blödsinnigen eine bodenlose, meist aller Association entbehrende.

Während in den Remissionen der Manie die frühere geistige volle Kraft hervorleuchtet, schaut hier hinter all dem Gepolter und Spektakel, mit welchem der defekte Mechanismus abläuft, doch nur die Nacht des Blödsinns hervor.

Trotz aller Aktivität ist hier ein Streben, eine Verbindung der disparaten, lückenhaften Vorstellungen zu einem Urtheil, einem Schluss, einer planmässigen Handlung nicht mehr möglich.

Die Manie ist endlich ein temporärer, remittirender — der agitirte Blödsinn ein terminaler, dauernder Zustand.

Solche terminale Erscheinungen von allgemeiner Verwirrtheit sind vorzugsweise Ausgangsstadien nicht zur Lösung gelangter Manieen mit moriaartigem Durchgangsstadium.

b) Der apathische Blödsinn.

Das äusserste Stadium psychischen Verfalls bietet der Zustand des apathischen Blödsinns, wie er direkt aus schweren, nicht zur

Lösung gelangten Melancholieen, namentlich der aktiven und stuporösen Melancholie und Anfällen schwerer Tobsucht sich herausbilden kann.

Die Physiognomie zeigt in solchen Fällen den Ausdruck völliger Nullität, die Innervation der Extensoren erlahmt gänzlich, so dass der Körper nur noch den Gesetzen der Schwere folgt und nach ihnen sich die Haltung regelt. Das Kinn sinkt auf die Brust herab, die Glieder nehmen eine leicht flektirte Position an, der Speichel läuft dem Kranken aus dem Munde.

Auf psychischem Gebiet herrscht vollkommene Ruhe, aber die Ruhe eines Kirchhofs. Die Apperception sinkt zu einer blossen Perception herab, die Sensibilität und Reflexerregbarkeit sind auf ein Minimum reducirt. Mit dem Verlust des ganzen geistigen Besitzes gleichen solche unglückliche Kranke enthirnten Thieren und that-sächlich ist ja ihre Hirnrinde ausser Funktion gesetzt. Sie nehmen kein Bedürfniss des Hungers, keine Gefahr mehr wahr; man muss sie füttern, kleiden, ihre Entleerungen überwachen, sonst würden sie zu Grunde gehen. In den tiefsten Stufen dieses Zustands gehen mit den Vorstellungen auch die Bewegungsanschauungen verloren. Damit hört selbst die Sprache auf — eine wahre Aphasia amnestica. Dieses geistige Todtsein dauert zuweilen noch jahrelang, bis der erlösende leibliche Tod eintritt. Im Allgemeinen leben solche Unglückliche nicht mehr sehr lange, indem entweder die Lähmung der psychischen Centren auf die der Respiration und Circulation sich ausbreitet oder der Mangel an Bewegung, ausgiebiger Respiration erhebliche Störungen der Cir-culation und Ernährung herbeiführt und durch Pneumonieen, colli-quative Diarrhöen u. dgl. der tödtliche Ausgang eintritt.

Capitel 3.

Die psychischen Entartungen [1]).

Der ätiologisch-anthropologischen Sonderstellung dieser psycho-pathischen Zustände wurde in dem 1. Capitel (Classification) gedacht und der eigenartige, vielfach proteusartige Verlauf und klinische Befund derselben gegenüber dem der Psychoneurosen hervorgehoben. Es bleibt der speciellen Darstellung dieser individuell so verschiedenartigen

---

[1]) Morel, Traité des dégénér. 1857; Traité des mal. ment. 1860; Traité de la méd. légale des alién. 1866; Derselbe, de l'hérédité morbide progressive 1867; v. Krafft, Friedreich's Blätter 1868; Legrand du Saulle, Die erbliche Geistesstörung, übers. v. Stark. 1874.

Degenerationszustände übrig, die mannichfachen Erscheinungen eines
abnorm, vielfach pervers funktionirenden Centralnervensystems über-
sichtlich zusammenzufassen. Sie fallen grösstentheils unter den Begriff
der neuropathischen Constitution, jener reizbaren Schwäche, die
uns schon in der Aetiologie (Bd. I p. 160) als wichtige prädisponirende
Ursache des Irreseins begegnet war. Die Zeichen dieser neuropathischen
Constitution sind individuell sehr verschieden. Gemeinsam ist allen
dahingehörigen Individuen die Leichterregbarkeit ihres centralen Nervensystems durch Reize aller Art und die abnorme Intensität und Extensität
der Reaktion bei rascher Erschöpfbarkeit. So genügen geringfügige,
bei normal organisirten Menschen spurlos vorübergehende Einflüsse, um
das labile Gleichgewicht der cerebralen Funktionen aufzuheben. Die
anomale vielfach sogar perverse Funktion im Centralorgan äussert sich
speciell:

a) Im Gebiet der vitalen Processe als grosse Morbilität,
geringere mittlere Lebensdauer, ungewöhnliche Reaktion gegenüber
atmosphärischen, tellurischen, alimentären Sehädlichkeiten, grössere
Höhe und auffallende Irregularität der Temperaturkurve in fieberhaften Krankheiten mit sonst typischem Verlauf und Temperaturgang;
als grosse nervöse Erregbarkeit bis zu schweren neurotischen Erscheinungen (Convulsionen, Neurosen, Psychosen) in physiologischen
Lebensphasen (Dentition, Pubertät, Menses, Klimacterium), als früheres
Eintreten der Pubertät, überhaupt verfrühte geistig-körperliche Entwicklung bei jedoch schwächlich bleibendem, oft gracilem Körper,
feinem Teint, lymphatischer Constitution, Neigung zu scrophulösen
Erkrankungen in der Kindheit und später zu Tuberculose. Häufig
finden sich auch hier von der Pubertät anhebende Zustände tiefer
constitutioneller und darum der Therapie schwer zugänglicher Anämie
und Chlorose.

b) Im Gebiet der allgemeinen cerebralen Funktionen zeigt sich
ungewöhnlich lebhafte Mitaffektion des centralen Nervensystems als
eines Locus minoris schon bei leichten körperlichen Erkrankungen in
Form von Somnolenz, Sopor, Delirien, Hallucinationen etc.

c) In der Bahn der sensiblen Nerven besteht abnorm leichte
Erregbarkeit und ungewöhnlich lange Andauer der Erregung, Irradiation
derselben auf ganz entfernte Nervengebiete.

d) Auf sensoriellem Gebiet zeigt sich Geneigtheit zu Hyperästhesie neben ungewöhnlich lebhafter Betonung der Eindrücke durch
Lust- oder Unlustgefühle und, insofern jene pervers betont sein können,
zu Idiosynkrasieen.

e) Das labile Gleichgewicht der vasomotorischen Innervation
gibt sich in intensiver Mitbetheiligung desselben bei psychischen Er-

regungen (Erblassen, Erröthen, Palpitationen, präcordiale Sensationen) und anderen, den Tonus der Gefässnerven herabsetzenden Einflüssen (Hitze, Alkohol) kund. Die oft nur relativen Alkoholexcesse solcher Leute haben vielfach einen pathologischen Charakter (vgl. pathologische Rauschzustände).

f) Auf motorischem Gebiet äussert sich die reizbare Schwäche durch leichtes Auftreten von Convulsionen, Tremor, Mitbewegungen, durch Erscheinungen erhöhter Reflexerregbarkeit, Zusammenfahren bei überraschenden Sinneseindrücken.

g) Als anomale Erscheinungen der Geschlechtssphäre sind früherwachender und intensiver Geschlechtstrieb mit instinktiv begonnener Befriedigung durch Onanie, vielfach auch gegentheils gänzlich fehlender oder auch perverser zu erwähnen.

h) Die neuropathische Constitution verräth sich endlich oftmals in meist von der Pubertät anhebenden und einen progressiven, immer schwereren Verlauf nehmenden, bis zu den äussersten Bildern funktioneller Entartung führenden Neuropathieen (Neurasthenia spinalis, Hysterie, Epilepsie).

Analoge Erscheinungen, als Ausdruck einer organischen Belastung, psychopathischen Constitution, bietet auch die psychische Sphäre:

Im Gemüthsleben überrascht zunächst die auffällige Empfindsamkeit und Reizbarkeit, das erleichterte Eintreten von psychischem Schmerz und Affekt, der zudem pathologische Höhe erreichen und in völlige Sinnesverwirrung übergehen kann.

Bei vielen derartigen Individuen besteht zeitweise eine solche Emotivität, dass jeder Gedanke sofort zu einer Gemüthsbewegung wird, eine Kleinigkeit sie in Affekt versetzt. Diese Wirkung können leichte Indispositionen, Menses und andere physiologische Lebenszustände, ja selbst blosser Witterungswechsel haben, indem sie direkt oder durch das Zwischenglied einer Neuralgie die Stimmung trüben. Neben dieser auffallenden Impressionabilität und Emotivität findet sich nicht selten eine bemerkenswerthe Gemüthsstumpfheit, ja selbst ein ganz unmotivirter Wechsel zwischen diesen Extremen, der sich in sonderbaren Sympathieen und Antipathieen kundgibt. Bei einer Reihe solcher Neuro-psychopathiker schwankt geradezu das Gemüthsleben beständig zwischen Exaltation und Depression, so dass nie eine indifferente oder normale d. h. affektfreie Stimmungslage möglich wird.

In den Exaltationsphasen zeigt sich dann unstäter Thätigkeitsdrang mit sonderbaren, mitunter selbst bedenklichen Gelüsten, Trieben, Impulsen; in den depressiven Phasen leidet der Kranke an peinlicher

Unentschlossenheit, Handlungsunfähigkeit, an Zwangsvorstellungen, namentlich zu Selbstmord, schrecklichem Gefühl irre zu werden.

Als eine eigenthümliche, eine ganze Gruppe psychischer Degenerationszustände kennzeichnende Gemüthsanomalie ist der völlige Mangel oder wenigstens die Unerregbarkeit ethischer Gefühle anzuführen.

Auf dem Gebiet des Vorstellens fällt die Leichterregbarkeit desselben, die ungewöhnlich grosse Einbildungskraft bis zum Eintreten von Hallucinationen, die Schnelligkeit der Associationsvorgänge, die vielfach induktive Art des Denkens auf, aber trotz dieser zu künstlerischen und selbst wissenschaftlichen Leistungen befähigenden Vortheile, hindert die reizbare Schwäche die Erzielung von Resultaten. Die wissenschaftlichen Erfolge werden vereitelt durch die rasche Erschöpfung und dadurch resultirende Unfähigkeit zu einem anhaltenden intensiven Denken, die künstlerischen durch den hier meist bestehenden Mangel an intellectueller ästhetischer Begabung. Dadurch erhalten die artistischen Leistungen solcher Menschen ein barokkes, selbst monströses, mindestens unschönes Gepräge. Zugleich besteht vielfach ein bemerkenswerther Mangel an Reproduktionstreue der Vorstellungen.

Auffällig ist der Associationsgang solcher Menschen. Er erscheint abspringend, es finden sich schroffe unvermittelte Uebergänge in der Unterhaltung. Ein scharfes logisches Denken ist ihnen fremd; vielfach knüpft die Associationen die lautliche Aehnlichkeit der Worte, sind die Beziehungen so entlegene, so ungewöhnliche barokke, dass die Gedankenrösselsprünge geradezu verblüffend, aber auch rasch ermüdend wirken. Nicht selten finden sich hier Zwangsvorstellungen. In der Willenssphäre findet sich ebenfalls grosse geistige Erregbarkeit bei geringer Andauer der Erregung. Daraus ergibt sich Enthusiasmus, der aber rasch verfliegt, Thatendrang, der nie etwas zu Ende bringt und durch diese Schwäche und Inconsequenz des Wollens erscheint der Träger dieser Anomalie in seinem Charakter geschädigt. Bei vielen, namentlich bei erblich mit einer solchen abnormen Constitution Belasteten finden sich daneben auch impulsive Akte, ja manchmal fühlen sich diese Menschen sogar in regelmässig wiederkehrenden Zeiträumen getrieben, dieselben verkehrten, excentrischen, ja selbst unsittlichen Handlungen zu wiederholen, ohne dass sie sich eines Motivs hinterher bewusst wären. Zuweilen gelingt es als solches affektartige Stimmungen, Idiosynkrasieen, Zwangsvorstellungen zu eruiren. Ein Versuch in synthetischer Zusammenfassung die anomale Gesammtpersönlichkeit zu skizziren, stösst bei der enormen individuellen Verschiedenartigkeit dieser Naturen auf grosse Schwierigkeiten.

Im grossen Ganzen lässt sich annehmen, dass bei ihnen die

unbewussto Sphäre des geistigen Lebens eine grössere Rolle spielt als beim normalen Menschen. Mit Recht bezeichnet Morel jene Individuen, soweit sie Hereditarier sind, als instinktive Menschen. Ihre Zwangsvorstellungen, impulsiven Akte und sonderbaren Gedankenverbindungen rechtfertigen diese Auffassung.

Im Gebiet der höheren geistigen Leistungen fällt das Unharmonische der Gesammtheit derselben auf. Geringe Intelligenz neben einseitig hervorragender Begabung (selbst bei Idioten) bis zur partiellen Genialität, Willens- und Charakterschwäche, die sich in Mangel sittlichen Halts, Unfähigkeit zu einer geordneten Lebensführung, in widerstandsloser Hingabe an unsittliche Neigungen kundgibt, dabei Verschrobenheit und Einseitigkeit gewisser Gedanken- und Gefühlsrichtungen, die solche Menschen barokk, überspannt, leidenschaftlich, in der Rolle von Sonderlingen, Misanthropen, politischen und religiösen Schwärmern erscheinen lässt, endlich capriciöse Zu- und Abneigungen, Einseitigkeit gewisser Begabungen und Willensrichtungen bei Stumpfheit und Interesselosigkeit für viel näherliegende sociale Fragen und Pflichten, unruhiges, unstätes, triebartiges, launenhaftes Wesen und Handeln bilden die häufigsten und hervorstechendsten Züge der abnormen Persönlichkeit. Häufig genug gibt sich diese auch in Abgeschmacktheiten des Benehmens, der Kleidung etc. äusserlich kund. Nicht selten finden sich auch funktionelle [1]) und anatomische Degenerationszeichen [2]), ferner als schwere Belastungserscheinungen epileptische und epileptoide Zufälle [3]).

Die Geneigtheit solcher belasteter Individuen in Irresein zu verfallen, ist eine sehr grosse. Physiologische Lebensphasen genügen zu seiner Entstehung. Eine der gefährlichsten Zeiten ist die Pubertät. Häufig vermitteln die präexistirenden psychischen Anomalieen, die Excentricitäten und Paradoxieen der Anschauungen, Bestrebungen, Motive und Urtheile den Zusammenhang zwischen psychopathischer Anlage und Psychose, indem die Einseitigkeit oder Schwäche der intellectuellen Ausbildung, die Verschrobenheit der Gefühle und Bestrebungen, stehende Neigungen, Leidenschaften und Charakterabnormitäten den günstigen Boden für ein geringfügiges gelegentliches Moment abgeben oder durch sich selbst, in fortschreitender Ausbildung der krankhaften Anlage

---

[1]) z. B. perverser, fehlender oder excessiver prämaturer Geschlechtstrieb, grimassirende Zuckungen oder Contrakturen oder Innervationsungleichheiten einzelner Muskeln oder Muskelgruppen des Gesichts, Nystagmus, Strabismus, angeborene Ataxie der Bewegungen, Stottern, neuropathischer d. h. schwimmender, schmachtender Blick etc.

[2]) Vgl. Bd. I, p. 120. 237; Wohlrab, Archiv d. Heilkunde XII, p. 294; Legrand du Saulle, Ann. méd. psychol. 1876, p. 433.

[3]) Vgl. Griesinger, Archiv f. Psych. I, p. 320; Westphal, ebenda III. p. 157.

endlich in wirkliches Irresein überführen. Oder dasselbe entwickelt sich aus einer constitutionellen Neuropathie (Hysterie, Hypochondrie, Epilepsie) heraus.

Die Prognose ist hier eine im Allgemeinen ungünstige.

Die pathologische Anatomie dieser Entartungen ist eine noch grossentheils unerforschte. Das Substrat der psychischen Degeneration ist ein morphologisch unbekanntes und dieser Begriff nur ein funktionell festzuhaltender.

Bemerkenswerth sind immerhin die oft bedeutenden und häufigen Störungen in der Schädelentwicklung.

Schüle (Hdb. p. 196) vermuthet, dass in Verschiedenheiten des psychischen Baustils d. h. der Architektur der Corticaliswindungen vielfach die charakterologische Individualanlage ausgeprägt sei und verweist auf Jensen's bezügliche Forschungen (Archiv f. Psych. V, p. 587). Beachtenswerth sind Arndt's Funde (Virchow's Archiv 61, p. 512. 67. p. 41, 72), wornach bei originär neuropathischen belasteten Individuen viele Rindenzellen auch im erwachsenen Gehirn auf embryonaler Stufe verharren und die Entwicklung der Markscheide des Axencylinders eine unvollkommene bleibt, zudem Unvollkommenheiten der Lymph- und Gefässbahnenentwicklung hier vielfach vorkommen.

A. Das constitutionell affektive Irresein (Folie raisonnante).

Es erscheint unter zwei Formen, der maniakalischen und der melancholischen. Während die erstere fast ausschliesslich in periodischer Wiederkehr von Anfällen auftritt und deshalb bei der periodischen Manie ihre Besprechung findet, ist hier der als Continua verlaufenden melancholischen Folie raisonnante zu gedenken. Des raisonnirenden Charakters des Krankheitsbilds als eines Symptoms nicht einer Krankheitsform, wurde in der allg. Pathol. (Bd. I p. 76) Erwähnung gethan. Der degenerative Charakter dieses Symptoms wurde zur klinisch-symptomatologischen Aufstellung der psychischen Degenerationszustände mit benützt und die Thatsache betont, dass gewisse Kranke oft ein wunderbares Gemisch von Lucidem und Krankhaftem aufweisen, verkehrte Handlungen trefflich zu entschuldigen wissen, verkehrt handeln und fühlen, aber formell richtig und logisch denken. Es handelt sich eben hier nur um formale Störungen im Vorstellen. Wahnideen und Sinnestäuschungen fehlen ganz oder treten höchstens episodisch einmal durch besondere vorübergehende Momente zum Krankheitsbild hinzu, so bei affektvoller Erregung. Sie bleiben zudem elementare Symptome.

Neben der raisonnirenden Form ist der stationäre durchaus nicht progressive Charakter des Krankheitsbilds trotz Jahre, ja selbst lebens-

langer Dauer desselben hervorzuheben.   Es hat eben eine tief constitutionelle Bedeutung.

Die melancholische Folie raisonnante [1]).

Sie findet sich vorwiegend bei weiblichen Individuen. Erbliche
Belastung dürfte die prädisponirende Ursache sein, Uterusaffektionen,
namentlich Infarkte und Lageveränderungen erweisen sich als ein
wichtiges Gelegenheitsmoment. Bei erblicher Belastung scheint das
Leiden auch ohne Dazwischenkunft einer accidentellen Ursache sich
entwickeln zu können. Es tritt dann schon vor der Pubertät oder
mit dieser auf und˙ bleibt dann constitutionell.

Von Aerzten, die nicht Specialisten sind, wird diese Krankheit,
die sich übrigens auch aus Hysterie entwickeln und mit hysterischen
Symptomen einhergehen kann, mit der Hysterie gewöhnlich zusammengeworfen und in ihrer eigentlichen Bedeutung verkannt. Im socialen
Leben wird sie in der Regel bloss vom ethischen Standpunkt aus be-
urtheilt und als übler Charakter und Launenhaftigkeit missdeutet. Von
Falret ist sie in ihren Hauptzügen als „Hypochondrie morale avec
conscience de son état" beschrieben.

Klinisch findet sich eine habituell üble Laune, ein stehender
depressiver Affekt, der sich in Reizbarkeit, Unzufriedenheit, Zank- und
Schmähsucht, Neigung zu übler Behandlung der Umgebung kundgibt.
Das Vorstellen derartiger Patienten, die häufig genug für boshafte
zänkische Weiber, eifersüchtige Gattinnen, herzlose grausame Mütter
(misopédie, Boileau de Castelneau) gehalten werden, ist beständig in
den Zwang des schmerzlichen Fühlens gebannt. Es besteht bei ihnen
ein beständiger schmerzlicher Reproduktionszwang, ihre psychische
Dys- und Anästhesie liefert ihnen nur widrige Eindrücke aus der
Aussenwelt.   Sie sehen nur die Schattenseiten des Lebens, Alles
schwarz und trübe, bekommen von Allem nur widrige Eindrücke und
die geringsten widrigen Ereignisse verschlimmern ihren Zustand bedeutend.   Sie sind abulisch, muthlos, unlustig, unfähig zu andauernder
Arbeit und intellectueller Leistung, unglücklich, verzweifelt bis zu
Taed. vitae, beständig unter dem Schwergewicht ihrer krankhaften
Gefühle, widrigen Aesthesen und einem fortwährenden schmerzlichen
Reproduktionszwang hingegeben.   Häufig sind hier auch Zwangsvorstellungen.   Die krankhafte Natur des scheinbar bloss üblen Charakters
beweist der exacerbirende und remittirende Verlauf, das jedesmal

---

[1]) Spielmann, folic raisonnante, p. 318; Falret. Discussion sur la folie raisonnante. Ann. méd. psych. 1866; Griesinger, op. cit. p. 288; v. Krafft, Die Melancholie, p. 10.

stärkere Hervortreten der Symptome zur Zeit der Menstruation, die Klage
der Kranken in freieren Zeiten, dass sie wider besseres Wissen und
Wollen sich so negirend verhalten, Anderen Böses thun, schaden müssen.
Dazu kommt das allerdings seltene, aber in Affekten zu beobachtende
Vorkommen von Angstzufällen und Persekutionsdelir, endlich das inte-
grirende Mitgehen neuropathischer Symptomencomplexe (Stat. nervosus,
Spinalirritation, Hysterismus) mit den Paroxysmen scheinbarer böser
Laune und Gereiztheit. Nicht selten leiden solche Kranke beständig
unter der Furcht irrsinnig zu werden.

Therapeutisch empfehlen sich ausser der Behandlung der vorhandenen neurotischen Erscheinungen und der häufigen Uterinleiden,
Hydrotherapie (laue Bäder, nasskalte Abreibungen) und Morphiuminjectionen, die freilich nur palliativ wirken, aber in Zeiten der Exacerbation die moralischen und physischen Leiden dieser Kranken auf
ein Minimum beschränken.

Die Gefahr einer sich ausbildenden Morphiumsucht ist hier sehr
zu beachten.

B. Das moralische Irresein (Folie morale s. moral insanity [1]).

Eine besonders grell zu Tage tretende psychische Degenerations-
weise stellen Zustände dar, in welchen das Individuum, obwohl die
Segnungen der Civilisation und Erziehung ihm zu Theil wurden,
dennoch nicht jener einen integrirenden Bestandtheil des Culturmenschen
bildenden Fähigkeit theilhaftig wird, ethische (mit Inbegriff religiöser
ästhetischer) Vorstellungen zu erwerben, zur Bildung moralischer
Urtheile und Begriffe zu verknüpfen und als Motive und Gegenmotive
des Handelns zu verwerthen.

Ein Gehirn, dem diese auf der gegenwärtigen Entwicklungsstufe
civilisirter Menschen integrirende Fähigkeit abgeht, erweist sich als
ein ab ovo inferior angelegtes, defektives, funktionell degeneratives,
und diese Anschauung gewinnt eine mächtige Stütze darin, dass alle
Bemühungen der Erziehung, wie sie Familie, Religion und Schule an-
strengen, gleichwie die trüben Erfahrungen, die ein so organisirtes
Individuum im späteren Leben macht, sein ethisches Fühlen und Verhalten in keiner Weise günstig zu beeinflussen vermögen.

[1] Grohmann, Nasse's Zeitschr. 1819, p. 162; Prichard, treatise on insanity 1842; Morel, traité des dégénéresc. 1857; Derselbe, traité des malad. ment. p. 401. 540; Solbrig, Verbrechen und Wahnsinn. München 1867; v. Krafft, Friedreich's Blätter 1871 (mit ausführl. Literatur); Derselbe, Verbrechen u. Wahnsinn, Allgem. deutsche Strafrechtszeitg. 1872; Stolz, Allg. Zeitschr. f. Psych. 33. H. 5 u. 6; Livi Rivista speriment. 1876, fasc. V—VI; Tamassia, ebenda 1877, p. 550; Gauster, Wien. med. Klinik. III. Jahrgang. Nr. 4.

Die Ursache ist eben eine organische und für diese angeborenen Defektzustände in meist hereditären Bedingungen zu suchen, unter welchen Irresein, Trunksucht, Epilepsie der Ascendenz die hauptsächlichsten sind.

Gegenüber diesen angeborenen Fällen von moralischer Idiotie, als Analoga der intellectuellen Idiotie auf psychisch degenerativer Grundlage, finden sich ähnliche Zustände bei Individuen, die vorher ethisch vollsinnig waren, bei denen der Defekt somit ein erworbener ist.

Er ist dann bedingt durch schwere Insulte oder Entartungsprocesse des Gehirns und theils Prodromalerscheinung theils Begleiterscheinung solcher. Dass der ethische Defekt hier besonders früh und greifbar im klinischen Bild zu Tage tritt, erklärt sich aus der Thatsache, dass die ethischen Leistungen die höchsten des Gehirns sind, die feinste Organisation desselben voraussetzen und bei funktioneller oder anatomischer Entartung desselben zunächst und besonders tief nothleiden.

Die ursächlichen Bedingungen der erworbenen moralischen Defektuosität sind die anatomischen und funktionellen Gehirnveränderungen, wie sie schwere Kopfverletzungen, Apoplexieen, die senile Involution des Gehirns, die Dementia paralytica, die Trunksucht, constitutionelle schwere Neurosen (Epilepsie, Hysterie) hervorrufen. Das moralische Irresein erweist sich damit nicht als eine „Form" von Geisteskrankheit, sondern als eine eigenthümliche individuelle Entartung auf psychischem Gebiete, als Ausdruck einer Hirnerkrankung, die sich entweder angeboren als eine fehlerhafte inferiore (fast ausschliesslich unter hereditär degenerativen Bedingungen entstandene) Hirnorganisation oder als eine im Lauf des Lebens durch schwere Insulte, die das Hirn trafen, erworbene Hirnaffektion erweist. Sie trifft den innersten Kern der Individualität, ihre gemüthlichen ethischen und moralischen Beziehungen. Da sie den formalen Ablauf des Vorstellens, die Bildung intellectueller Urtheile des Nützlichen und Schädlichen fast unversehrt lässt, ermöglicht sie ein logisches Urtheilen und Schliessen, das dem Unkundigen den Defekt aller moralischen Urtheile und ethischen Gefühle verhüllt und den moralischen Irren zwar klinisch, wenn auch nicht ethisch in der Rolle des unmoralischen selbst verbrecherischen Menschen erscheinen lässt.

Wie Stolz (op. cit.) nachweist, hat schon Regiomontanus 1513 die Idee ausgesprochen, dass es boshafte unsittliche Menschen gebe, die ihre Bosheit nicht aus sich selbst hätten und die trotzdem von den Rechtsgelehrten gehängt würden. Was der Naturforscher des 16. Jahrhunderts dem Einfluss der Gestirne (Geborensein im Zeichen der Venus)

zuschrieb, sucht eine fortgeschrittene Zeit aus abnormen Organisations-
verhältnissen des Menschen zu erklären.

In Deutschland dürfte Grohmann (1819) der Erste gewesen
sein, der eine ethische Entartung aus organischer Ursache erkannte
und sie als angeborene moralische Insanie, moralischen Blödsinn be-
zeichnete. Einen ersten Versuch klinischer Darstellung und Um-
grenzung des Krankheitsbildes machte Prichard (1842). Die ätiologische Bedeutung des krankhaften Zustands als eines degenerativen,
vorwiegend hereditären lehrte Morel kennen. Die klinischen Forschungen
eines Brierre, Falret, Solbrig u. A. haben dem moralischen Irresein
die allgemeine ärztliche Anerkennung verschafft.

Versuchen wir es die klinischen Merkmale dieses eigenthümlichen Entartungszustandes zu skizziren, so tritt als grellste Erscheinung
und für ihn die Signatur abgebend, eine mehr oder weniger vollkommene moralische Insensibilität, ein Fehlen der moralischen Urtheile
und ethischen Begriffe zu Tage, an deren Stelle die rein aus logischen
Processen hervorgehenden Urtheile des Nützlichen und Schädlichen
treten. Allerdings können die Gebote des Sittengesetzes eingelernt
und mnemonisch reproducirbar sein, aber wenn sie je in's Bewusstsein
eintreten, so bleiben sie von Gefühlen, geschweige Affekten unbetont
und damit starre, todte Vorstellungsmassen, nutzloser Ballast für das
Bewusstsein des Defektmenschen, der daraus keine Motive oder Gegenmotive für sein Thun und Lassen zu ziehen weiss.

Dieser „sittlichen Farbenblindheit", diesem „Irresein der altruistischen Gefühle" (Schüle) erscheint die ganze Cultur, die ganze sittliche und staatliche Ordnung nur als eine hemmende Schranke für
das egoistische Fühlen und Streben, das nothwendig zur Negation der
Rechtssphäre Anderer und zu Eingriffen in diese führen muss.

Interesselos für alles Edle und Schöne, stumpf für alle Regungen
des Herzens, befremden diese unglücklichen Defektmenschen früh schon
durch Mangel an Kindes- und Verwandtenliebe, Fehlen aller socialen
geselligen Triebe, Herzenskälte, Gleichgültigkeit gegen das Wohl und
Wehe ihrer nächsten Angehörigen, durch Interesselosigkeit für alle
Fragen des socialen Lebens. Natürlich fehlt auch jegliche Empfäng-
lichkeit für sittliche Werthschätzung oder Missbilligung Seitens Anderer,
jegliche Gewissensregung und Reue. Die Sitte verstehen sie nicht,
das Gesetz hat für sie nur die Bedeutung einer polizeilichen Vorschrift
und das schwerste Verbrechen erscheint ihnen von ihrem eigenartigen
inferioren Standpunkt nicht anders als einem ethisch vollsinnigen
Menschen die einfache Uebertretung einer polizeilichen Verordnung.
Gerathen sie in Conflikt mit dem Einzelnen oder der Gesellschaft, so
treten an Stelle der einfachen Herzenskälte und Negation Hass, Neid,

Rachsucht und bei ihrer sittlichen Idiotie kennt dann ihre Brutalität und Rücksichtslosigkeit keine Schranken.

Dieser ethische Defekt macht solche inferior Organisirte unfähig auf die Dauer in der Gesellschaft sich zu halten und zu Kandidaten des Arbeits-, Zucht- oder Irrenhauses, welche Aufbewahrungsorte sie endlich erreichen, nachdem sie als Kinder bei ihrer Faulheit, Lügenhaftigkeit, Gemeinheit der Schrecken der Eltern und Lehrer, als junge Leute bei ihrem Hang zu Vagabondage, Verschwendung, Excessen, Diebstählen die Schande der Familien, die Plage der Gemeinden und Behörden gewesen waren, um endlich die Crux der Irrenanstalten und die Unverbesserlichen der Strafhäuser zu werden.

Neben dem Mangel ethischer altruistischer Gefühle und dem nothwendig sich ergebenden Egoismus findet sich als formale affektive Störung eine grosse Gemüthsreizbarkeit, die in Verbindung mit dem Mangel sittlicher Gefühle zu den grössten Brutalitäten und Grausamkeiten hinreisst und sogar pathologische Affekte begünstigt.

Auf intellectuellem Gebiet erscheint der Kranke für Den, welcher formell logisches Denken, Besonnenheit, planmässiges Handeln als entscheidend ansieht, unversehrt. Auch das Fehlen von Wahnideen und Sinnestäuschungen im Krankheitsbild hat schon Prichard hervorgehoben. Trotzdem, ja selbst trotz aller Schlauheit und Energie, wenn es sich um die Verwirklichung ihrer unsittlichen Bestrebungen handelt, sind solche Entartete doch intellectuell schwach, unproduktiv, zu einem wirklichen Lebensberuf, zu einer geordneten Thätigkeit unfähig, von mangelhafter Bildungsfähigkeit, einseitig, verschroben in ihrem Ideengang, von sehr beschränktem Urtheil. Nie fehlt bei diesen ethisch Verkümmerten zugleich der intellectuelle Defekt. Viele sind sogar geradezu Schwachsinnige. Sie sind nicht bloss einsichtslos für das Unsittliche, sondern auch für das positiv Verkehrte, ihren eigenen Interessen Schädliche ihres Thuns und Lassens; sie überraschen, trotz aller Beweise von instinktiver Schlauheit, durch gleichzeitiges Ausserachtlassen der gewöhnlichsten Regeln der Klugheit bei ihren verbrecherischen Handlungen.

In formaler Beziehung ist auf dem Gebiet des Vorstellens, neben der Unfähigkeit der Bildung von ethischen Vorstellungen und der Verknüpfung derselben zu moralischen Urtheilen und Begriffen, die mangelhafte Reproduktionstreue der Vorstellungen (Bd. I p. 58) hervorzuheben.

Auf der Seite des Strebens zeigt sich der ethische und intellectuelle Defekt in der vollkommenen Unfähigkeit zu einer Selbstführung und Selbstcontrole. Im Allgemeinen zeichnen sich diese Entarteten durch ihre geistige Schlaffheit und Trägheit aus, die nur da über-

wunden wird, wo es sich um Befriedigung ihrer unsittlichen verbrecherischen Gelüste handelt. Sie sind geborene Müssiggänger und
sittliche Schwächlinge. Vagabundiren, Betteln, Stehlen sind Lieblings-
beschäftigungen, Arbeit ist ein Gräuel.

Ist schon das „freie" Handeln zu einem zwar willkürlichen aber
durch Fehlen oder Unerregbarkeit sittlicher Vorstellungen sittlich unfreien herabgesunken und erscheinen dem sittlich blinden Auge des
Kranken die höchsten Gebote des Sitten- und Rechtsgesetzes nur als
überflüssige unverstandene polizeiliche Vorschriften, so kommt dazu,
dass vielfach direkt aus der Hirnerkrankung herausgesetzte, spontane,
organische Antriebe zu theils einfach bizarren, theils unsittlichen und
verbrecherischen Handlungen erfolgen.

Sie haben dann weitere psychisch degenerative Charakterzüge,
den des Impulsiven und nicht selten den periodischer Wiederkehr
(Vagabundiren, Stehlen, alkoholische und sexuelle Excesse). Soweit
natürliche Triebe dem Handeln hier zu Grund liegen, können jene
zudem einen perversen Charakter an sich tragen. Dies gilt namentlich
bezüglich des Geschlechtstriebs, dessen Perversionen (Bd. I p. 69)
grossentheils auf dem Boden des moralischen Irreseins vorkommen.

Da es sich hier um individuelle Entartungszustände handelt, sind
die klinischen Erscheinungsformen äusserst mannichfache und entziehen
sich einer näheren Differenzirung.

Je nach der Intensität der Störung lassen sich Zustände von
moralischem Schwach- und Blödsinn, analog den Zuständen von intellectuellem Schwach- und Blödsinn unterscheiden.

Praktisch lässt sich ein Unterschied zwischen passiven apathischen
und aktiven reizbaren „moral insanity" Individuen aufstellen.

Die erworbenen Zustände unterscheiden sich von den angeborenen
zunächst klinisch dadurch, dass hier ein allmäliger Zerfall der früheren
sittlichen Persönlichkeit stattfindet und noch Fragmente früherer sittlicher Vorstellungen und Urtheile aufgefunden werden, die freilich
immer defekter und weniger von Gefühlen betont auftreten, während
dort ein angeborener ethischer Defekt besteht.

Es verdient ferner hervorgehoben zu werden, dass die angeborenen
Fälle viel grössere Aktivität der perversen Antriebe zeigen und viel
mehr jenen vorwiegend der hereditären Degeneration zukommenden
automatischen, impulsiven, selbst periodischen Charakter der Handlungsweise bieten, während bei den erworbenen Fällen die unsittlichen
Antriebe mehr durch äussere Anlässe (Leidenschaft, Affekte, besonders
Zorn) hervorgerufen werden, und nicht so brüsk zu Befriedigung
drängen wie die ganz spontan entstehenden impulsiven Akte des
Hereditariers.

Das moralische Irresein ist, wenn angeboren, meist eine stationäre Infirmität. Zuweilen ist es progressiv, wesentlich durch die Vorgänge der Pubertät, durch Uterinleiden, sexuelle und alkoholische Excesse. Die erworbenen Fälle sind in ihrem Verlauf abhängig von der Grundkrankheit und meist Prodromalstadien, Durchgangszustände und Episoden von zu intellektueller Verblödung führenden schweren Hirnprozessen.

Die angeborenen Fälle zeigen sich sehr disponirt auf gelegentliche Schädlichkeiten im Sinn einer Psychopathie zu reagiren. Namentlich Freiheitsberaubung genügt, um intercurrent wirkliches Irresein hervorzurufen.

Neben pathologischen Affekten und Rauschzuständen werden als Complikationen bei moral insanity nicht selten periodische Psychosen beobachtet, auch Fälle von primärer Verrücktheit habe ich hier vorgefunden.

Die Prognose des moralischen Irreseins ist für die angeborenen Fälle eine hoffnungslose, für die erworbenen eine kaum minder schlechte, indessen kommen Beobachtungen vor, wo die Beseitigung der schweren Hirnaffektion auch den moralischen Defekt schwinden machte.

So erzählt Wigand (on the duality of mind) den Fall eines Jungen, dem vom Lehrer ein Lineal an den Kopf geschlagen wurde. Eine völlige Umwandlung der moralischen Gefühle des Patienten erfolgte. Man trepanirte an der Stelle der Verletzung, wo eine leichte Schädeldepression sich vorfand und entfernte einen Knochensplitter, der auf das Hirn drückte, worauf die alte Persönlichkeit sich wieder herstellte.

Die in foro hochwichtige Diagnose dieser Zustände hat für die angeborenen die Aufgabe, die klinischen Anomalieen auf eine angeborene defektive Hirnorganisation, für die erworbenen die Aufgabe, sie auf eine schwere Hirnerkrankung zurückzuführen. Die Untersuchung ist hier eine streng klinische und ist es zweckmässig, vorerst die specielle Diagnose bei Seite zu lassen und die allgemeine des Bestehens einer cerebralen Abnormität überhaupt (Bd. I p. 219) zu machen.

Für das angeborene moralische Irresein sind entscheidend:

1. Die Abstammung von irrsinnigen, trunksüchtigen, epileptischen Erzeugern.

2. Der Nachweis der den psychischen Degenerationszuständen im Allgemeinen zukommenden anatomischen und funktionellen Degenerationszeichen mit besonderer Berücksichtigung der Verhältnisse des Geschlechtslebens, als der für die Entwicklung des moralischen Sinnes wichtigsten organischen Grundlage.

3. Der Nachweis von Erscheinungen krankhaften Verhaltens vasomotorischer Funktionen (Intoleranz gegen Alkohol etc.) der motorischen (speciell die hier häufigen epileptoiden Symptome).

Für das erworbene moralische Irresein:

Der Nachweis einer jener Cerebralerkrankungen, resp. Neurosen, deren Prodromus oder Begleiterscheinung das moralische Irresein sein kann.

Ist auf diese Kriterien die allgemeine Diagnose eines Cerebralleidens gegründet, so hat die specielle Diagnose bezüglich der angeborenen Fälle das abnorm frühe Auftreten der ethischen Verkümmerung geltend zu machen, zu einer Lebenszeit, wo von einem Einfluss bösen Beispiels nicht die Rede sein konnte und vielfach unter den günstigsten Aussenverhältnissen (positiv gute Erziehungsbestrebungen). Das organische Bedingtsein wird durch die absolute Incorrigirbarkeit des Kranken eine weitere Stütze erhalten.

Für die erworbenen Zustände des moralischen Irreseins wird der grelle Contrast, in welchem die totale Umänderung der Sitten und des Charakters nach der schlimmen Seite zu der früheren ehrbaren Lebensführung steht, bedeutungsvoll erscheinen.

Aetiologisch wird im ersten Fall dann die Heredität und Belastung, im letzteren das Zusammentreffen der ethischen Verkümmerung mit einem cerebralen Insult oder einer cerebralen Erkrankung entscheidend sein.

Eine weitere diagnostische Beleuchtung erfährt der moralische Defekt durch den Nachweis intellectueller Schwäche, krankhafter Gemüthsreizbarkeit, mangelhafter Reproduktionstreue des Vorstellens, durch den impulsiven perversen, d. h. auf Perversion der natürlichen Triebe, Instinkte, Gefühle beruhenden, vielfach selbst periodischen Charakter der Handlungsweise.

Die Therapie fällt mit der der Grundzustände zusammen und ist eine meist hoffnungslose, bis auf gewisse seltene Fälle von erworbener moral insanity. Für die angeborenen Fälle ist die milde und doch zugleich disciplinirende Pflege der Irrenanstalt immer noch das Beste, jedoch eignen sich solche Entartete wegen ihres schädlichen Einflusses auf andere Kranke nur für eine Pflege-, nie für eine Heilanstalt.

Besonders zu berücksichtigen sind dann bei solchen Kranken ihre Neigung zur Masturbation und der schädigende Einfluss dieser.

C. Die primäre Verrücktheit [1]).

I. Die primäre Verrücktheit in Wahnideen.

Nach den Anschauungen und Dogmen der älteren deutschen Psychiatrie ging das in fixirten Wahnideen sich bewegende Irresein („Wahnsinn") aus primären Zuständen von Melancholie oder Manie hervor und wo diese Annahme nicht zutraf, tröstete man sich mit der Vermuthung, dass die Anamnese eine unvollständige sei und setzte getrost eine etwa übersehene oder nicht bekannte initiale Melancholie oder Manie voraus.

Die Wahnideen der sogenannten Wahnsinnigen und (nach Zurück-treten der Affekte) secundär Verrückten fasste man als im affektiven Stadium der Melancholie oder Manie zu Stande gekommene krank-hafte, d. h. unrichtige Erklärungsversuche der krankhaften Vorgänge im Bewusstsein auf.

Diese wesentlich auf dem psychologischen Wege der Reflexion zu Stand gekommenen, von lebhaften Affekten ursprünglich hervor-gerufenen und getragenen Wahnideen blieben nach dem Zurücktreten der affektiven Krankheitsperiode gleichsam als Niederschlag, als Residuum jener zurück und begründeten eine ganz neue krankhafte Persönlichkeit oder wenigstens ganz veränderte Beziehungen zur Aussenwelt.

Dieses „Stadium des Wahnsinns" und der secundären Verrückt-heit bildete eine Etappe zum endlichen Ausgang des Krankheitsprocesses in Blödsinn.

Die Wahnideen dieser secundär Verrückten waren theils depressive (Verfolgungsideen), theils expansive (Grössenideen). Man liess sie wesentlich aus krankhaften Aenderungen des Selbstgefühls hervorgehen und zwar leitete man die Verfolgungsideen aus dem herabgesetzten Selbstgefühl einer präexistirenden Melancholie, die Grössenideen aus dem erhöhten Selbstgefühl einer dagewesenen Manie her und fasste die Grössenideen vielfach als eine reactive Erscheinung im Bewusstsein des Kranken gegenüber den Verfolgungsideen auf, indem er sich gleich-sam für diese schadlos an jenen hielt.

---

[1]) Snell, Allg. Zeitschr. f. Psych. 22, p. 368; Griesinger, Archiv f. Psych. I, p. 148; Sander, ebenda I, p. 387; Morel, traité des mal. ment. p. 253, 267, 714; Samt, Naturwissenschaftl. Methode in der Psychiatrie. Berlin 1874, p. 38; West-phal, Allg. Zeitschr. f. Psych. 34, p. 252; Hertz, ebenda H. 3; Legrand du Saulle, le délire des persécutions. Paris 1871; Falret, Annal. méd. psychol. 1878. Nov.; Meynert, Psychiatr. Centralbl. 1877. 6. 7. 1878. 1; Schüle, Handb. p. 468; Hagen, Studien etc. 1870, p. 41.

Während die französische Psychiatrie von dieser einseitigen und dogmatischen Anschauung sich fern und an der theilweisen primären Entstehung des Irreseins mit fixen Wahnideen (Monomanie — Esquirol, Folie sensoriale — Lélut, Voisin) festhielt, hat die deutsche Psychiatrie bis auf die jüngste Zeit die secundäre und einseitig psychologische Auffassung der sogenannten depressiven und exaltirten Verrücktheit vertreten und für die zahlreichen Fälle, in welchen die dogmatische Verblödung der Kranken nicht eintrat, im Gegentheil diese in Bezug auf Alles, was nicht in den Bereich ihrer fixen Ideen fiel, richtig urtheilten und handelten, den bedenklichen Begriff der partiellen Verrücktheit aufgestellt.

Während aber die französische Psychiatrie einfach mit der Thatsache eines primären Vorkommens· von Verrücktheitszuständen sich begnügte, hat die deutsche nicht bloss ihren Irrthum berichtigt, sondern auch die Pathogenese und den klinischen Aufbau dieser eigenartigen Zustände angestrebt.

Schon Ellinger in seiner Arbeit über den Einfluss der Selbstbefleckung (Allg. Zeitschr. f. Psych. 2 p. 52) stellt in seinen Tabellen eine „primäre" Verrücktheit neben der secundären auf, ohne sie jedoch näher zu schildern. Kahlbaum (Gruppirung der psychischen Krankheiten, Danzig 1863) reservirt diesen Zuständen eine Sonderstellung in seinem System und bezeichnet sie mit dem Namen der „Vecordia".

Snell (op. cit.) geht, 1865 an die Grundlegung der primären Verrücktheit, indem er sie als eine Form der psychischen Erkrankung definirt, die sich durch das Hervortreten einzelner Reihen von Wahnideen mit Hallucinationen charakterisirt, welche sich auf der einen Seite durch gehobenes (richtiger wohl nicht herabgesetztes) Selbstgefühl von der Melancholie, auf der anderen Seite durch den Mangel der Ideenflucht und des allgemeinen Ergriffenseins von der Manie abgrenzt, welche endlich die Gesammtheit des geistigen Lebens weniger ergreift als die übrigen Formen der Geistesstörung, weshalb die Bezeichnung „Monomanie" für diese Krankheit ihm nicht unpassend erscheint.

Auch Griesinger, der schon in seinem Lehrbuch (p. 326 u. 334) die Auffassung der Verrücktheitszustände als unbefriedigend und anekdotenhaft erkannt hatte, bekannte sich (op. cit.) 1867 zu einer primären Entstehung dieser Zustände und fasste die Wahnideen als primäre, jeder emotiven Grundlage entbehrende (Primordialdelirien) auf.

Auf dieser gewonnenen Basis fussen die werthvollen Arbeiten von Sander, Samt, Hertz, Westphal u. A.

Als die wichtigsten Gesichtspunkte bei dem gegenwärtigen Stand unsrer Kenntnisse über diese Krankheit lassen sich betrachten:

1. Sie ist fast ausschliesslich eine Erkrankungsform des belasteten und zwar des meist erblich belasteten Gehirns.

2. Den Kern derselben bilden Wahnideen, deren primäre, primordiale Bedeutung sich aus dem Fehlen jeglicher emotionellen Grundlage, irgendwelcher Reflexion bezüglich ihrer Entstehung ergibt.

3. Die Krankheit hat einen stabilen, tief constitutionellen Charakter. Sie führt nicht zum Untergang des psychischen Mechanismus (allgemeine Verwirrtheit, Blödsinn), lässt vielmehr den logischen Denkapparat intakt.

Die degenerative Natur des Leidens hat schon Morel (op. cit.) deutlich erkannt. In der grossen Mehrzahl der Fälle finden sich belastende Momente bei der Ascendenz, die jedoch, wie Sander richtig bemerkt, seltener in ausgesprochener Geisteskrankheit, als vielmehr in Excentricität des Charakters und Benehmens, Hysterie, Hypochondrie, Trunksucht bestehen.

Bei fehlender Belastung der Ascendenz kann die Disposition zu dieser Krankheit durch infantile Hirnkrankheiten (meningeale Hyperämieen in der Dentitionsperiode, in acuten Infektionskrankheiten), wahrscheinlich auch durch rhachitische Processe, die Schädel- und Hirnentwicklung beeinträchtigen, erworben werden, endlich kommen sehr seltene Fälle vor, in welchen bei nicht belastetem Gehirn eine zufällige Hirnerkrankung im erwachsenen Alter (Trauma capitis, apoplectischer Insult, Typhus mit cerebraler Complication) den Anstoss zur Entwicklung der Krankheit abgibt.

Im Grossen und Ganzen steht sie aber auf entschieden constitutioneller, meist hereditärer Grundlage und nur so ist es begreiflich, dass durch höchst geringfügige, oft gar nicht auffindbare Gelegenheitsursachen oder an und für sich physiologische Lebenszustände und Vorgänge, wie sie Pubertät, Klimacterium etc. darstellen, das schwere Leiden des scheinbar gesunden Menschen seinen Aufschwung nimmt.

Der Schwerpunkt eines annähernden pathogenetischen Verständnisses liegt eben in dem eingehenden anthropologisch-klinischen Studium der prämorbiden Lebens- und Gesundheitsverhältnisse des Individuums, wie auch derjenigen seiner Blutsverwandtschaft.

Die bezügliche Ermittlung, wo sie eingehend stattfindet und überhaupt möglich ist, liefert reiche Befunde und es gilt für diese Candidaten der Verrücktheit wesentlich das in der Einleitung dieses Capitels über die Zeichen der neuro-psychopathischen Constitution Erwähnte.

Ganz besonders fallen hier als funktionelle Degenerationserscheinungen Convulsionen in der Zahnperiode, später Leichterregbarkeit des Gehirns in acuten Krankheiten in Form von Delirien, die sogar (Sander) die Basis für die späteren primordialen Wahnideen abgeben können, ferner Anomalieen der vasomotorischen Innervation, der Geschlechtsfunktion und epileptoide Anfälle in's Gewicht.

Auch anatomische Degenerationszeichen sind nicht selten. Sie betreffen meist die Entwicklung des Hirn- und des Gesichtsschädels und bestehen vorwiegend in ungleicher Entwicklung und Verschiebung der Schädelhälften.

Wie solche Individuen häufig verschobene Schädel aufweisen, so ist auch ihr ganzes Wesen, ihre Charakterentwicklung eine vielfach von Kindsbeinen auf verschrobene.

Man könnte solche Fälle, bei denen sich nach Sander's treffendem Ausdruck die Krankheit in derselben gesetzmässigen, nur krankhaften Weise wie bei normal constituirten Individuen die Gesundheit entwickelt, als solche von originärer Verrücktheit (analog der moralischen und intellectuellen Idiotie) bezeichnen und jenen Fällen gegenüberstellen, in welchen erst im Verlauf des Lebens, nach einem Zeitraum wohl als abnorm aber nicht als geradezu krankhaft anzusehender Lebensführung die Krankheit sich entwickelt (primäre Verrücktheit im engeren Sinn).

Es ist unmöglich, die individuell so verschiedenen Erscheinungen einer solchen psychopathischen Constitution unter allgemeine Gesichtspunkte zu bringen, und die feine Darstellung hiehergehöriger psychisch abnormer Charaktere (stilles träumerisches ungeselliges Wesen, Neigung zu Phantasterei, zu Isolirung, Stehenbleiben auf knabenhafter Stufe, empfindsames Wesen, Schlaffheit, Energielosigkeit, affektirtes theatralisches Gebahren bei wirklich oder vermeintlich widerfahrener Ungerechtigkeit, oft auch hypochondrisches pedantisches Wesen u. s. w.), wie sie Sander versucht hat, gilt nur für einzelne Gruppen dieser stigmatisirten Individuen. Immer erweist sich der Charakter jedoch abnorm, mag er sich nun in einer Steigerung oder Verminderung oder Perversion der sexuellen Gefühle und der darauf wesentlich sich gründenden altruistischen, ethischen, religiösen, oder in Excentricitäten, Leidenschaften, sittlichen Gebrechen kundgeben.

Es ist nicht zu läugnen, dass vielfach die specielle abnorme Charakterrichtung bestimmend für die spätere specielle Form der primären Verrücktheit wird, so dass diese gleichsam eine „Hypertrophie des abnormen Charakters" darstellt. So sehen wir z. B., dass ein von jeher misstrauisches, verschlossenes, die Einsamkeit liebendes Individuum eines Tages sich verfolgt wähnt, dass ein roher, reizbarer, egoistischer, in seinen Rechtsanschauungen defekter Mensch zum Querulanten wird, ein religiös excentrischer der religiösen Verrücktheit anheimfällt.

Die Entwicklung der Krankheit aus dem innersten Kern der Persönlichkeit, ihrem Charakter heraus, wirft schon jetzt ein wichtiges

Licht auf eine Thatsache, die später in der Krankheit besonders grell
zu Tage tritt, nämlich auf die überwiegende Rolle, welche das unbewusste
Seelenleben gegenüber der Sphäre des bewussten bei diesen Kranken
spielt.

Ist ja doch auch der Charakter wesentlich der Ausdruck jener
unbewussten Geistessphäre.

Das Vorwalten derselben ergibt sich aus dem träumerisch schlaffen
vielfach romanhaften schwärmerischen Wesen solcher Individuen, ihren
grundlosen Stimmungen und Verstimmungen, aus der Thatsache, dass
zufällige Delirien in gelegentlichen Krankheiten, Traumerlebnisse,
Reminiscenzen von Lektüre und Theaterbesuch auf dem tiefsten Grund
ihrer Seele sich fortspinnen, früh schon blitzartig in Form von Zwangsvorstellungen und desultorischen Wahnideen im Bewusstsein auftauchen,
wieder latent werden, um später in den deliranten Vorstellungen der
Krankheit ihre endgiltige Verwerthung zu finden.

In der Regel ist auch die Phantasiethätigkeit dieser Individuen
eine sehr lebhafte, leicht erregbare. Die intellectuelle Begabung kann
eine gute sein, ist aber vielfach eine einseitige.

Diese Eigenthümlichkeit des Charakters und der vorwiegenden
Thätigkeit des unbewussten Geisteslebens deutet auf eine eigenartige
molekulare Constitution hin, die sich in enormer Erregbarkeit corticaler
Hirngebiete bei geringer Intensität des Erregungsvorgangs im Vorder-
hirn (geringe Bewusstseinsenergie, Beharren der Empfindung oder
Vorstellung auf unbewusster Stufe) denken lässt.

So deuten auch die widerstandslose Ueberwältigung des Ich
durch die späteren Gebilde der Krankheit (Wahnideen, Zwangsvorstellungen, Sinnestäuschungen) trotz fehlender Affekte, die kritiklose,
aller Besonnenheit und Controle baare Hingabe an jene, die rasche
Assimilirung dieser Schöpfungen der unbewussten Sphäre, ihre überraschend schnelle Entwicklung zu systematischen Wahngebäuden von
barokkem, monströsem, märchenhaftem Bau, ganz besonders aber die
alogischen Verknüpfungen der disparaten primordialen Gebilde, die
barokken urverrückten Gedankenverbindungen auf ein in seiner molekularen Constitution abnorm und meist originär abnorm organisirtes
Gehirnleben.

Besonders grell ergibt sich diese Thatsache aus der steten Be-
reitschaft des Kranken, die Vorgänge der Aussenwelt mit der eigenen
Persönlichkeit in Beziehung zu bringen [1]). Ganz ungesucht, ohne alle

---

[1]) Eine meiner Kranken bezog die Niederlassungsanzeige einer Hebamme in
der Zeitung auf sich und schloss daraus, dass man sie für schwanger halte. Eine
andere hatte eine verliebte Annonce inserirt. Als sie am andern Tag an einer
Strassenecke das bekannte Theaterstück »Sie ist wahnsinnig« angekündigt las, dachte

Reflexion, mit einer originär verschrobenen, wenn auch formell richtigen Logik ergeben sich diese Beziehungen und haben für das Bewusstsein sofort die Bedeutung unumstösslicher Thatsachen. Selbst bedeutungslose, zufällig vernommene Worte [1]) bleiben vielfach haften, machen tiefen Eindruck, werden in der barokkesten Weise verkehrt aufgefasst und in einer für ein normales Gehirn unmöglichen Verdrehung und symbolischen Umdeutung mit der eigenen Person in Beziehung gesetzt.

Die pathologisch anatomischen Ergebnisse gegenüber dieser in dem innersten Kern der Persönlichkeit, ihrem Charakter wurzelnden Form des Irreseins sind gegenwärtig noch sehr dürftig. Häufig sind Asymmetrieen in der Entwicklung der Carotiden und Vertebralarterien, der Schädel- und Gehirnhälften, und diese Befunde mögen charakterologisch nicht belanglos sein, aber für die Deutung des eigentlichen Krankheitsvorganges sind die Leichenöffnungen mit ihrem grösstentheils negativen Befund sehr unergiebig. Sie erwecken die Vermuthung, dass das Leiden in den innersten molecularen Vorgängen der Denkzellen, als deren klinischer Ausdruck die prämorbiden charakterologischen Besonderheiten und die primordialen krankhaften Schöpfungen in der Krankheit selbst erscheinen, sich abspielt.

Aus dem Fehlen gröberer anatomischer Processe dürfte sich auch die Thatsache erklären, dass die Krankheit nicht bis zur Verblödung vorschreitet, mindestens den formalen Mechanismus des Urtheilens und Schliessens unversehrt lässt.

Die den Ausbruch der Krankheit vermittelnden Gelegenheitsursachen sind die gewöhnlichen des Irreseins überhaupt, ganz besonders wichtig erscheinen aber Pubertät, Klimacterium, Uterinleiden, Onanie, fieberhafte Krankheiten, Magendarmaffektionen.

Die Entwicklung der Krankheit ist meist eine allmälige, sozusagen aus der abnormen Persönlichkeit herauswuchernde und damit der Beobachtung in der Regel entgehende.

Das Incubationsstadium lässt sich als das der Ahnungen und Vermuthungen gegenüber dem der ausgebildeten Krankheit bezeichnen, wo Wahnideen und Sinnestäuschungen Gewissheit geben.

---

sie: »aha, das geht dich an.« Ein Kranker gewann aus dem Hüpfen der Frösche im Wasser Andeutungen, dass er sich aus seinem ihm unsympathischen Wohnort entfernen möge. Eine Kranke fand in der Ankündigung des Theaterstücks »Die Neuvermählten« eine plumpe beleidigende Anspielung auf ein vor 20 Jahren bestandenes Liebesverhältniss.

[1]) Einer meiner Kranken kommt am Calvarienberg (Wallfahrtskirche in Graz) vorüber. Sofort deutet er das Wort folgendermassen: Cal == Calle (Braut), vari == war; i == Ignaz (jüngster Bruder des Kranken) en ist das Zeichen für Russland und führt zu grossen Verwicklungen.

In jenem Einleitungsstadium heften sich an die an und für sich richtigen Wahrnehmungen der Aussenwelt aus der charakterologischen Individualität des Kranken, aus seiner unbewussten Geistessphäre heraus Eindrücke, die den Wahrnehmungen gleichsam anfliegen. Es wird etwas hinter den Phänomenen gemerkt, gesucht, was ihnen nicht zukommt (Hagen). Da der Kranke der Quelle dieser Andichtungen nicht bewusst wird, erscheint ihm die besondere Beziehung des Wahrgenommenen als eine Thatsache, und da Alles der Wahrnehmung Anhaftende aus ihm kommt, wird Alles in Bezug zu ihm gesetzt. An und für sich ist diese Fälschung noch keine Illusion, vorübergehend kann es aber zu einer solchen kommen. Etwaige Affekte der Bestürzung oder Gehobenheit sind nicht primäre, sondern secundäre. Zu Zeiten kann die Logik diesen Andichtungen gegenüber noch Correktur üben, immer und immer wieder stellt sich aber die Gedankenfälschung ein. Die gesteigerte Phantasie und Aufmerksamkeit leistet ihr Vorschub. Zufällige Begebnisse bestärken im Verdacht.

Um durch Reflexion und Illusionen vermittelte Fälschungen der Aussenwelt, wie sie beim Melancholischen und Maniakalischen aus der krankhaften Stimmung hervorgehen, handelt es sich hier nicht, sondern um aus unbewusstem organischem Untergrund sich erhebende Andichtungen an die Wahrnehmungen der Aussenwelt. Damit erscheinen diese, sowie die eigenen Gedanken dem Kranken in eigenartiger Betonung. Die unbewusste Seelenthätigkeit spinnt diese Gedankenfäden weiter und lässt die Vermuthungen zu primordialen Wahnideen heranreifen.

Der Uebergang in das durch Bildung von Wahnideen gekennzeichnete Stadium der vollen Entwicklung der Krankheit ist selten ein plötzlicher, unter stürmischen Erscheinungen (Angst-, Krampfzufälle, massenhaft sich aufdrängende und ein wahres hallucinatorisches Delirium darstellende Sinnestäuschungen), meist ein allmäliger, indem die unbewussten Andichtungen sich nun zu illusorischen Wahrnehmungen entwickeln, bis endlich ein überraschendes, wenn auch zufälliges Ereigniss mit einem Schlag die Vermuthung zur Gewissheit steigert, und im sich anschliessenden Affekte der Wahn in's Bewusstsein tritt. Nun ist es mit der Kritik und Besonnenheit vorbei. Alles bekommt je nachdem eine feindliche oder fördernde Beziehung zum Subjekt. · Eine ungefärbte Wahrnehmung ist kaum mehr möglich.

Die Entstehungswege für die nun die Scene beherrschenden Wahnideen sind theils direkte Erregungsvorgänge in den Denkzellen, theils periphere organische Nervenerregungen, die, ohne zur Klarheit des Bewusstseins vorzudringen, doch jene oder auch psychosensorielle Centren erregen und entsprechende delirante Vorstellungen (sexuelle hypochondrische) oder Hallucinationen hervorrufen. Der Kranke wird sich dieser Vorgänge in der Mechanik seines unbewussten Geistes-lebens nicht bewusst und bekommt erst von ihnen auf einem Umweg, unter der Form von Hallucinationen und Primordialdelirien Kunde.

Im ersten Augenblick wirken diese Schöpfungen geradezu über-raschend, verblüffend. Rasch assimilirt sie der Kranke jedoch, sie wirken mit einem bemerkenswerthen Zwang auf ihn, als unumstössliche Wahrheit. Die Motivirung geschieht erst spät oder gar nicht. Der Kranke beruft sich Anfechtungen gegenüber auf die vermeintliche Thatsache.

Nicht selten nehmen die ersten Primordialdelirien ihre Ent-stehung aus der gestaltenden Thätigkeit traumartiger Zustände des Halbschlafs und des Deliriums, wie auch frühere Traumerlebnisse und Delirien Reproduktionen erfahren und verwerthet werden können. Aus dieser Herkunft erklärt sich zum Theil der barokke märchen- und romanhafte Inhalt der Wahnideen.

Nachdem solche primordiale Wahnideen entwickelt sind, können sich secundär solche durch Reflexion, Association und allegorische Um-deutung bewusster Empfindungen bilden.

Die letztere Entstehungsquelle ist eine besonders wichtige auf hysterischer oder hypochondrischer Grundlage. Bemerkenswerth ist hier die Leichtigkeit, mit welcher aufstrebende Wahnideen sofort Sensationen, sowie umgekehrt diese Wahnideen hervorrufen [1]) (Schüle's centrifugale und centripetale Form). Eine centrale und zugleich periphere Hyperästhesie tritt hier begünstigend ein.

Die wichtigste Quelle für Entstehung und weitere Entwicklung der Wahnideen liegt aber in den auf der Höhe der Krankheit fast nie fehlenden Sinnestäuschungen. Die sie auslösenden Vorstellungsreize sind ebenfalls der unbewussten Sphäre angehörig und die Halluci-nationen für das Bewusstsein ebenso fremd, überraschend, unver-ständlich, wie es anfangs die Primordialdelirien sind.

In späteren Zeiten der Krankheit können auch die bewussten Gedanken sich in Stimmen umsetzen.

In Uebereinstimmung mit Samt finde ich Gehörshallucinationen am häufigsten und wichtigsten, dann Gefühls-, Gesichts-, Geschmacks- und Geruchstäuschungen.

Es gibt Fälle, wo die hallucinatorische Entstehungsweise der Wahnideen die nahezu einzige ist, die Hallucinationen so massenhaft

---

[1]) Ein klassisches Beispiel bietet Schüle's Kranker, der nach der Zeitungs-lektüre des Thomas'schen Massenmords in Bremerhaven unter dem Eindruck von, wohl durch Fettherz bedingten Beklemmungen, sofort ein Uhrwerk statt des Her-zens und nach dem Anblick von Statuen darstellenden Photographieen eine Stein-brust zu haben vermeinte (s. Hdb. p. 484).

und überwältigend auftreten, dass man dann berechtigt ist, von einer hallucinatorischen Form der primären Verrücktheit im Gegensatz zur gewöhnlichen, in Wahnideen sich bewegenden zu sprechen, bei welcher die Primordialdelirien das primäre und hauptsächliche Moment darstellen und das centrale Sinnesgebiet nur nebenher betheiligt erscheint. Als eine seltenere Complication der Krankheit erscheinen zuweilen der gleichen unbewussten Quelle entstammende Zwangsvorstellungen.

Von besonderem Interesse ist trotz aller individuellen Färbungen der wesentlich doch übereinstimmende Inhalt der primordialen Wahnbildungen bei allen Kranken. Er weist auf gleiche moleculare Bedingungen oder wenigstens gleiche Entstehungsquellen hin.

Die Wahnideen drehen sich inhaltlich entweder um eine Beeinträchtigung oder um eine Förderung der Lebensbeziehungen der Kranken (Verfolgungs- und Grössenwahn).

Viel häufiger als Grössendelirien finden sich solche der Verfolgung. Beide Primordialdelirien können nacheinander oder nebeneinander in demselben Krankheitsbild vorkommen oder auch isolirt bestehen.

Da wo dasselbe als Verfolgungswahn beginnt, treten nicht selten im weiteren Verlauf Grössenideen so mächtig und massenhaft auf, dass sie das Verfolgungsdelir fast gänzlich verdrängen. Aus dem Verfolgten wird eine ausgezeichnete Persönlichkeit (Transformation), die beiden Wahnreihen werden dann nothdürftig in logische Beziehung gesetzt und wenn auch die secundäre vorherrscht, so klingt die primäre dennoch im ferneren Verlauf ab und zu noch an.

Als Vorläufer einer künftigen Transformation zeigen sich schon früh ganz abrupte, rasch wieder untertauchende Primordialdelirien der Grösse und entsprechende Hallucinationen.

Da wo die Verrücktheit mit prädominirenden Grössendelirien beginnt, tritt keine Transformation ein, jedoch können sich episodisch und gelegentlich primordiale Wahnideen der Verfolgung vorfinden. Als reaktive secundäre Erscheinungen kommen heftige Affekte vor, die je nach dem Inhalt der Delirien als Angst, Verzweiflungsausbrüche oder Affekte der Begeisterung bis zur Ecstase sich gestalten. Die ersteren können von heftigen Präcordialsensationen betont sein und zuweilen auch spontan bis zu raptusartigen Ausbrüchen sich einstellen.

Der Gesammtverlauf des Leidens ist ein subacuter oder chronischer, die Weiterentwicklung eine vielfach sprungweise (Westphal). Die Exacerbationen gehen häufig mit deutlichen somatischen (cerebrale Erregungs- und Fluxionszustände mit Schlaflosigkeit, Salivation etc.) oder auch mit psychischen (traumartige Versunkenheit bis zur Ecstase, Stupor, hallucinatorische Verworrenheit mit massenhaften Delirien, tobsuchtartige Aufregungszustände mit impulsiven Akten, Zwangsstellungen und -Bewegungen, Verbigeration etc.) einher. In diesen Zuständen vorwaltender Thätigkeit der unbewussten Sphäre bilden sich dann neue Wahnreihen.

Neben solchen Exacerbationen kommen ebenso unvermittelt tiefgehende Remissionen bis zu Intermissionen vor. Die hier häufige Dissimulation der Kranken, die meist nur in affektvollen Erregungen ein weiteres Bruchstück ihrer Leidens- oder Heldengeschichte enthüllen, darf mit einer Intermission nicht verwechselt werden.

Nicht so selten sind wirkliche Genesungen. Sie werden eher bei der in Persecutions- als der in Grössendelirien sich bewegenden Form, eher bei acut einsetzendem als chronisch sich entwickelndem Krankheitsbild, eher bei erworbenen als tief constitutionellen Fällen beobachtet. Nach eingetretener Transformation ist die Prognose eine hoffnungslose. Nachdem das Krankheitsbild ein vollentwickeltes geworden ist, bleibt es ein ziemlich stationäres.

Ein Ausgang in dauernden und völligen apathischen Blödsinn, wie er bei vielen Melancholieen und Manieen sich einstellt, wird hier nicht beobachtet. Die oft Monate bis Jahre bestehende traumartige Versunkenheit und hallucinatorische Verworrenheit darf mit Blödsinn nicht verwechselt werden.

Immer kommt es jedoch bei langer Dauer der Krankheit zu psychischen Schwächezuständen, die sich jedoch mehr gemüthlich in Stumpfheit als intellectuell kundgeben und die früheren artistischen gewerblichen Fähigkeiten der Kranken, sowie ihre Fähigkeit zu urtheilen und schliessen, leidlich unversehrt lassen. Diese Verfolgten, Helden, Götter und Majestäten des Irrenhauses bleiben oft bis an ihr Lebensende geschätzte Professionisten und Feldarbeiter des Asyls, das für sie zur zweiten Heimath geworden ist, um so mehr, als die Wahnideen allmälig verblassen, die Hallucinationen seltener werden und beide ihre affekterregende Wirkung einbüssen.

Die nähere Schilderung der Krankheitsbilder, welche sich im Rahmen der primären Verrücktheit bewegen, macht vor Allem eine Eintheilung nöthig.

Eine solche nach genetischen (hallucinatorische, ideelle Verrücktheit) oder ätiologischen (sexuelle, masturbatorische etc. Verrücktheit) Gesichtspunkten erscheint vorläufig nicht durchführbar. Ich benütze den Inhalt der Wahnideen als Eintheilungsgrund, der, wenn auch weniger wissenschaftlich, immerhin berechtigt ist, insoferne der typisch kongruente Inhalt dieser Primordialdelirien auf eine gesetzmässige Begründung derselben hinweist.

Es ergeben sich so zwei klinisch prägnante und auch im Verlauf besondere Erscheinungsformen der primären Verrücktheit — eine solche

mit primordialen Wahnideen beeinträchtigter Interessen (Verfolgungswahn) oder geförderter (Grössenwahn). Die letztere zerfällt wieder in
die Bilder der religiösen und der erotischen Verrücktheit.

a. Die primäre Verrücktheit mit Beeinträchtigungs- (Verfolgungs-) Wahn.

Den Kern des Deliriums dieser grossen und praktisch wichtigen
Gruppe von Kranken bildet der Wahn einer Beeinträchtigung an Gesundheit, Leben, Ehre oder Besitzthum durch vermeintliche Feinde.
Die Träger des Krankheitsvorgangs sind meist von Kindsbeinen auf
sonderbare, stille, leutscheue, verschlossene, leicht verletzbare, reizbare,
misstrauische, nicht selten auch zu Hypochondrie geneigte Individuen.
Bei vielen regte sich schon früh das Gefühl nicht so behandelt zu
sein, wie die Geschwister. Das Incubationsstadium ist hier ein meist
lange dauerndes und grossentheils der Beobachtung entgehendes.
Wo es sich beobachten lässt, finden sich somatischerseits die
klinischen Symptome einer Gelegenheitsursache (Magencatarrh, Uterinleiden, Klimacterium, Cerebrospinalirritation in Folge onanistischer Excesse) oder die Erscheinungen einer meist constitutionellen hypochondrischen oder hysterischen Neurose. Psychischerseits kommt es zu den
oben dargestellten Einbildungen in die Wahrnehmung bis zu Illusionen.
Die Umgebung kommt dem Kranken anders und sogar verdächtig
vor. Die Aussenwelt erscheint überhaupt geändert, in besonderen Beziehungen zur Persönlichkeit des Kranken. Es kommt ihm vor, dass
man ihm nicht wohl will, dass etwas gegen ihn in der Luft liegt. Er
fühlt sich als Gegenstand lästiger Aufmerksamkeit und wird selbst
aufmerksam. Er vermuthet in Nachlässigkeit der Kleidung, geheimen
Lastern, die man ihm wahrscheinlich ansieht, vermuthlich bekannt ge-
wordenen früheren Fehlern und Vergehen die Ursache der geänderten
Aussenwelt. Zufällige harmlose Bemerkungen der Umgebung, das
öftere Begegnen derselben Person, das zufällige Aufstehen und Fort-
gehen der Anwesenden beim Betreten eines Lokals, das Ausweichen
oder Stehenbleiben, Räuspern, Husten der Passanten bestärken ihn in
seinem Verdacht. Ab und zu gewinnt er wieder Einsicht, dass er
sich getäuscht hat, aber bei seinem originär alogischen Wesen, seiner
psychischen Unsicherheit und Befangenheit häufen sich neue Verdachtgründe. Der Geistliche stichelt auf ihn in der Predigt, in der Zeitung
und den Maueranschlägen entdeckt er lieblose Anspielungen auf Gebrechen, frühere Vergehen, intime Verhältnisse, er ist blamirt in der
öffentlichen Meinung, man hält ihn für einen Narren, schlechten Kerl,
Dummkopf. Die Leute deuten auf ihn, spötteln, witzeln, sehen ihn
scheel an. Aus der harmlosen Unterhaltung der Umgebung greift er

Worte heraus und bezieht sie auf sich, später hört er aus jener geradezu höhnende Bemerkungen heraus. Die Gassenbuben pfeifen höhnende Gassenlieder, sogar soweit kann sich die Kritiklosigkeit versteigen, dass der Kranke in dem Gezwitscher der Vögel Verhöhnungen erkennt. Man sucht ihn bei den Vorgesetzten zu verdächtigen, versucht compromittirende Papiere und Gegenstände unter seine Effekten zu schwärzen, ihn zum Sündenbock für Andere zu machen u. dgl.

Der Kranke fühlt sich durch diese vermeintlichen Wahrnehmungen beunruhigt, er zeigt ein noch scheueres, verschlosseneres, reizbareres Wesen, als er es früher besass, er zieht sich immer mehr von der Aussenwelt zurück, still brütend, trüben Ideen von Anfeindung, Unterdrückung nachhängend; er stellt wohl auch gelegentlich einmal Personen der Umgebung über ihr feindliches Verhalten zur Rede.

Der Uebergang in die Höhe der Krankheit kann ein plötzlicher sein, indem ein heftiger Angstanfall ein ganzes Heer von längst vorbereiteten Sinnestäuschungen und Delirien in's Bewusstsein ruft. Häufiger ist jener ein allmäliger, indem immer mehr die Einbildungen zur Bedeutung von Illusionen werden, die Verdachtgründe sich häufen, bis ein zufälliges Ereigniss den bisher latenten Wahn zur Gewissheit werden lässt und Hallucinationen auftreten. Eine leichte Störung des somatischen Befindens, eine fieberhafte Krankheit, ein Magencatarrh, eine Steigerung uterinaler oder klimacterischer Beschwerden, gehäufte onanistische Excesse, ein paar schlaflose Nächte vermitteln häufig den Ausbruch der Krankheit.

Der Kranke kommt plötzlich zur schrecklichen Gewissheit, dass er vergiftet sei, er hört Stimmen, dass er das Opfer einer Verfolgung, dass er ein Dieb, Betrüger, dass sein Leben bedroht sei. Geradezu überwältigend wirkt der Wahn. Enthält er ja doch die längstgeahnte und gefürchtete Gewissheit für den Kranken. Ueberraschend schnell wird er systematisirt, wozu Gehörshallucinationen das Ihrige beitragen. Je nach politischer Anschauung oder socialer Stellung ist der Kranke das Opfer einer Bande von Jesuiten, Freimaurern, Socialdemokraten, Spiritisten u. dgl., oder er ist verfolgt von der geheimen Polizei, vom Nachbar, dem und jenem Nebenbuhler, Hausgenossen u. s. w. Der Kranke erschrickt heftig, um seine Besonnenheit ist es geschehen. Das Verfolgungsdelir breitet sich rasch aus, Einbildungen, Illusionen, Hallucinationen, Wahnideen fälschen die Vorgänge der Aussenwelt.

Den meisten Vorschub leisten hier die Sinnestäuschungen. Nur höchst selten fehlen sie oder beschränken sie sich auf Illusionen. Die wichtigste Rolle spielen Stimmen. Sie kommen aus der Nähe oder der Ferne, zuweilen bei vorgeschrittener Krankheit auch aus Theilen des Körpers. Später setzen sich auch die bewussten Gedanken in

Hallucinationen um (die Feinde errathen die Gedanken, spioniren sie aus u. s. w.). Die Kranken unterscheiden die verschiedenartig entstandenen Stimmmen und geben ihnen besondere Bezeichnung[1]).

Die Stimmen als lautgewordene reaktive Vorgänge in der unbewussten Sphäre enthüllen die geheimen Pläne der Verfolger, theilen deren Namen mit, wobei oft ganz sinnlos zusammengeronnene Lautverbindungen die Namengebung vermitteln.

An Bedeutung zunächst stehen die Täuschungen in der Gemeingefühls- und cutanen Empfindung. Sie dominiren sogar in den Fällen hypochondrischer und hysterischer Entstehungsweise. Alle möglichen physiologischen und pathologischen Sensationen werden im Sinn der Verfolgung empfunden. Es sind Insekten, Schlangen auf der Haut, Thiere im Leib. Die Verfolger zerstören die Gesundheit mit giftigen Dünsten, Pulvern, geheimnissvollen Maschinen, sie eskamotiren Organe, treiben geschlechtlichen Unfug, Coitus u. s. w. Seltener sind Geschmacks- und Geruchstäuschungen. Sie haben ausnahmslos feindlichen unangenehmen Inhalt. Das Essen schmeckt nach Arsenik, Chloroform, Koth, das Getränk nach Urin, Alles riecht nach Fäulniss, angebrannten Federn. Die gleichzeitigen Sensationen bestärken den Kranken in der Ueberzeugung, dass es sich um Attentate auf Gesundheit und Leben handelt.

Am seltensten sind Gesichtshallucinationen. Sie treten nur episodisch auf, können ganz indifferenten Inhalts sein, werden für das Delirium nicht verwerthet. Nur in höchst seltenen Fällen kommt es zu einer schattenhaften Wahrnehmung der Verfolger.

Es ist nicht zu läugnen, dass Delirium und Hallucinationen besondere Färbung und Inhalt durch ätiologisch besonders wichtige Momente und eingreifende somatische Vorgänge erhalten.

Sind sexuelle Reizvorgänge im Spiel (Uterinleiden, Klimacterium), so ergibt sich überaus häufig ein sexueller Inhalt, insofern jene die Vorstellungssphäre unbewusst erregen oder Sensationen schaffen, die allegorische Verwerthung finden. So haben dann die Stimmen einen die Geschlechtsehre beschimpfenden Inhalt (Hure, Vorwurf der Schwangerschaft, obscöne Anträge) oder die Wahnideen drehen sich um eheliche Untreue u. dgl. In falscher Deutung bewusster Sensationen ergeben sich unzüchtige Angriffe bis zu Coitusgefühlen, Attentate auf die vermeintliche Leibesfrucht, zurückführbar

---

[1]) Eine meiner Kranken unterscheidet »Telegraphenreden« d. h. Stimmen, die aus der Ferne, undeutlich, verworren gehört werden und »Ausstaffiren« d. h. Gedankenerrathen. Was sie nur denkt, das weiss sofort die Umgebung. Ihr Knabe, mit dem sie seit 4 Jahren schwanger ist, spricht auch schon zu ihr in der Telegraphensprache.

auf krankhafte Wollustempfindungen, Hyperästhesieen in den Genital-
organen oder es bestehen auch Wahnideen physikalisch gemartert zu
werden. Die Grundlage für solche bilden paralgische Gefühle (Prickeln,
Stechen, Ziehen, hauchartige Wärmeempfindungen, electrische Durchströmungen), die als excentrische Erscheinungen krankhafter irradiirter
Erregungszustände sensibler Rückenmarksbahnen aufzufassen sind. Je
nach Bildungsgrad, Zeitalter, in welchem der Kranke lebt, werden
diese belästigenden Gefühle als Verfolgung durch Hexen, Zauberei,
Sympathie, Electricität, Magnetismus, Spiritismus etc. gedeutet. Die
Fremdartigkeit der Sensationen und der Umstand, dass die Kranken
ihrer vermeintlichen Verfolger nicht gewahr werden, begünstigen die
Abenteuerlichkeit der Interpretation. Bei sexueller Grundlage finden
sich auch häufig Geruchshallucinationen.

Die primäre Verrücktheit, wenn sie sich im Klimacterium entwickelt, setzt nicht selten acut mit massenhaften, sexuell verfolgenden
Stimmen von ganz stabilem Inhalt ein. Diese werden meist ganz aus
der Nähe gehört, gehen mit Hyperästhesie und subjectiven Empfindungen
als Zeichen abnormer Erregungsvorgänge im Gehörnerv einher und
beruhen wahrscheinlich auf lokalen Störungen der Circulation.

Bildet die Gelegenheitsursache ein gastrointestinaler Catarrh,
so findet sich meist ein hypochondrisches Incubationsstadium. Eine
Exacerbation des Catarrhs ruft den Vergiftungswahn in's Bewusstsein
und die mannichfachen Störungen, die der Catarrh mit sich bringt
(Schwindel, gestörtes Denken, Cardialgie etc.) dienen dem Wahn zur Stütze,
wozu meist auch bald Geschmackstäuschungen und Stimmen kommen.

Bei aus Masturbation[1]) und damit zusammenhängenden Genital-
und Spinalneurosen sich entwickelnder Störung gehen die Erscheinungen
der Neurasthenia cerebrospinalis (Bd. I. p. 183) vorher mit meist
hypochondrischer Färbung und Stimmungslage.

Die begleitenden Erscheinungen der Neurasthenie mit darauf
gegründeten physikalischen (electrischen) Verfolgungsideen, die, wenn
es zur Transformation kommt, aus gleicher nur molecular veränderter
Entstehungsquelle sich ergebenden angenehmen Gefühle von magneti-
schem Durchströmtsein, abnormer Leichtigkeit, Durchleuchtung des
Körpers, Verfeinerung der Empfindungsweise u. s. w. geben diesen
klinischen Bildern einen besonderen Anstrich. Dazu kommen die
überaus häufigen Geruchshallucinationen, die nicht seltenen epileptoiden
und krampfhaften Zufälle, ferner Lokalneurosen der Genitalien mit
Irradiationserscheinungen und allegorischer Wahnverwerthung. Die
Feinde treiben Masturbation mit dem Kranken, blasen Luft in die

---

[1]) Vgl. Bd. I, p. 181.

Harnröhre, ziehen, stechen an den Genitalien; von da aus treten hauchartige Empfindungen im Rückenmark, Gefühle von Verflüssigung desselben etc. auf.

Als Reaktion auf die krankhaften feindlichen Vorgänge im Bewusstsein des Kranken kommen affektartige Zustände vor. Diese können sehr lebhaft sein, aber abgesehen von zuweilen auftretenden Angstzufällen als spontanen Erscheinungen, sind sie secundäre Affekte und die natürliche, sozusagen physiologische Reaktion auf die primär durch Wahnideen entstandene Aenderung des Ich und der Beziehungen zur Aussenwelt.

In dieser primären, nicht affektiven, nicht aus einem herabgesetzten oder gehobenen Selbstgefühl erfolgenden Entstehungsweise der Wahnideen primär Verrückter liegt ein entscheidender Unterschied von der Melancholie oder Manie mit Wahnideen (Wahnsinn einiger Autoren).

Die Wahnideen können hier inhaltlich gleich sein, aber sie sind ganz verschiedenartig motivirt. Der Verrückte weiss nicht, wie er dazu kommt, verfolgt zu werden, er hat es nicht verdient; erst allmälig kommt er logischerweise dazu, sich für das Opfer einer Verschwörung zu halten u. dgl. — Der Melancholische weiss nur zu gut, warum er verfolgt wird, schimpflichem Tod entgegengeht. Er hat den Tod verdient, denn er ist ein schlechter Kerl. Seine Wahnideen sind secundäre Produkte aus affektiven Vorgängen. Sie drehen sich um ein herabgesetztes Selbstgefühl und wurzeln in einem solchen.

Auch die Handlungen des an Verfolgungswahn Leidenden sind wesentlich nur die logische natürliche Reaktion eines vermeintlich in seiner Existenz bedrohten Bewusstseins.

Bezüglich des Verhaltens der Kranken, ihrem Wahn gegenüber, lassen sich zwei bemerkenswerthe Stadien der Passivität und der Aktivität unterscheiden.

Sie verhalten sich zunächst passiv, defensiv gegenüber der wahnhaft umgestalteten Aussenwelt. Sie meiden dieselbe, verschliessen Fenster und Thüren, verstopfen die Schlüssellöcher, wechseln beständig die Wohnung; sie kochen sich selbst die Nahrung oder leben nur noch von rohen Eiern u. dgl., versehen sich mit Gegengiften, flüchten in ferne Länder, nehmen andere Namen an, um sich vor ihren Verfolgern zu schützen.

Mit der Unerträglichkeit des immer peinlicher werdenden Zustands treten sie aus ihrer passiven Rolle heraus, aber bevor sie gemeingefährlich werden, geben sie gewöhnlich Nothsignale und Allarmzeichen des bevorstehenden Sturmes, die leider nur zu häufig unbeachtet bleiben.

Sie drohen ihren vermeintlichen Verfolgern, rufen auch wohl die

Gerichte um Schutz an, bis sie mit dem Misserfolg dieser Schritte zur traurigen Ueberzeugung kommen, dass sie auf Selbsthilfe angewiesen sind und sich im Stand der Nothwehr befinden.

In diesem Stadium ist der Kranke äusserst gefährlich. Hallucinationen, Affcktillusionen, oft eine vermeintlich verdächtige Miene, ein Zischeln, eine verdächtige Geberde signalisiren ihm eine drohende Lebensgefahr und führen zu Mordthaten, die das Gepräge einer vermeintlich berechtigten Nothwehr an sich tragen.

Die Kranken dieser Gruppe morden nie heimlich; am hellen Tage vielmehr, vor Zeugen, schlachten sie ihre Opfer ab. Sie verhehlen nicht ihre Motive, sie freuen und rühmen sich ihrer gelungenen That. Zuweilen geschieht es auch, dass sie auf eine ganz gleichgiltige Person ein Attentat machen, irgend eine gesetzwidrige Handlung ausführen, nur um Gelegenheit vor Gericht zur Enthüllung zu bekommen, wie schändlich sie verfolgt und von der Behörde im Stich gelassen waren. Zuweilen schreiten sie auch zum Selbstmord, um der unerträglichen Verfolgungsqual ein Ende zu machen.

Der Zustand des Kranken geht direkt in ein terminales psychisches Schwächestadium über oder es tritt vorher eine Transformation des Delirs ein.

Die bisher unterdrückten verfolgten Kranken werden Fürsten, Kaiser, Propheten, Gott, Messias, Weltregierer, Himmelskönigin.

Diese interessante Umwandlung der Persönlichkeit findet sich in mindestens einem Drittel der Fälle und soweit meine bisherige Erfahrung reicht, ausschliesslich bei originär veranlagten, fast immer hereditären Fällen.

Schon Morel hat diese Thatsache gekannt und beschrieben, jedoch auf eine hypochondrische Grundlage zu grosses Gewicht gelegt.

Die Gesetzmässigkeit des Vorgangs ist wohl zweifellos, seine Begründung aber vorläufig nicht zu geben.

Einer organischen Grundlage entbehren wohl nie diese Transformationsvorgänge.

Die Transformation kann plötzlich mit einem Schlag eintreten — hier finden sich nicht selten zu Grunde liegende geänderte Gefühle (magnetischer Durchströmung — geänderte moleculäre Zustände im Centralorgan?) oder auch Bewusstseinszustände, in denen der Kranke sich todt fühlt und plötzlich zu neuem Leben und zugleich transformirt erwacht. In anderen Fällen geht die Transformation in einem Stupor oder ecstaseartigen Zustand, einem traumartigen Halbschlaf, einem hysterischen Delirium vor sich. Häufiger erfolgt die Transformation langsam, durch ein ähnliches Incubationsstadium, wie es die Periode des Verfolgungswahns einleitete.

Der Kranke merkt, dass ihn die Leute bedeutsam ansehen, eine hohe Person liess vor ihm auf der Strasse die Equipage halten, in den Zeitungen finden sich Anspielungen von hoher Geburt, die Passanten und Leute im Hause begegnen ihm respektvoll, er hört aus ihren Reden heraus, dass er ein Cavalier sei, ein grosses Vermögen für ihn bereit liege.

Die unbewusste Seelenthätigkeit spinnt den Faden weiter. In Traumbildern tritt der Wahn zunächst zu Tage, da wird dem Kranken der Adelsbrief gezeigt, werden Reminiscenzen aus gelegentlichen Delirien und Romanen verwoben.

Endlich tritt der Wahn als fertige Thatsache in's Bewusstsein, direkt oder durch Hallucinationen, die die Vaterschaft eines regierenden Fürsten oder die Kindschaft Gottes verkündigen.

Nun werden dem Kranken alle geheimnissvollen früheren Begebnisse erklärlich. In seiner kritiklosen Auffassung verwerthet er vermeintliche Portraitähnlichkeit mit vornehmen Personen, zufällige Begegnung solcher sofort als unumstössliche Beweise hoher Abstammung.

Ueberraschend congruent sind auch hier die Delirien. Gewöhnlich ist der Kranke ein Fürstenkind, nur das Adoptivkind seiner Eltern, die seine Pflegeeltern waren (Sander). Zu ganz typischen Romanen von Geraubtsein in frühster Jugend aus väterlichem fürstlichem Schlosse durch Räuber, Zigeuner etc. spinnt sich der Wahn aus. Nun ist dem Kranken auch die frühere vermeintliche, schon als Kind peinlich empfundene Zurücksetzung gegenüber den „Geschwistern" erklärlich. Auch mit dem bisherigen Verfolgungswahn wird eine logische Verknüpfung gefunden. Der Kranke weiss nun, warum seine Feinde ein Interesse daran hatten, ihn als Thron-Prätendenten aus dem Wege zu räumen oder er fasst alle vorausgegangenen Verfolgungen als ein Stadium der Läuterung, Prüfung auf, das für seinen Messiasberuf erforderlich war. In dem dominirenden Grössendelirium finden sich in der Folge noch episodisch Verfolgungsdelirien. Die beiden Reihen von Primordialdelir lösen sich ab, gehen nebeneinander her, treten auch wohl zeitweise ganz zurück. Endlich stellt sich auch hier ein terminales Schwächestadium ein.

In diagnostischer Beziehung ist charakteristisch gegenüber einer aus Manie etwa entwickelten secundären Verrücktheit die bunte Mischung von Grössen- und Verfolgungswahn, die leidlich erhaltene Intelligenz, die Stabilität des Zustands, der romanhafte Inhalt der Wahnideen.

Gegenüber anderen Grössendelirien, wie sie z. B. nicht minder märchenhaft in der Paralyse vorkommen, ist der stabile und systematische Charakter der Wahnideen des Verrückten hervorzuheben.

Die Therapie dieser Form der Verrücktheit ist nicht ganz ohne Erfolg. Bei sexuellen Reizzuständen und darauf beruhenden paralgischen, hallucinatorischen und deliranten Erscheinungen ist Bromkali in grossen Dosen von Nutzen, desgleichen bei aus Masturbation entstandener Verrücktheit, hier zugleich in Verbindung mit Hydrotherapie, constantem Strom und roborirendem Regime.

Unterstützend wirkt die subcutane Anwendung von Morphium, das namentlich bei paralgischen Sensationen und darauf beruhenden Wahnideen, ferner bei vorwiegend in Hallucinationen sich abspielender Form der Verrücktheit (so häufig im Klimacterium) nicht bloss die Leiden der Kranken mildert, sondern auch zuweilen die Genesung anbahnt.

In den vorgeschrittenen Stadien des Leidens ist die Irrenanstalt mit ihrem psychischen Apparat, der Ablenkung durch Arbeit wichtig, um die Kranken vor einem Untergehen in ihren Träumereien zu bewahren und zugleich ein Asyl, in dem sie vor dem Spott der Aussenwelt sicher sind und Gelegenheit haben, ihre oft noch recht schätzbaren geistigen Fähigkeiten zu bethätigen.

Als einer Unterform der primären persecutorischen Verrücktheit ist noch zu erwähnen

Das Irresein der Querulanten und Processkrämer [1].

Es unterscheidet sich nur insofern von der Grundform, als rechtliche und nicht vitale Interessen in der Meinung des Kranken gefährdet sind, wirkliche Begebenheiten und nicht eingebildete den Ausgangspunkt des Deliriums bilden und der Kranke früh schon in der aktiven Rolle des Angreifers, nicht in der des Angegriffenen auftritt. Nicht selten treten jedoch in diesem Querulantenirresein auch die gewöhnlichen Delirien des Verfolgungswahns episodisch auf, zuweilen nimmt es selbst seinen Ausgang in diesen, wobei es dann noch zu Transformation kommen kann.

Die dem Querulantenirresein anheimfallenden Leute sind durchweg belastete und meist erblich veranlagte, mit somatischen (Schädelanomalieen) Degenerationszeichen und früh und constant sich zeigenden psychischen Anomalieen und Defekten behaftete Menschen. Der grellste und wichtigste Defekt ist eine ethische Verkümmerung, die sie trotz

[1] s. d. Aufsatz d. Verf. Allg. Zeitschr. f. Psych. 35 mit Angabe der vollständigen Literatur.

allem „Rechtsbewusstsein" nie zu einer tieferen sittlichen Auffassung
des Rechts gelangen lässt. Dieses erscheint ihnen in seiner formalen
Verwerthung nur als Mittel, als legale Waffe zur Erreichung egoistischer
Zwecke.

Aus dem gleichen ethischen Defekt ergibt sich früh ein mass-
loser Egoismus, der die Rechtssphäre Anderer missachtet, die eigene
beständig vorzuschieben geneigt ist und auf eine wirkliche oder vermeintliche Verletzung der eigenen Interessensphäre in heftigster Weise
reagirt.

Die Candidaten dieser Störungsform fallen schon früh durch ihren
Eigensinn, Jähzorn, ihre brutale Rechthaberei und masslose Selbst-
überschätzung auf und gerathen durch diese schlimmen Charakter-
eigenschaften fortwährend mit der Umgebung in Conflict. Meist ist
auch die intellectuelle Anlage unter dem Durchschnittsmittel. Aber
auch da wo einzelne geistige Fähigkeiten bestechend hervortreten,
fehlt nicht eine auffällig verschrobene, trotz scheinbarer Schärfe der
Schlüsse, bedenkliche Lapsus verrathende Logik, die nur zu leicht in
Rabulisterei ausartet. Häufig ist auch die Reproduktionstreue mangel-
haft und gibt die Thatsachen entstellt im Bewusstsein wieder.

Unzählige derartige Individuen verbleiben auf dieser Stufe einer
originären Charakteranomalie und sind eine Geisel für ihre Mitmenschen
als Rabulisten und Processer. Bei vielen besteht eine förmliche
Processlust.

Die Gelegenheitsursache zur wirklichen Krankheit bildet auf dieser
Grundlage irgend ein Rechtsstreit, in welchem solche Processer unter-
legen sind, oder auch die blosse Versagung vermeintlich berechtigter,
in Wirklichkeit aber unverschämter Ansprüche. Nicht aus lebhaftem
Rechtsgefühl, wie man vielfach annahm, sondern aus vermöge ihrer
ethischen und intellectuellen Verkümmerung fehlendem Unrechtsgefühl
gerathen solche Menschen über die vermeintliche Kränkung in eine
leidenschaftliche gereizte Stimmung, verlieren rasch die Besonnenheit,
haben nur noch ein Ziel, die Wiederherstellung ihrer vermeintlich
gekränkten Rechte. Hinter dieser Aufgabe bleiben Beruf, Familien-
pflichten und Wohlstand des Hauses zurück.

Nach einiger Zeit verlassen sie den Schmollwinkel, in den sie
sich, brütend über ihre Niederlage und zerfallen mit der Welt, zurück-
gezogen hatten. Vertrauend in ihrem krankhaften Selbstgefühl auf
die eigene Kraft, und ohne Vertrauen zu den Advokaten bei ihrem
krankhaften Misstrauen, haben sie sich inzwischen selbst die Kenntniss
des Gesetzes und der Rechtsmittel angeeignet. Ausgerüstet mit diesen
Waffen, beschreiten sie nun die Bahn des Processes, verfassen Klage-
schriften, recurriren in allen Instanzen.

Noch ist ein gewisser Rest von Besonnenheit vorhanden, noch wird die leidenschaftliche Erregung einigermassen beherrscht, die Sprache im Zaum gehalten. Mit fortgesetzter Erfolglosigkeit ihrer Bemühungen und den damit verbundenen Demüthigungen werden sie immer verbissener, einsichtsloser, des letzten Restes ihrer Besonnenheit verlustig. Der Zustand, welcher bisher noch als Leidenschaft einer psychologisirenden Betrachtung gegenüber passiren konnte, wird immer mehr zur deutlichen psychischen Krankheit, die keine Einsicht, keine Rücksicht und Vernunft mehr kennt. Statt zu erkennen, dass ihre Sache erfolglos, weil sie eine ungerechte war, suchen die Kranken bei ihrem Misstrauen die Ursache ihres Misserfolgs in der Parteilichkeit, Bestechlichkeit der Richter, und in harmlosen Begebnissen finden sie Beweise für diese immer mehr sich befestigende Ueberzeugung. Nun fallen die letzten Rücksichten für diese Kranken. Ihre immer voluminöser werdenden Recurse, Eingaben, Denunciationen strotzen von Invektiven und Amtsehrenbeleidigungen und nöthigen zu gerichtlicher Massregelung, die den leidenschaftlichen Zustand der Kranken verschlimmert.

Sie fühlen sich nun als Märtyrer und Betrogene, der ganze Rechtshandel war nur eine der Justiz unwürdige Komödie. Mit wahnsinnig consequenter Halsstarrigkeit, mit rabulistischer Logik und unverschämter Frechheit bestreiten dann solche Menschen nicht bloss die Gerechtigkeit, sondern sogar die Rechtskraft der gegen sie erflossenen Urtheile. Sie weigern Geldstrafe, Entschädigung, Steuer, vergreifen sich an den Executoren, erklären die Richter bis hinauf zu den höchsten Beamten des Staats für Diebe, Schurken, Meineidige. Sie fühlen sich im Kriegszustand gegenüber dem elenden Recht und seinen schlechten Vertretern, als Vorkämpfer für Recht und Sittlichkeit, als Märtyrer gegenüber der brutalen Gewalt. — Sie werfen sich nicht selten zu Beschützern und Winkeladvokaten für andere „Unterdrückte" auf, wie jener von Buchner (Friedreich's Bl. 1870 p. 263) begutachtete Querulant, der mit einigen Gleichgesinnten einen „Verein der Unterdrückten", d. h. zum Schutz Derer, die vor Gericht Unrecht bekamen, gründete und die Constituirung dieses Vereins dem König notificirte. Lange werden gewöhnlich solche Kranke von den Laien verkannt und gemassregelt, denn trotz aller Einsichtslosigkeit für das Thörichte und Unziemliche ihrer Handlungsweise besitzen sie eine bemerkenswerthe Dialektik und Rechtskenntniss, sind sie treffliche Sachverwalter ihrer leider nur wahnsinnigen Sache. Da sie, kaum bestraft, dasselbe Vergehen, meist Amtsehrenbeleidigung, sich wieder zu Schulden kommen lassen, erscheinen sie als verstockte Bösewichter, bei denen Erschwerungs- und Strafschärfungsgründe vorliegen, während ihr consequentes unbeugsames Verhalten doch nur die natürliche nothwendige Folge ihrer Krankheit ist.

So greift die für solche Kranke nöthige und heilsame Massregel
der Entmündigung und Internirung in einer Irrenanstalt leider erst
Platz, nachdem sie Hab und Gut verprocesst, endlos die Gerichte be-
helligt, die öffentliche Ordnung gestört, die Achtung vor dem Gesetz
untergraben, ihre Angehörigen (wie so häufig) mit ihrem Wahn an-
gesteckt, ja selbst blutig sich an ihren Feinden gerächt haben.

b. **Die primäre Verrücktheit mit Wahnideen geförderter Interessen (Grössenwahn).**

Die religiöse Verrücktheit [1].

Unter den Zuständen primärer Verrücktheit mit expansivem Inhalt der Wahnvorstellungen spielt die religiöse social und pathologisch
eine nicht geringe Rolle.

Das Vorleben dieser Kranken lässt eine Disposition zu psychischen
Krankheiten überhaupt, speciell zu dieser Form deutlich erkennen.
Vielfach ist die folgende Krankheit nur die progressive Fortentwicklung einer ab ovo verschrobenen religiös excessiven Charakterrichtung,
gleichsam eine „Hypertrophie des Charakters".

Fast immer sind die Repräsentanten dieser Störungsgruppe von
Hause aus Schwachsinnige, deren beschränkter Sinn den ethischen
Kern der Religion nicht zu fassen vermag, in der formalen glänzenden
Aussenseite des religiösen Cultus aufgeht und mit der geistigen Be-
schränktheit und Faulheit des Schwachsinnigen einseitig auf die Erfüllung missverstandener religiöser Vorschriften sich wirft. So steigert
sich die von Hause aus bestehende excessive einseitige Richtung immer
mehr; nicht geringen Einfluss haben auf solche schwachsinnige Gemüther auch beredte Missionäre und zelotische Priester überhaupt,
die das Leiden der Kirche, die Angriffe ihrer Widersacher, Himmel
und Hölle mit allzu grellen Farben malen und dadurch aufregen und
verwirren.

Zuweilen sind es auch Schicksalsschläge, die religiöse Gemüther
nun ganz der Religion in die Arme treiben und der Welt materieller
Interessen entrücken. In seltenen Fällen entwickelt sich diese Störungsform aus gehäuften hysterisch-ecstatischen Zuständen oder bei Epileptikern aus den religiösen Delirien solcher Kranken.

Bei vielen später der religiösen Verrücktheit anheimfallenden

---

[1] Marc, Geisteskrankheiten, übersetzt v. Ideler. II, p. 153; Ideler, Lehrbuch
d. ger. Psych. p. 148; Derselbe, d. relig. Wahnsinn. Halle 1847; Damerow, Allg.
Zeitschr. f. Psych. 7. p. 375; Dagonet, traité p. 278; Ideler, Versuch einer Theorie
d. relig. Wahnsinns, 1859; Calmeil, de la folie, t. I; Morel, traité de la méd. légale,
p. 94; Maudsley, übers. v. Böhm, p. 218; Spielmann, Diagnostik, p. 220; Dardel,
Gaz. des hôp. 1862. 111.

Kranken zeigen sich schon in der Pubertätszeit psychische Erregungszustände, die sich als religiöse Begeisterung, Drang geistlich zu werden, in's Kloster zu gehen, zu wallfahrten etc. kundgeben und gelegentlich auch wohl mit Visionen himmlischer Personen verbinden.

Das Incubationsstadium dieses Krankheitszustandes kann sich Monate bis Jahre lang hinziehen. Bei weiblichen Individuen beobachtet man vielfach chlorotische Erscheinungen, Hysterismus, Menstrualstörungen als Zeichen körperlichen Leidens, bei männlichen Individuen hypochondrische Anwandlungen. Bei beiden Geschlechtern zeigen sich häufig Anomalieen des Geschlechtstriebs, insofern dieser krankhaft stark und früh rege wird und zu Masturbation verleitet.

Die Candidaten der religiösen Verrücktheit sind in jenem Stadium arbeitsunlustig, in Gedanken verloren, sie lesen mit Vorliebe die heil. Schrift und religiöse Traktätchen, treiben sich auf Wallfahrten und Missionen herum, vernachlässigen ihre socialen Pflichten. Mit der zeitweise sich deutlich steigernden religiösen Exaltation (bei Weibern immer zur Zeit der Menses) gehen regelmässig Erscheinungen von Erotismus einher, die sich zum Theil in Onanie und geschlechtlicher Vermischung oder in einer Art geistlicher Buhlerei, Schwärmen für einzelne Geistliche, Heilige etc. mehr oder weniger deutlich kundgeben.

Den Ausbruch der eigentlichen Krankheit vermitteln körperlich schwächende Momente, seien sie durch acute Erkrankungen oder weitgetriebene sexuelle Excesse oder durch Inanition in Folge von Bussen und Fasten bedingt. Psychische veranlassende Momente sind getäuschte Liebeshoffnungen, schwere Schicksalsschläge, oder auch fulminante Kanzelreden und Missionsandachten, die Gewissensskrupel hervorrufen oder die Erlangung der ewigen Seligkeit zweifelhaft erscheinen lassen.

Den Beginn der Krankheit bezeichnet das Eintreten von Hallucinationen als Theilerscheinung eines psychischen Erregungszustandes, der sich bis zur Eestase steigern kann und mit Schlaflosigkeit einhergeht.

Sublime Gefühle der Durchdringung des sündhaften Leibes mit dem göttlichen Hauch kommen in diesen Zuständen zum Bewusstsein und entrücken das Individuum den irdischen Interessen und Sorgen. Ein Gefühl der Verklärung kommt über die Kranken, als ob der heil. Geist über sie ausgegossen wäre — bei Weibern finden sich gleichzeitig sehr häufig Gefühle sexueller Erregung bis zu Coitusgefühlen, die in späteren Wahnideen Gottesgebärerin zu sein ihre Verwerthung finden. In diesen Ecstasezuständen kann es bis zu kataleptischen Erscheinungen kommen.

Die Hallucinationen sind anfänglich bloss Visionen — die Kranken sehen den Himmel offen, die Mutter Gottes lächelt ihnen lieblich zu,

die Wunder der Apokalypse werden ihnen geoffenbart, sie sehen sich
von überirdischem Glanz umflossen u. dgl. Später, mit der Wiederkehr
dieser hallucinatorischen, ecstascartigen Verzückungen hören sie auch
Stimmen: „dieser ist mein geliebter Sohn", Prophezeiungen, Ver-
heissungen, Aufforderungen den Beruf des Propheten etc. anzutreten.
Solche Hallucinationen dauern bis in die späten Stadien des Krankheitsprocesses fort. Askese, Masturbation sind Momente, unter deren
Einfluss sie jederzeit besonders lebhaft wieder auftreten. Das Produkt
dieser pathologischen Vorgänge sind zunächst Wahnideen — bei männlichen Personen als Kern des Ganzen der Wahn Welterlöser, bei weiblichen der Gottesgebärerin zu sein.

Sie bilden sich überraschend schnell aus, indem die meist originär
verschrobene Persönlichkeit rasch den letzten Rest ihrer Besonnenheit
verliert. Die geringfügige Opposition, welche hier noch stattfindet,
wird als Anfechtung des Teufels empfunden und bald siegreich überwunden.

So lange der Wahn frisch ist, von Affekten getragen und durch
Hallucinationen unterhalten wird, sind solche Kranke geneigt, ihm
gemäss zu handeln, sei es in der harmlosen Rolle des Predigers in der
Wüste, des Weltreformators und Erlösers, wobei sie sich bloss lächerlich
und unmöglich in der Gesellschaft machen, oder in der bedenklicheren
Rolle des Gottesstreiters, dem es nicht darauf ankommt, in majorem
dei gloriam, gleich gewissen physiologischen(?) Fanatikern vergangener
Zeiten mit Feuer und Schwert gegen Ungläubige zu wüthen.

Wie bei der primären Verrücktheit mit depressivem persecu-
torischem Inhalt lassen sich auch bei der expansiven religiösen im
Allgemeinen zwei Krankheitsstadien unterscheiden, ein erstes der Passivität, in welchem der Kranke sich einfach beobachtend und receptiv
den in ihm aufkeimenden sublimen Gefühlen und den Hallucinationen
gegenüber verhält, und ein Stadium der Aktivität, in welchem der
fertige Wahn sich geltend zu machen sucht und damit mit der realen
Welt in Conflict geräth.

Bemerkenswerth im Verlauf der Krankheit dieser Weltreformatoren,
Messiasse und Mütter Gottes sind neben Zeiten der Begeisterung bis
zur Ecstase Paroxysmen tiefster Zerknirschung und Herabsetzung des
Selbstgefühls, Perioden des Zweifels an der Würdigkeit zum göttlichen
Beruf, des Gefühls der Sündhaftigkeit, des Bedürfnisses der Läuterung
und Busse, in welchen die Kranken die Nahrung verweigern, sich
Stillschweigen auferlegen, die grösste Askese bis zur Selbstverstümmelung treiben, auf Grund von Präcordialangst und diabolischen Visionen
sich wohl selbst vom Teufel bedroht wähnen. In der Regel gehen
diese dämonomanischen Anfechtungen bald vorüber und die fortgesetzte

Askese und religiöse Concentration bringt bald wieder die himmlischen Visionen hervor.

Der fernere Verlauf des Leidens ist ein gleichförmiger bei allen Fällen. Da solche Individuen in der bürgerlichen Gesellschaft sich nicht halten können, so hat man vielfach Gelegenheit die Ausgänge des Leidens in Irrenhäusern zu studiren. Im günstigen Falle wird durch die Isolirung in einer Irrenanstalt, bei welcher namentlich auf die Entziehung aller Gegenstände des Cultus und der Gelegenheit zu religiösen Uebungen gedacht werden muss, die religiöse Exaltation zum Rückgang gebracht, der Kranke ernüchtert und mit dem Aufhören der Hallucinationen die Störung auf das frühere Niveau einer religiösen Verschrobenheit zurückgeführt. Die Disposition zum Wiederausbruch der Störung durch psychische und somatische Gelegenheitsursachen dauert fort. Kommen solche Kranke in Anstalten und genesen sie nicht, so erscheint ihnen die Anstalt mit ihrer Freiheitsberaubung bald als ein Ort des Martyriums, der Prüfung etc., sie gefallen sich in der Rolle eines vornehmen faulen Märtyrerthums, in welchem sie sich mit ihren glänzenden durch Hallucinationen unterhaltenen Ideen künftiger Antretung ihres Messiasberufs, noch nicht erfüllter Zeit etc., trösten.

Anfangs stören derartige Patienten noch ab und zu die Ruhe durch Proselytenmacherei, Ausbrüche von Fanatismus gegen die unheilige Umgebung, später werden sie ruhige ja zuweilen (bei genügend abgeblasstem Wahn) fleissige Bewohner der Anstalt.

In ihren depressiven Paroxysmen, wo sie im Kampfe mit teuflischen Anfechtungen liegen, Busse und Kasteiung üben, ist Nahrungsverweigerung eine gewöhnliche aber selten zur Zwangsfütterung nöthigende Massregel.

Gefährlich sind solche Kranke immer sich selbst durch aus eignem Antrieb oder auf göttlichen Befehl unternommene Selbstverstümmelung bis zur Kreuzigung (Mathieu Lovat). Anderen sind sie gefährlich durch Handlungen des Fanatismus, von Gott empfangene Befehle, missverstandene verrückte Auslegung von Bibelstellen.

Der Ausgang der religiösen Verrücktheit sind psychische Schwächezustände, in welchen der Wahn nur noch als Phrase für den Kranken existirt und nicht mehr durch Hallucinationen oder ecstatische Gefühlsdurchströmungen angeregt und getragen wird.

Ein Ausgang in vollständigen apathischen Blödsinn kommt auch bei dieser Varietät der primären Verrücktheit nicht vor.

Die erotische Verrücktheit (Erotomanie [1]).

Eine noch wenig studirte und auch im Verhältniss zu den übrigen seltene Varietät der primären Verrücktheit stellt die erotische dar.

In allen Fällen meiner Beobachtung handelte es sich um originär verschrobene Individuen, deren abnorme psychische Artung auf hereditär belastende Einflüsse oder auf eine infantile Hirnerkrankung zurückgeführt werden konnte.

Der Kern der ganzen Störung ist der Wahn, von einer Person des anderen Geschlechts, die regelmässig einer höheren Gesellschaftsklasse angehört, ausgezeichnet und geliebt zu sein. Die Liebe zu dieser Person ist, was bemerkt zu werden verdient, eine romanhafte, überschwängliche, aber durchaus platonische. Diese Kranken erinnern in dieser Hinsicht an die fahrenden Ritter und Minstrels längstvergangener Zeiten, die Cervantes in seinem Don Quixote so treffend gegeiselt hat.

Sie zeigten früh ein scheues, gesellschaftlich linkisches Wesen, das besonders im Verkehr mit dem anderen Geschlecht zu Tage trat. Lebhafte Aeusserungen eines Geschlechtstriebs, der auf sinnliche Befriedigung ausgeht, sucht man bei diesen Kranken vergebens. Bei den männlichen Kranken (die Mehrzahl) meiner Beobachtung fanden sich sogar Andeutungen von fehlendem oder perversem Geschlechtstrieb, der dann durch Masturbation Befriedigung fand.

Die anomale Charakterbeschaffenheit gibt sich früh in einer weichlich sentimentalen Gefühlsrichtung zu erkennen. Früh, mindestens schon in der Pubertätszeit zeigen sich Spuren des späteren Primordialdelirs, insofern derartige Menschen sich ein Ideal schaffen, für das sie nun schwärmen oder sie verlieben sich in ein — meist älteres — Frauenzimmer, das sie nie oder nur einmal flüchtig gesehen haben (Sander). Dabei ein träumerisch schlaffes, energieloses Wesen, weltschmerzliche, vielfach auch hypochondrische Anwandlungen. In Träumen und Träumereien des wachen Lebens spinnt sich der Liebesroman weiter. Reminiscenzen aus Märchenlektüre, Traumbilder geben ihm Nahrung.

Eines Tags erblicken sie in einer gesellschaftlich höherstehenden Person des anderen Geschlechts die Verkörperung des Ideals.

Damit beginnt das Incubationsstadium der eigentlichen Krankheit. In Blicken, Geberden der betreffenden Person bemerken sie, dass sie ihr nicht gleichgiltig sind. Ueberraschend schnell geht die Besonnenheit verloren. Die harmlosesten Begebnisse sind für sie Zeichen der Liebe und der Aufmunterung sich zu nähern. Selbst Inserate in der Zeitung, die Andere betreffen, gehen von jener

---

[1] Marc, d. Geisteskrankht. übers. v. Ideler. II, p. 128; Dagonet, traité, p. 284.

Person aus. Schliesslich kommt es zu Hallucinationen. Sie treten in einen hallucinatorischen Rapport mit dem Gegenstand ihrer Liebe. Daneben bestehen Illusionen. Die Gespräche der Umgebung enthalten auf die Liebesaffaire bezügliche Mittheilungen. Der Kranke fühlt sich beglückt und gehoben in seinem Selbstgefühl. Nicht selten kommt es zu weiteren Primordialdelirien der Grösse, namentlich wenn der Gegenstand der Verehrung einen hohen Rang einnimmt, und dadurch werden gesellschaftliche Rangunterschiede ausgeglichen.

Endlich compromittirt sich der Kranke, indem er seinem Wahn gemäss handelt und wird nun lächerlich und unmöglich in der Gesellschaft. Die dadurch nothwendige Internirung in einer Anstalt oder die gehinderte Geltendmachung der Liebe führen nicht selten zu Primordialdelirien der Persecution, die aber nur eine nebensächliche episodische Bedeutung haben.

Das Leiden bewegt sich auch hier in Exacerbationen und Remissionen, insofern die Hallucinationen temporär den Wahn lebhaft anklingen lassen oder schweigen und dann der Wahn zurücktritt. Auch Intermissionen kommen vor. Eine Genesung habe ich nicht beobachtet.

2. Die primäre Verrücktheit in Zwangsvorstellungen [1]).

Gegenüber der in inhaltlichen Störungen des Vorstellens (Wahnideen) sich bewegenden Form dieser Krankheit erscheinen hier blosse formale Störungen des Vorstellens (Zwangsvorstellungen).

Die Berechtigung zur Einrechnung dieser Störungsform unter die der Verrücktheit ergibt sich aus dem echt constitutionellen, damit dauernden und im grossen Ganzen stationären, jedenfalls nicht zu psychischen Schwächezuständen vorschreitenden Charakter der Krankheit. Auch hier entwickeln sich die Zwangsvorstellungen primär d. h. jeder affektiven Grundlage entbehrend, aus der Tiefe des unbewussten Seelenlebens heraus. Gerade wie die primordialen Wahnideen der anderen Form stehen auch sie überraschend, störend, fremdartig dem bewussten Vorstellungsleben gegenüber.

Die zwingende überwältigende Bedeutung beider Anomalieen für das Bewusstsein ist die gleiche, ein Unterschied ist nur darin begründet, dass die Wahnideen vom Bewusstsein hingenommen und assimilirt werden, während die Zwangsvorstellungen, in der Regel

---

[1]) s. Band I, p. 54; f. Griesinger, Archiv f. Psych. I, p. 626; Berger, ebenda VI, H. 1, VIII, H. 3; Discussion der Berlin. med. psychol. Gesellschaft, ebenda VIII, H. 3; v. Krafft, Allg. Zeitschr. f. Psych. 35; Salomon, Archiv f. Psych. VIII, H. 3, p. 722.

wenigstens, jenem dauernd als krankhafte Erscheinungen und störende
Eindringlinge gegenüberstehen.

Die Träger dieses peinlichen Krankheitszustands sind meist erblich belastete Individuen von neuropathischer Constitution, die besonders
häufig in der speciellen Form einer hysterischen oder hypochondrischen
Neurose auftritt. Sehr selten geben durch schwächende Momente (geistige
Ueberanstrengung, Typhus, Onanie) erworbene neuropathische Zustände die Disposition zur Entwicklung des Leidens ab.

Auf originär belasteter Basis datirt sein Beginn meist aus der
Zeit der Pubertät oder schon vor dieser. Ueberwiegend häufig (unter 9
reinen Fällen meiner Beobachtung 8 Mal) befällt die Krankheit weibliche Individuen.

Der Beginn des Leidens ist ein plötzlicher. Mitten aus geistigem
Wohlbefinden heraus überfallen die Kranken gar nicht zur Sache gehörige, von keinem Affekt hervorgerufene oder getragene Gedanken,
die mit krankhafter Intensität und Dauer, aller Willensenergie des
Kranken zum Trotz, im Bewusstsein verharren, bis sie spontan zurücktreten. Der Kranke hat dann vorläufig Ruhe oder ein neuer fixer
lästiger Gedankenkreis tritt an die Stelle des verschwundenen.

Das erste Auftreten der Zwangsvorstellungen fällt gewöhnlich
mit einem die Erregbarkeit steigernden somatischen (Menses, schlaflose Nacht, körperliche Indisposition) oder psychischen (Gemüthsbewegung, Erwartungsaffekt) Moment zusammen. Direkt aus einem
Affekt lässt sich die Störung indessen nicht herleiten. Die Zwangsvorstellung erscheint als eine ganz unerklärliche Projektion aus der
Tiefe des unbewussten Seelenlebens, höchstens dass sie an eine Sinneswahrnehmung, an das Wort einer Lektüre oder eines Gebets anknüpft.

In zahlreichen Fällen überfallen den Kranken zunächst Zwangsvorstellungen religiösen Inhalts — was ist Gott? gibt es einen Gott?
wie ist die Ewigkeit beschaffen? wie lässt sich der Begriff der Drei-
einigkeit in einer Person vereinigen? — oder metaphysische Probleme
— wie ist der Mensch entstanden, wie die Welt? In anderen Fällen
knüpft sich an jede Sinneswahrnehmung die Frage nach dem „Warum"
der Erscheinungen, oder an den Anblick eines Messers reiht sich die
Vorstellung: was würde geschehen, wenn du dir damit den Hals ab-
schneiden würdest oder deinem Kind u. s. w.? oder die Nachricht
von einem Mord, Selbstmord bleibt als bezügliche Vorstellung haften.
In wieder anderen Fällen drängt sich bei einer alltäglichen Beschäftigung der Gedanke auf, ob sie richtig besorgt ist, ein Brief z. B. richtig geschrieben, eine Summe Geldes richtig gezählt, eine Thür auch
wirklich geschlossen, das Licht auch gelöscht ist u. s. w. Oder es
passirt beim Gebet, dass plötzlich die contrastirende Vorstellung „ver-

flucht" statt „geheiligt", „Hölle" statt „Himmel", „wilde Sau" statt
„liebe Frau" auftaucht und beharrlich immer wiederkehrt. Charakteristisch ist nun der Zwang, mit welchem die betreffende Vorstellung
im Bewusstsein sich geltend macht und die Leichtigkeit, mit welcher
die fernstliegenden Wahrnehmungen und Vorstellungen beständig die
Zwangsvorstellung wieder hervorrufen.

Der Kranke muss trotz aller Lucidität, trotz der Einsicht in das
Krankhafte des Vorgangs und der Nutzlosigkeit und Peinlichkeit des
Denkzwangs beständig grübeln, fragen, nachsehen, sich vergewissern, das
Ereigniss sich vergegenwärtigen, die Möglichkeit erwägen, nach dem
richtigen Wort im Gebet ringen u. s. w., aber je mehr er seine
Willensenergie aufbietet, um den peinlichen Gedanken zu bannen, um
so mächtiger wird dieser.

Nun ist es um die Ruhe des Kranken geschehen, es kömmt zu
heftiger reaktiver Angst bis zu Verzweiflungsausbrüchen und nervösen
Krisen. Diese Affekte sind bedingt: theils durch die formale Störung
des Vorstellens an sich, theils durch den peinlichen, z. B. sakrilegischen
Inhalt der Zwangsvorstellung, namentlich aber durch den früh sich
einstellenden Zwang im Sinne der treibenden Vorstellung zu handeln,
die zudem noch einen gefährlichen Inhalt für das eigene oder fremde
Leben haben kann.

Selten geschieht es indessen, dass der Kranke zum Selbstmörder
oder Mörder wird. Meist beschränken sich die Zwangshandlungen der
Kranken auf harmlose Akte.

In vielen Fällen kommt es im Verlauf zu weiteren, oft ganz
typischen Zwangsvorstellungen der Verunreinigung durch Schmutz, Gift.
Der Anblick eines Hundes erweckt die Zwangsvorstellung „Wuth-
gift, Hundswuth", der eines Kupfergeschirres oder einer metallenen
Thürklinke die Vorstellung „Grünspahn". Der Kranke ist vergiftet,
theilt der Familie das Gift mit, Alle sind vergiftet. Als Reaktion auf
derartige Zwangsvorstellungen erscheint dann Angst vor Berührung
bis zur Unfähigkeit und Bedürfniss beständigen Waschens und
Putzens.

Wie aus dieser Darstellung hervorgeht können die Zwangsvorstellungen andauernd mit geringfügigen Varianten dieselben sein oder
in ihrem Inhalt wechseln.

In zahlreichen Fällen sind sie bei den verschiedensten Individuen
typisch congruent und erinnern insofern an die primordialen Wahnideen der anderen Classe der Verrückten. Hier finden sich dann ganz
besonders häufig zuerst Zwang zum Grübeln, meist über religiöse und
metaphysische Dinge, später Berührungsfurcht. Es ist immerhin gerechtfertigt solche typische Fälle als eigenes Krankheitsbild (folie du

doute avec délire du toucher — Legrand du Saulle) innerhalb der ganzen Gruppe hinzustellen:

Für die Erklärung dieser interessanten psychischen Störung sind funktionell geltend zu machen:

1. Eine krankhafte, meist originäre psychische Erregbarkeit durch innere organische und äussere sinnliche Reize.

2. Eine Steigerung der Phantasie, die Nachbildern gleich, ein Beharren der irgendwie erweckten Vorstellung im Bewusstsein möglich macht.

3. Die Associationsthätigkeit ist eine gesteigerte, so dass die entferntesten Beziehungen die Zwangsvorstellungen sofort wieder hervorrufen.

4. Die Willensenergie (Leistung des Vorderhirns) ist bei diesen Neuropathikern geschwächt.

Daraus und aus der unbewussten weil organischen Entstehung der Zwangsvorstellungen lässt sich ihre krankhafte Intensität und Dauer, sowie der Zwang, welchen sie auf das bewusste Vorstellen und das Handeln des Kranken ausüben, einigermassen begreifen.

Der Verlauf des Leidens ist ein in Remissionen und Exacerbationen sich bewegender, chronischer, jedoch nicht progressiver. Am allerwenigsten kommt es zu psychischen Schwächezuständen. Das Vorstellen bleibt nur formal geschädigt.

Man muss sich hüten die geistige Hemmung und Leistungsunfähigkeit, das dumpfe Brüten und die scheue Abschliessung, denen viele derartige Unglückliche anheimfallen, für einen geistigen Schwächezustand zu halten. Auch zu einem dauernden Uebergang der Zwangsvorstellungen in Wahnideen kommt es nicht, wenn auch einmal vorübergehend die Correktur des Kranken jenen gegenüber erlahmt. Episodisch habe ich wirkliche Primordialdelirien beobachtet — ein bemerkenswerther Fingerzeig für die Verwandtschaft beider Verrücktheitsformen.

Auch zu intercurrenter Melancholie mit Taedium vitae kann der peinliche Zustand des Kranken führen. Dann kommt es wohl auch zu besonders quälenden Zwangsvorstellungen irrsinnig zu werden. Verschlimmernd auf das Leiden wirken meist die Zeit der Menses, eine Exacerbation der vorhandenen Neuropathie, eine Gemüthsbewegung, namentlich aber Alleinsein, Mangel an Beschäftigung, während umgekehrt Gesellschaft, Zerstreuungen, Reisen, Besserung des körperlichen Befindens, ablenkend und erleichternd wirken.

Bemerkenswerth ist der beruhigende Einfluss des Zuspruchs, der Versicherung, dass es so oder nicht so sei, Seitens einer Vertrauensperson auf die Paroxysmen des Kranken.

Die Prognose ist bei constitutionellen originären Fällen eine sehr schlechte; bei den erworbenen Fällen kann Genesung eintreten.

Immer hat das schwere Leiden eine Neigung zu Remissionen, ja selbst Intermissionen, die Jahrelang andauern können.

Therapeutisch ist in erster Linie die Behandlung der neuropathischen Constitution und etwaiger auf ihr beruhender Neurosen anzustreben. Symptomatisch ist psychischerseits Ablenkung durch Beschäftigung, Gesellschaft, Reisen, somatisch Bromkali (4—6,0) und Hydrotherapie (Abreibungen) von Nutzen. In keinem Fall meiner Beobachtung erwiesen sich die beiden letztgenannten Verordnungen wirkungslos.

In den reaktiven Angst- und Aufregungszuständen der Kranken bringen der tröstende Zuspruch der Umgebung und Morphiuminjectionen Erleichterung.

D. Das epileptische Irresein [1]).

Klinische Begrenzung der epileptischen Neurose. Epileptischer Charakter und elementare psychische Störungen der Epileptischen.

Der klinische Begriff der Epilepsie hat seit den Tagen eines Hippokrates eine bedeutende Erweiterung erfahren. Die heutige Nervenpathologie kennt die Thatsache, dass statt des allgemeinen tonisch-clonischen Krampfs mit erloschenem Bewusstsein Nervenzufälle erscheinen können, die auf den ersten Blick wenig oder nichts mit dem klassischen epileptischen Anfall gemein zu haben scheinen und doch als gleichwerthige Zeichen bestehender Epilepsie anerkannt werden müssen.

Als solche Aequivalente ergeben sich zweifellos:

1. Blosse Lücken in der Continuität des Bewusstseins, sekunden- bis minutenlange Verluste oder auch blosse Trübungen des Bewusstseins mit Erblassen des Gesichts. (Absencen ohne alle begleitende motorische, speciell krampfhafte Störungen.

2. Dieselben Defekte oder Trübungen des Bewusstseins in Verbindung mit partiellen Muskelkrämpfen. Diese können sich auf momen-

---

[1]) Esquirol, Die Geisteskrankheiten, übers. von Bernhard. I, p. 169; Brach. Einfluss der Epilepsie auf die Geisteskräfte. Cöln 1841; Henke, Abhandl. IV; Bouchut u. Cazauvieilh, Archiv. génér. IX, p. 150, X, p. 5; Arthaud, Gaz. de Lyon 1867. 40; Falret, de l'état mental des épil. Paris 1861; Delasiauve, Die Epilepsie. Deutsch v. Theile. 1855; Flemming, Psychosen. p. 118; Legrand du Saulle, la folie devant les tribun. cap. XI; Russel Reynold, Die Epilepsie, übers. v. Beigel. 1865; Sander, Berlin. klinische Wochenschrift 1873. 42; Legrand du Saulle, étude médico-légale sur les épil. Paris 1877; Nothnagel, Ziemssen's Hdb. XII. 2; Samt, Archiv f. Psych. V. H. 2 u. VI. H. 1.

tanes Schielen, Grimassiren, Verdrehen des Kopfs oder der Glieder,
Stottern incohärenter Worte beschränken.

3. Dieselbe Bewusstseinsstörung mit gleichzeitigen automatisch-
traumhaften impulsiven Handlungen, z. B. Uriniren, Zusammenraffen
gerade zur Hand befindlicher Gegenstände, blindes Fortlaufen u. dgl.

Nach den Erfahrungen von Griesinger (Archiv. f. Psych. I. p. 323)
können sogar Schwindelanfälle, die einen von peripheren Körpertheilen
zum Kopf aufsteigenden, somit auraartigen Charakter haben, mit Angst,
momentaner Störung des Bewusstseins, rauschartiger Verworrenheit der
Gedanken, Palpitationen, automatischen Lippen- oder Schluckbewegungen
einhergehen, die Bedeutung epileptischer Insulte haben, zumal dann wenn
der Kranke im Anschluss an seinen wirren Traum umherging, un-
passende Dinge sprach, verkehrte Handlungen ausführte, gehäuft diese
Schwindelanfälle darbot.

Beobachtungen von Emmighaus (Archiv f. Psych. IV H. 3) machen
es wahrscheinlich, dass Schweissparoxysmen, die ohne alle Veranlassung
speciell Muskelanstrengung mit oder ohne Schwindel, unter Nachlass
der motorischen Innervation und Zittern, auftreten, als Anfallserscheinungen einer epileptischen Neurose zu deuten sind.

Dasselbe gilt für die von Westphal (Arch. f. Psych. VII H. 3)
und Fischer (ebenda VIII H. 1) bei der Epilepsie verdächtigen
Kranken beobachtete eigenthümliche Anfälle von Schlaf[1]), ferner von
bei Epileptikern beobachteten Anfällen von (meist intercostaler) Neuralgie, die mit Bewusstseinstrübung und Begleiterscheinungen des sonst
klassisch convulsiven Anfalls einhergingen, ferner von häufiger wiederkehrenden ohnmachtartigen Zufällen mit plötzlichem Verlust und plötzlicher Wiederkehr des Bewusstseins, endlich von gewissen Fällen von
nächtlichem Aufschrecken, Somnambulismus bei Personen, die später
epileptische Anfälle boten.

Mit dieser Erweiterung der klinischen Erfahrung, die zudem noch
eine höchst unvollkommene ist, wird die Aufstellung der charakteristischen
Merkmale des epileptischen Anfalls eine immer schwierigere und
dennoch unerlässliche, wenn der klinische Begriff der Epilepsie sich nicht
verflüchtigen soll.

Der epileptische Insult stellt unzweifelhaft einen besonderen Reak-
tionsmodus eines krankhaft veränderten Gehirns dar, zugleich einen
Symptomencomplex, der mit einem einzigen Symptom nie erschöpft
sein kann.

Von der regionären Ausbreitung der dem epileptischen Insult zu
Grunde liegenden Vorgänge im Gehirn, dürfte grossentheils das

---

[1]) Vgl. f. Siemens, Archiv f. Psych. IX. 1.

klinische Bild desselben abhängen, so z. B. die Vertigo von einem
blossen Gefässkrampf der Grosshirnhemisphären, der klassische Insult
von einem Uebergreifen jenes Vorgangs auf den Pons und der Mitaffektion des in diesem gelegenen Krampfcentrum. (Nothnagel.)

Beim gegenwärtigen Stande der wissenschaftlichen Erfahrung erscheint es geboten, wenigstens die Absencen und Vertigoanfälle als
gleichwerthige Erscheinungen des gewöhnlichen epileptischen Insults
anzuerkennen und die übrigen bei Epileptikern oder der Epilepsie
Verdächtigen vorkommenden paroxystischen Erscheinungen als epileptoide zu bezeichnen, bis ihre Bedeutung als Aequivalente gewöhnlicher
Anfälle festgestellt ist.

Nothnagel (op. cit.) erkennt nur solche Zustände als epileptoide
an, für deren Zustandekommen dieselben physiologischen Zustände
angenommen werden müssen oder können, die bei grösserer Intensität
(Ausdehnung) epileptische Insulte zu produciren im Stande sind. Ferner
müssen nach der Ansicht dieses Forschers die Paroxysmen die Hauptsache im Krankheitsbild sein, die intervallären Symptome dagegen
zurücktreten und an Stelle dieser epileptoiden Anfälle früher oder
später echte epileptische Insulte treten.

Diese Forderung ist eine zu weit gehende, denn einestheils sind
die dem epileptischen Anfall zu Grunde liegenden physiologischen Zustände keineswegs klar zu Tage liegend, andererseits sind die intervallären Symptome von gleichem Werth wie die paroxysmalen und
können, freilich in seltenen Fällen, klassische epileptische Insulte im
ganzen Verlauf des zweifellos epileptischen Krankheitsbilds fehlen.
Als den epileptischen oder epileptoiden Insulten überhaupt gemeinsame
Merkmale lassen sich aufstellen:

Wiederholtes Auftreten in irgend einer der erwähnten Formen,
Trübung bis zur Aufhebung des Bewusstseins während ihrer Dauer,
Symptome plötzlich und wohl durch Gefässkrampf gestörter cerebraler
Circulation, mögen sie nun im Erblassen des Gesichts oder des Augen-
hintergrunds, in partiellen oder allgemeinen krampfhaften motorischen
Störungen bestehen. Jedenfalls genügt zur Diagnose der Epilepsie
nicht ein einziges Symptom, auch nicht ein einziger Anfall. Aber
nicht bloss mit der Unvollkommenheit unserer Kenntnisse, was von
Anfällen für epileptisch zu halten sei, sowie mit der Vielgestaltigkeit
dieser hat die Praxis zu kämpfen, sondern auch mit der Schwierigkeit,
dass wirklich sich bietende und unzweifelhafte epileptische Insulte der
Beobachtung nicht entgehen.

Dies gilt namentlich für die nächtlich auftretenden und die bloss
vertiginösen Insulte. Bei solchen kann es geschehen, dass weder Kranker

noch Umgebung eine Ahnung von der bestehenden schweren Nervenkrankheit haben.

Als mindestens verdächtige Symptome einer Epilepsia nocturna
lassen sich zeitweise wiederkehrendes Bettnässen, aus dem Bette Fallen,
Ecchymosen in der Haut des Gesichtes, namentlich der Sclera, Verletzungen der Zunge, Kopfschmerz, Stumpfheit und Verworrenheit des
Denkens, Abgeschlagenheit, Verstimmung beim Erwachen betrachten.

Von grosser diagnostischer Bedeutung ist die Thatsache, dass
der Epileptiker nicht bloss in seinen Anfällen krank, sondern dauernd
leidend, chronisch nervenkrank ist. Die Anfälle sind nur besonders
hervortretende Erscheinungen eines auch intervallär sich kundgebenden
krankhaften Zustands des centralen Nervensystems.

Dieser Zustand kann ein hereditärer oder durch das Gehirn
treffende Insulte hervorgerufener sein und macht es dann erklärlich,
wie geringfügige accessorische Ursachen, z. B. Schrecken, die Epilepsie
zum Ausbruch bringen.

Der Experimentalpathologie ist es gelungen, durch Verletzung
des Rückenmarks oder peripherer Nerven (Brown-Séquard) Hirnerschütterung (Westphal), Verletzung von Parthieen der Hirnrinde
(Hitzig) den für das Zustandekommen epileptischer Anfälle erforderlichen krankhaften Hirnzustand (epileptische Veränderung) künstlich
hervorzurufen.

Es gibt sich kund in einer funktionell gesteigerten Erregbarkeit
des Gehirns, speciell einer solchen des vasomotorischen und des Krampfcentrums.

Als Ausdruck der dauernden Hirnveränderung finden sich
nun bei Epileptikern eine Fülle von intervallären Symptomen, die
theils für das Bestehen eines krankhaften Hirnzustandes überhaupt,
theils erfahrungsgemäss für das Bestehen von Epilepsie verwerthbar
sind und den vielleicht in ihrer Bedeutung zweifelhaften Anfallssymptomen
diagnostisch ein Relief geben.

Als Merkmale, dass das Individuum überhaupt nervenkrank
ist, lassen sich Erscheinungen neuropathischer Constitution, reizbarer
Schwäche, Kopfweh, Schwindel, Intoleranz gegen Alkohol, Tremor,
zeitweilige Zuckungen, Muskelspannungen, namentlich Wadenkrämpfe,
choreaartige Bewegungsstörungen, vasomotorische Erscheinungen wie
wechselnde Röthe und Blässe des Gesichts, kalte cyanotische Extremitäten, Nystagmus anführen.

Auf eine wahrscheinliche epileptische Neurose deuten schon bestimmter hin gewisse Charaktereigenthümlichkeiten (sog. epileptischer Charakter), die bei genauer Beobachtung so vieler Epileptiker
zu Tage treten.

Dahin gehört zunächst eine abnorme Gemüthsreizbarkeit, ein launisches, in Extremen zwischen psychischer Depression (Morosität, hypochondrische Verstimmung mit und ohne Zwangsvorstellungen, geistige Apathie, Abspannung, Befangenheit bis zu Angst bei ganz gleichgiltigen Handlungen, Verstimmung, Aengstlichkeit) und zwischen Exaltation mit krankhaft gesteigertem Wollen sich bewegendes, vorwiegend aber misstrauisches verschlossenes düsteres bizarres, unbegreifliches hämisches verletzliches eigensinniges Wesen, das hartköpfig ist im Festhalten eigener Ideen, unfähig erscheint sich in die gegebenen Verhältnisse loyal zu schicken und die Kranken in der Rolle von Haustyrannen, Misanthropen, unzuverlässigen Freunden erscheinen lässt.

Bei vielen Epileptikern zeigt sich auch ein Zug von Bigotterie in ihrem Charakter [1]), eine pathologische Religiosität, ein kopfhängerisches, muckerisches Wesen, das, je nachdem der Kranke exaltirt oder deprimirt ist, in religiöser Gehobenheit oder Zerknirschung sich äussert. Diese Bigotterie und Duldermiene steht in wunderlichem Gegensatz zu der Reizbarkeit, Unverträglichkeit, Brutalität und moralischen Defektuosität dieser „armen Epileptiker, welche das Gebetbuch in der Tasche, den lieben Gott auf der Zunge und den Ausbund von Canaillerie im Leibe tragen." (Samt.)

Neben diesen dauernden Abnormitäten finden sich, theils als Prodromi des sich vorbereitenden epileptischen oder epileptoiden Insults, theils als Folgeerscheinungen des abgelaufenen Anfalls, Krankheitssymptome, deren diagnostische Wichtigkeit eine um so grössere ist als sie vielfach ganz typisch vor und nach den Insulten auftreten.

Die dem Anfall Minuten bis Stunden und Tage v o r a u s g e h e n d e n Symptome haben vielfach den Charakter einer Aura. Neben ascendirenden Sensationen von den Extremitäten oder dem Epigastrium zum Kopf mit Kältegefühl und Schwindel finden sich auf psychischem und sensoriellem Gebiet schreckhafte Hallucinationen des Gesichts, Gehörs, zuweilen auch des Geruchs, ferner subjektive Sinnesempfindungen wie Brausen in den Ohren, Photopsieen und Chromopsieen, namentlich rother Flammenschein; [2]) Präcordialbangigkeit mit errabunden Impulsen, psychische Depression, Steigerung der habituellen Gemüthsreizbarkeit,

---

[1]) Schon Morel (traité des mal. ment. p. 701) hat auf die übertriebene Frömmelei und Neigung zu Askese bei vielen Epileptikern hingewiesen. Bestätigend Howden (Journ. of ment. sc. 1873. Jan.) Echeverria (Americ. Journ. of insanity 1873. Juli) u. Samt (op. cit. p. 147).

[2]) In einem Fall meiner Beobachtung bestand die sensorielle Aura jedesmal in der Vision eines Mannes mit rothem Mantel und Bart. Dann wurde es Pat. übel. Er sah auch das Phantasma sich übergeben. Dann kam auch ihm das Erbrechen und er verlor die Besinnung.

formale Störungen des Vorstellens (Verwirrung, erschwerter Gedanken-
gang, Zwangsvorstellungen) rauschartige Umneblung des Bewusstseins.
Zuweilen erscheint auch manicartige Heiterkeit mit beschleunigtem
Vorstellungsablauf und kleptomanischen Antrieben.

Als psychische Störungen im unmittelbaren Anschluss an
einen epileptischen Insult finden sich grosse psychische Prostration mit
Unfähigkeit zu denken, mit tiefer Verworrenheit und Störung der
Apperception bis zu Stuporzuständen, die von ½ Stunde bis zu Tagen
andauern können. Dabei kann grosse gemüthliche Depression mit
excessiver Gemüthsreizbarkeit und raptusartigen Antrieben bestehen,
die wieder durch schreckhafte Visionen, feindliche Apperception, Angst
bedingt sein und zu Selbstmord, Mord und Brandstiftung führen können.

Auch kleptomanische Antriebe als Theilerscheinung eines manic-
artigen Exaltationszustandes können hier auftreten. Dieses postepileptische Stadium der Bewusstseinsstörung, des Stupors und psychischen
Weheseins geht in der Regel bald in den früheren geistig klaren Zustand über.

Indessen kommt es bei gehäuften epileptischen Zuständen vor,
dass in der Zwischenzeit zwischen Anfällen ein eigenthümlicher, dem
Schlafwandeln ähnlicher Dämmerzustand besteht, in welchem der Kranke
scheinbar wieder ganz bei sich ist, zusammenhängend spricht, geordnet
handelt, ja selbst seinen Geschäften nachgeht, gleichwohl aber nicht
bei sich, d. h. in Besitz seines Selbstbewusstseins ist, so dass er später
gar nicht weiss, was er in diesem Zustand gethan hat. Dieser eigenthümliche epileptische Dämmerzustand kann bis zu mehreren Stunden
andauern.

Die Epilepsie geht nicht bloss mit derartigen elementaren psychischen Störungen einher, sie führt häufig genug zu einer dauernden
und tieferen Schädigung der Geistesfunktionen, auf deren Boden acute
Delirien, seltener wirkliche Psychosen, theils als Complication der
ganzen Neurose, theils als Aequivalente für epileptische Insulte sich
zeigen können.

Jene dauernde Aenderung der psychischen Persönlichkeit lässt
sich als epileptische psychische Degeneration bezeichnen; die
transitorischen Symptomencomplexe hat eine ältere generalisirende Auf-
fassungsweise als „Mania epileptica" zusammengefasst obwohl jene
gar nichts mit der Manie zu thun haben und unter diesem Sammel-
namen sich äusserst verschiedenartige, klinisch noch gar nicht endgiltig festgestellte acute Anfälle psychischer Störung bergen.

Die Zustände von epileptischer d. h. für Epilepsie specifischer
und nur bei Epileptischen vorkommender Psychose sind erst in der
Neuzeit, namentlich durch Samt studirt worden. Sie haben nahe Be-

rührungs- und Uebergangspunkte zu gewissen Formen des periodischen namentlich des in kurz dauernden Anfällen sich kundgebenden Irreseins. Den Inbegriff der theils dauernden theils vorübergehenden psychopathischen Zustände bildet das epileptische Irresein. Es zerfällt 1. in die epileptische psychische Degeneration; 2. die transitorischen, meist deliranten psychischen Störungen der Epileptiker und 3. in die epileptischen Psychosen.

1. Die psychische Degeneration der Epileptiker.

Untersucht man eine grosse Zahl von Epileptikern auf ihren Geisteszustand, so ergibt sich die Thatsache, dass bei der Mehrzahl derselben (nach Russel Reynold's Statistik in 62% der Fälle) dauernd die Integrität der psychischen Funktionen gestört ist. Als die constantesten Zeichen dieser tieferen geistigen Veränderung ergeben sich:

1) eine Abnahme der intellectuellen Funktionen, die in leichteren Fällen in blosser Schwäche der Reproduktion, Apperception und Combination der Vorstellungen besteht und klinisch als Vergesslichkeit, erschwerte Urtheils- und Begriffsbildung, lückenhafte Apperception und überhaupt funktionelle Schwäche des psychischen Mechanismus sich kundgibt. Diese psychische Schwäche kann sich durch alle Stufen des Schwachsinns hindurch bis zu völligem Stumpfsinn erstrecken.

Zuweilen betrifft diese degenerative Erscheinung vorzugsweise die ethische Seite des Individuums, und äussert sich klinisch in einer funktionellen Schwäche bis zum Verlust der ethischen und ästhetischen Gefühle und Urtheile, die sich praktisch in Brutalität, Grausamkeit, verbrecherischer unsittlicher Lebensführung kundgibt und wobei die unsittlichen verbrecherischen Antriebe periodisch und mit ganz impulsivem Gepräge auftreten können.

2) Eine excessive Gemüthsreizbarkeit die bei den geringfügigsten Anlässen in zornigen, geradezu überwältigenden, bis zu Wuthparoxysmen sich steigernden Affekten explodirt.

3) Eine Steigerung der schon im epileptischen Charakter zu Tage tretenden affektiven Störungen, wobei eine morose Stimmung, eine hämische misstrauische Beurtheilung der Aussenwelt immer mehr die Oberhand gewinnen, auch mimisch sich deutlich kundgeben und die Erscheinung und Physiognomie zu einer unheimlichen machen.

4) In diesem Degenerationsbild finden sich ab und zu Zwangsvorstellungen, Primordialdelirien der Verfolgung, schreckhafte Hallucinationen, Angstanfälle, impulsive Akte, die theils als Aura nicht zur Beobachtung gelangter oder abortiver epileptischer Insulte, theils als freistehende elementare psychische Störungen sich auffassen lassen.

5) In einer Reihe von vorgeschrittenen oder in frühen Lebensjahren entstandenen Fällen gehen mit diesen Erscheinungen eines psychischen Verfalls auch motorische Störungen einher, die namentlich bei im Kindesalter entstandener Epilepsie vielfach den Charakter schwerer Lähmungen mit hemiplegischem Charakter haben, sich gern mit Contrakturen und secundären Muskelatrophieen compliciren. In anderen Fällen finden sich Tremor, Nystagmus, Ungleichheiten der Facialisinnervation, choreaartige Störungen, Glossoplegieen und aphasische Symptome. Auch sensible Störungen sind bei der epileptischen Degeneration häufig. Sie können sich als Neuralgieen bestimmter Nervenbahnen oder als allgemeine Hyperästhesie, Status nervosus, neuralgicus, reizbare Schwäche kundgeben.

In den Endstadien der epileptischen Degeneration gehen mit den Zeichen des psychischen auch die des körperlichen Verfalls einher. Die Gesichtszüge bekommen dann einen stumpfen Ausdruck, das subcutane Fettgewebe wird hypertrophisch und macht die Züge grob, plump, die Lippen wulstig.

2. Die transitorischen Anfälle psychischer Störung.

Sie bestehen in geschlossenen, zeitlich scharf begrenzten, meist nur Stunden bis einige Tage zu ihrem Ablauf bedürfenden Krankheitsbildern, die plötzlich einsetzen und sich lösen. Sie können als Vorläufer oder häufiger als Folgezustände epileptischer Insulte und zwar sofort oder binnen Stunden und Tagen, aber auch (selten) als freistehende intervalläre Anfälle sich beim Epileptiker vorfinden. Sie treten besonders gern nach gehäuften epileptischen Insulten auf, namentlich dann wenn ein längerer anfallsfreier Zeitraum vorausging. Zuweilen geschieht es, dass die vertiginösen oder klassischen epileptischen Insulte mit ihrem Eintreten ausbleiben, von diesen psychischen Insulten, die sich dann als Aequivalente jener auffassen lassen, gleichsam verdrängt werden.

Es gibt beglaubigte Fälle (Morel u. A.), wo diess Jahrzehnte lang stattfand. Man hat sich gewöhnt solche Fälle als Epilepsia larvata oder psychische Epilepsie [1] zu bezeichnen.

Da diese Transformation der Neurose resp. Substitution der Insulte zudem besonders leicht bei bloss vertiginöser Epilepsie sich findet, so droht sich das ursprüngliche Bild der Epilepsie zu verflüchtigen.

---

[1] Legrand du Saulle, Ann. d'hyg. April 1875; Garimond, Ann. méd. psych. 1878. II. 1 u. 2 (Geschichte und Kritik der epil. larv. Discuss. de la soc. de méd. légale Ann. d'hyg. publ. 1877 oct.; Weiss, Wien. med. Wochenschr. 1876. 17. 18; Annal. méd. psych. 1873. Januar, März, Mai des transformations épil.; Legrand, étude, p. 84.

Wie die klinischen Formen des gewöhnlichen epileptischen Insults im Lauf der Erfahrung eine Bereicherung erfahren haben, so ist dies mit den psychischen Insulten und Aequivalenten der Fall gewesen. Es lässt sich sogar mit Grund vermuthen, dass wir diese noch gar nicht alle kennen und dass viele Fälle von peracutem Irresein, namentlich Mania transitoria, Raptus melancholicus, periodisch wiederkehrendes Irresein in kurz dauernden Anfällen in genetischer Beziehung zu einer epileptischen Neurose stehen. Die sich hier ergebenden klinischen Bilder sind äusserst mannichfaltig. Sie werden es ganz besonders dadurch, dass nicht nur verschiedenartige Aequivalente bei demselben Individuum abwechselnd sondern auch in einem Anfall combinirt auftreten können. Wie bei den verschiedenartigsten somatischen Erscheinungsformen der Epilepsie ein Merkmal — die Störung bis zur Aufhebung des Bewusstseins constant bleibt, so ist es auch mit diesen psychischen Insulten der Fall. Sie verlaufen auf dem gemeinsamen Boden einer Trübung bis zur Aufhebung des Bewusstseins, der eine getrübte summarische, defekte oder selbst ganz fehlende Erinnerung entspricht.

Die diesen so variablen psychisch epileptischen Anfällen zu Grunde liegenden Formen der Bewusstseinsstörung sind a) Stupor, b) Dämmerzustände. Auf dieser Grundlage können sich impulsive Akte, Delirien, Hallucinationen, Angstzustände und andere elementare Störungen als Complicationen vorfinden. Die Bewusstseinstrübung gibt dabei den Handlungen und Delirien der Kranken ein nahezu charakteristisches incohärentes, traumartig verworrenes Gepräge.

Als die wichtigsten transitorischen psychisch-epileptischen Insulte in Form der einfachen Bewusstseinsstörung oder der Complication mit anderweitigen elementaren psychopathischen Symptomen ergeben sich nun:

a. Stupor.

Er findet sich selten als freistehende Erscheinung, meist im Anschluss an Anfälle. Er kann eine halbe Stunde bis zu Tagen andauern. Selten besteht er rein für sich, meist finden sich schreckhafte Delirien und Sinnestäuschungen, zuweilen statt dieser auch religiöse Delirien expansiven Inhalts, ausgezeichnet durch traumartige Incohärenz und Absurdität. Auch Verbigeration bei tiefer traumhafter Verworrenheit hat Samt beobachtet. Meist besteht aber Mutismus. Nach demselben Autor unterscheidet sich dieser epileptische Stupor von allen anderen Stuporarten durch erschwerte Apperception, hochgradige Bewusstseinsstörung, Verworrenheit und plötzliche Gewaltausbrüche.

b. Dämmerzustände.

Sie erscheinen im Anschluss an Anfälle, in der Zwischenzeit solcher, sowie als freistehende psychische Störung von Stunden bis Monate langer Dauer. Sie zeigen Intensitätswechsel in der Continuität der Erscheinung. Selten erscheinen sie in reiner Form, meist complicirt durch anderweitige elementare Störungen.

Als klinisch und forensisch besonders wichtige sich hier ergebende Krankheitsbilder sind zu erwähnen:

α) Dämmerzustände mit Angst (petit mal — Falret) d. h. ein Zustand halbbewusster aber schwerer psychischer Depression, die als tiefes geistiges Weh bis zu dämonomanischer Allegorisirung empfunden wird und mit Angst, Verwirrung der Gedanken und meist auch schmerzlichem auf wenige ängstliche Vorstellungsbrüche beschränktem Reproduktionszwang sich verbindet. Unter dem Einfluss dieser ängstlichen Umdämmerung und Beklommenheit wird der Kranke errabund, schreckhaft umhergetrieben. Er appercipirt die Umgebung vielfach feindlich und wird dadurch gereizt gegen dieselbe. Sehr häufig kommt es hier zu ganz impulsiven zerstörenden Handlungen gegen die eigene Person, motivirt durch Angst und Zwangsvorstellungen oder auch gegen die Umgebung und zwar aus gleicher Ursache oder feindlicher Apperception. Brutale Gewalt und Rücksichtslosigkeit zeichnen diese destruirenden Akte aus. Entsprechend der tiefen geistigen Verworrenheit und Bewusstseinstrübung für die Zeit des Anfalls ist die Erinnerung nur eine summarische, jedenfalls getrübte.

Diese Störung findet sich seltener als postepileptische, denn als freistehende und, nach den Erfahrungen Falret's mehr bei vertiginöser als convulsiver Form der Epilepsie.

β) Eine Weiterentwicklung des geschilderten Zustands, bedingt durch tiefere Bewusstseinsstörung und complicirende Delirien und Hallucinationen stellt das sog. grand mal (Falret) dar, d. h. ein brüsk auftretendes, furibundes hallucinatorisches persecutorisches Delirium. Der schreckhafte Inhalt der Wahnideen und Sinnesdelirien, die sich vorwiegend in entsetzlichen Visionen, Gespensterspuk und Todesgefahr bewegen, die Verworrenheit und Bewusstseinsstörung geben diesem Delirium epilepticum ein ganz besonderes Gepräge, das durch nicht seltene Episoden von Stupor, zuweilen auch von religiösem Primordialdelir noch mehr hervorgehoben wird. Als Reaction auf diesen schreckhaften ängstlichen Inhalt des tief gestörten Bewusstseins erscheinen heftige psychomotorische Entladungen in Form blinder Gegenwehr gegen die Spukgestalten und die feindlich appercipirte Umgebung, wuthzornige Erregungszustände, in welchen der tobende unnahbare Kranke in seiner Todesangst und Verzweiflung um sich haut, beisst, spuckt und der Umgebung, wie die Annalen der gerichtlichen Medicin erweisen, in hohem Grad gefährlich wird. •

Als eine seltene Varietät dieses schreckhaften halluc inatorischen Delirs habe ich hypochondrische Delirien beobachtet.

Die Lösung dieser Zustände von „grand mal" ist eine plötzliche, wenigstens bezüglich des Deliriums, jedoch überdauert dasselbe gewöhnlich noch den verworrenen Dämmerzustand um Stunden bis Tage, oder es geht durch einen stuporösen Zustand in den der Luciditiät über.

Die Gesammtdauer der Anfälle beträgt einige Stunden bis Tage. Die Erinnerung des wie aus einem schweren Traum zu sich kommenden Kranken ist eine höchst summarische. Meist besteht geradezu für die ganze Dauer des Anfalls Erinnerungsdefekt.

Diese Delirien finden sich vorwiegend bei convulsiver Epilepsie und meist als Vorläufer oder auch im Anschluss an klassische Insulte, namentlich Serien solcher.

γ) Dämmerzustände mit religiös expansivem Delir[1]). Die klinische Würdigung dieser bei Epileptikern nicht seltenen Delirien gehört der neuesten Zeit an. Sie lassen sich als Aequivalente der vorigen betrachten und treten ebenfalls paroxystisch und in geschlossenem Anfall auf. Sie drehen sich um göttliche Visionen und göttliche Dinge. („Gottnomenclatur" Samt). Die Kranken halten sich für Gott, Christus, Propheten, wähnen sich im Himmel, wozu Muskelanästhesieen und darauf gegründete Delirien von Flug gegen Himmel beitragen mögen. Die Kranken stehen während ihres Delirs mit Gott in hallucinatorischem Rapport, bekommen Weissagungen, Befehle u. dgl., z. B. ihre Angehörigen umzubringen, damit auch diese in's Paradies gelangen. Die Umgebung wird vielfach als Juden, Unheilige etc. verkannt und gefährlich bedroht. Mitten in diesem beglückenden Delir kann die Scene sich ändern — der Kranke sieht die Hölle, das Gottesgericht vor sich, er fühlt sich als zerknirschter Sünder und will Busse thun, immer geht aber aus solchen Episoden der Kranke als gottbegnadete Person wieder hervor. Auch diese religiösen Delirien sind durch Ungeheuerlichkeit und Märchenhaftigkeit ausgezeichnet. Die Bewusstseinsstörung ist meist keine sehr tiefe und dann werden wenigstens summarisch die Erlebnisse des Deliriums erinnert, jedoch gibt es auch Fälle mit vollständigem Erinnerungsdefekt.

---

[1]) Toselli, Ueber Religiosität der E. Archiv. italian. 1879. März, p. 98; Skae, Journ. of mental science 1874, der u. A. darauf aufmerksam macht, dass die epileptischen Visionen der Anna Lee die Sekte der Shakers, dass Swedenborg's Delirien Sekten in Schweden und England, Mohameds Hallucinationen den Islam hervorgerufen haben.

Episodisch kann der Zustand sich bis zur Ecstase steigen. Auch intercurrente Stuporzustände werden beobachtet. Das Delir geht durch einen stuporösen oder Dämmerzustand in die Lucidität über.

δ) Eigenthümliche Dämmerzustände mit traumhaften romanhaften Ideen meist expansiven Inhalts, die bei dem wechselnden Zustand des Bewusstseins bald als blosse Zwangsvorstellungen, bald als Delirien erscheinen. Der Kranke, scheinbar bei sich und anscheinend bewusst handelnd und sprechend, befindet sich gleichwohl in einem Zustand traumartiger Umdämmerung, vergleichbar dem des Nachtwandlers. Er handelt im Sinne seiner traumhaften, romanhaften Ideen, führt eine wahnhafte Rolle oder Mission durch und geräth dadurch mit der Wirklichkeit und seinen realen Interessen in bedenklichen Conflikt. So kann es zu Sichirregehen, Vagabondage, Desertion, Schwindeleien, Diebstählen u. dgl. kommen[1]), für die der Kranke hinterher nur summarische oder auch gar keine Erinnerung besitzt.

Die Dauer dieser Zustände beträgt Stunden bis Monate. Es scheint, dass sie nur bei Individuen vorkommen, die selten oder gar nie Anfälle von klassischer Epilepsie, dafür aber Vertigo oder Angstanfälle hatten.

ε) Dämmerzustände mit moriaartiger Erregung[2]) von Stunden bis Tage langer Dauer. Diese wohl seltenste Form epileptisch transitorischer Störung, in welcher die Kranken das Bild anscheinender Moria (läppisches Herumtreiben, Lachen, alberne Spässe, Gesichterschneiden, muthwillige Streiche etc.) bieten, aber durch tiefe Bewusstseinsstörung und Erinnerungsdefekte deutlich von einer solchen Durchgangsform einfachen maniakalischen Irreseins sich unterscheiden, hat Samt wiederholt mit consecutivem oder auch episodischem Stupor beobachtet.

Von der grössten Bedeutung ist diesen proteusartigen Bildern gegenüber die Erkennung der ihnen zu Grunde liegenden Neurose.

Für diesen Zweck sind wichtig:

Die Aetiologie des Falls, die Anamnese, die Beachtung der intervallären Symptome, der Symptome des Anfalls und die Vergleichung der Anfälle untereinander.

---

[1]) Als ein »fait sans précédant dans la science« theilt Legrand du Saulle (Etude méd. légale, p. 110) den hiehergehörigen Fall eines Geschäftsmannes mit, der schon früher durch bewusst- und zwecklose Reisen aufgefallen war und eines Tages statt in Paris, zu seinem Erstaunen und Entsetzen auf einem Schiff auf der Rhede von Bombay sich wiederfand!

[2]) Falret, op. cit. p. 10; Samt, op. cit.

1. Aetiologisch sind belangreich hereditäre Belastung, Trauma capitis.

2. Die Anamnese hat das Dagewesensein irgend wie gearteter der Epilepsie verdächtiger Insulte zu erforschen.

Als solche sind wichtig Convulsionen in der Kindheit, Anfälle von nächtlichem Aufschrecken, Schlafwandeln neben den als epileptische oder epileptoide Insulte von der Wissenschaft anerkannten.

Ganz besonders muss auf die Indicien nächtlicher, im Schlaf aufgetretener Anfälle (p. 102) geachtet werden.

3. Von grösster Bedeutung sind die intervallären Symptome (epileptischer Charakter) elementare psycho-cerebrale Störungen, Erscheinungen der epileptischen Degeneration.

4. Für die epileptische Natur eines psychischen Anfalls spricht:

a) Sein Auftreten unter auraartigen Symptomen, wie sie den gewöhnlichen epileptischen Insulten zukommen.

b) Sein brüsker Eintritt, seine kurze Dauer und plötzliche Lösung unter Erscheinungen, wie sie im Anschluss an vertiginöse und klassische Insulte vorzukommen pflegen, namentlich Stupor.

c) Im Anfall selbst der exquisit schreckhafte Charakter der Delirien und Hallucinationen oder auch die „Gottnomenclatur", namentlich wenn sie mit ersteren sich findet, die schwere Bewusstseinsstörung, traumartige Verworrenheit, episodische Erscheinungen von Stupor.

d) Die getrübte oder ganz fehlende Erinnerung für die Vorgänge des Anfalls. Wie Samt nachwies, kann diese unmittelbar nach Schluss des Anfalls vorhanden sein, geht aber dann verloren.

e) Die Vergleichung der Anfälle, insofern sie typisch congruente oder wenigstens (es kommen hier mehrfache Aequivalente vor) die Wiederkehr von einzelnen unter sich gleichen Anfällen nachweist.

f) Die Handlungen des Kranken in solchen Anfällen, insofern jene bei tieferer Traum- oder Dämmerstufe des Bewusstseins, dem wirren Durcheinander der Vorstellungen, dem schreckhaften Charakter der das Traumbewusstsein erfüllenden Delirien und Sinnestäuschungen, — wenigstens in den Formen des petit und grand mal — unmotivirt, planlos, rücksichtslos, plötzlich, geräuschvoll, ohne Ueberlegung der Mittel, vielfach ganz impulsiv auftreten und Ausbrüche blinder Wuth und Vernichtung darstellen.

3. Die epileptischen Psychosen.

Bei Epileptikern können Psychosen vorkommen, die sich in nichts von den gewöhnlichen unterscheiden.

Es werden aber auch Anfälle länger d. h. mehrere Wochen bis

Monate dauernden Irreseins bei Epileptikern beobachtet, die durch besondere, auf die epileptische Basis deutlich hinweisende Züge, sich als specifische verrathen.

Wir verdanken diese Thatsache Samt, der sogar bestimmt aus den specifischen Charakteren des epileptischen Irreseins auch da ein solches für erwiesen hält, wo gar keine epileptischen Antecedentien vorliegen.

Als solche specifische Zeichen des epileptischen Irreseins erkennt Samt acuten Ausbruch, vorherrschende Angstzustände mit Gemisch schreckhafter um Todesgefahr vorwiegend sich drehender Delirien und entsprechenden Hallucinationen (hier namentlich das bei Epileptischen so häufige concentrische Anrücken umringender Volkshaufen, dabei aber zwischendurch Grössendelir, namentlich religiöses — „Gottnomenclatur") starke Gereiztheit, relativ erhaltene Lucidität bei thatsächlich vorhandenem Dämmerzustand, allmäliges Ausklingen des Anfalls und verschiedenartiger Erinnerungsdefekt für die Vorgänge in demselben, ferner rücksichtslose extremste Gewaltthätigkeit, Stupor mit charakteristischer sprachlicher Reaktion in verschiedenen Intensitätsgraden, endlich verschiedene Grade der Verworrenheit, von theilweiser Lucidität einerseits bis zu traumähnlicher Absurdität und Incohärenz und bis zu Delirium-tremensartiger illusorisch-hallucinatorischer Verworrenheit auf der andren Seite.

Die sich hier findenden Formen stellen grossentheils protrahirte oder vielleicht richtiger wiederholt recidivirende und zugleich protrahirte psychische Aequivalente dar. Sie gehören vorwiegend dem Rahmen des Delirs und nicht der Psychose an. Nach Ausscheidung der bezüglichen Fälle mit nicht sicher gestellten epileptischen Antecedentien, wie sie durch die einem Lehrbuch auferlegte Reserve geboten ist, finden sich in meinem Beobachtungskreis und nach obiger Auffassung Fälle von petit und grand mal, religiösem Delirium, Stupor, neben solchen von circulärem Irresein. Bezüglich des klinischen Details muss auf die Casuistik (Bd. III) verwiesen werden.

Als gemeinsam für diese Zustände lässt sich anführen: Die andauernde tiefere Störung des Bewusstseins (besonders der Apperception) als sie in gewöhnlichen Psychosen beobachtet wird, ferner die grosse Verworrenheit des Vorstellens, die tiefen Remissionen bis zu Intermissionen des Delirs, wobei sich aber dann gewöhnlich Dämmer- und Stuporzustände dazwischen schieben, dazu die höchst summarische bis aufgehobene Erinnerung für die Vorgänge des Anfalls, endlich der plötzliche Ausbruch desselben und die Lösung durch ein Dämmer- oder Stuporstadium.

Die Prognose der einzelnen Anfälle von Irresein ist eine günstige.

Die Gesammtprognose der Epilepsie mit Geistesstörung ist eine schlechte und da wo einmal epileptische Degeneration eingetreten ist, eine ziemlich hoffnungslose [1]).

Ueber die anatomischen Grundlagen der Epilepsie herrscht noch grosses Dunkel. Die verschiedensten Befunde finden sich hier. Es ist wahrscheinlich, dass vielfach angeborene Entwicklungsstörungen des Gehirns, ferner Gliome der Hirnrinde, namentlich aber partielle Encephalitis zu Grunde liegen und auf letztere auch die von Meynert hervorgehobene Sklerose im Ammonshorn bezogen werden muss. (Hemkes Allg. Zeitschr. f. Psych. 34 p. 678). Auch über die anatomische Grundlage der psychischen Störungen der Epilepsie lassen sich nur Vermuthungen aufstellen, dahin gehend, dass ihnen vasomotorische Störungen zu Grund liegen, wie ja überhaupt die Epilepsie als eine vasomotorische Neurose des Centralorgans erscheint.

Atrophie des Gehirns, Trübungen der Hirnhäute fanden sich ab und zu bei Individuen, die in den äussersten Stadien der epileptischen Degeneration zur Sektion gelangten und erklären wohl einigermassen den Verfall des geistigen Lebens, den solche Unglückliche darboten.

Die moderne Therapie der Epilepsie und damit auch des epileptischen Irreseins sucht in erster Linie die krankhafte Erregbarkeit gewisser Centren (Krampfcentrum und vasomotorisches) überhaupt herabzusetzen oder auch den die Anfälle einleitenden Gefässkrampf zu verhindern.

Der ersteren Indication entspricht die Verordnung von Bromkali oder Atropin, der letzteren die Anwendung von Amylnitrit.

Als das beste aller gegenwärtig zu Gebot stehenden Mittel muss das Bromkali [1]) bezeichnet werden.

In nur seltenen Fällen wird es bei consequenter und rationeller Anwendungsweise ganz wirkungslos bleiben, meist aber hält seine Wirkung nur so lange vor, als es der Kranke einnimmt.

Die Fälle sind sehr selten, in welchen es Heilung brachte und ist die Bromkalibehandlung auf dem Continent überhaupt eine zu junge, um solche Fälle endgiltig zu entscheiden.

Ziemlich häufig schweigen während der Bromkalimedication sowohl die convulsiven als die psychischen Anfälle der Krankheit und dieser letztere Umstand ist ein grosses Glück für den sonst erwerbsunfähigen und meist an eine Irrenanstalt gebundenen Kranken. Noch häufiger mindert das Mittel bloss die Intensität und Häufigkeit der

---

[1]) Fälle von Genesung s. Kirn, Allg. Zeitschr. für Psych. 26. H. 1 u. 2; f. Wiedemeister, ebenda 29. H. 5.

[1]) Otto, Archiv f. Psych. V. H. 1; Frigerio, subcutane Inject. v. Bromkali, Pesaro 1876; Stark, Allg. Zeitschr. f. Psych. 31.

Paroxysmen. Selbst Zustände von vorgeschrittener Dementia wurden hie und da gebessert.

Die mindeste, Erfolg versprechende Tagesdosis dürfte 8,0 bei männlichen, 6,0 bei weiblichen erwachsenen Epileptikern sein. Am besten ist die wässerige Solution. Wiederholte Tagesdosen von 2—3,0, die Gabe möglichst verdünnt, haben den Vorzug vor grossen selteneren Gaben in concentrirterer Form. Man steige von der Anfangsdosis langsam unter Beobachtung der Wirkung auf Anfälle und Organismus! Meist wird man unter 10,0 sein Auslangen finden. Muss auf Bromkalitherapie aus irgend einem Grund verzichtet werden, so möge sie bei Epileptikern nie plötzlich abgebrochen werden, da sonst gehäuftes intensiveres Auftreten der Anfälle, ja selbst der Eintritt eines lebensgefährlichen Status epilepticus zu gewärtigen ist. Die Bromkalitherapie kann ohne Schaden für den Organismus in mässigen Dosen jahrelang fortgesetzt werden.

Das neuerdings von Svetlin (Leidesdorf, psych. Stud. 1877) wieder hervorgehobene Atropin steht an Wirkung dem Bromkali weit nach. In einzelnen Fällen von vertiginöser Epilepsie schien es mir nicht unwirksam.

Das Amylnitrit vermag vermöge seiner unmittelbaren gefässlähmenden Wirkung einen Gefässkrampf sofort zu lösen, ist aber auf den bei Epileptikern wichtigen erhöhten Erregbarkeitszustand des Gehirns ohne Einfluss. Es lässt sich nur zur Coupirung von Anfällen verwerthen, die durch eine Aura eingeleitet werden. Im Uebrigen ist es bei Epilepsie werthlos, wenn nicht geradezu schädlich.

E. Das Irresein der Hysterischen [1]).

Der hysterische Charakter. Elementare psychische Störungen.

Ein constantes Vorkommen im reichhaltigen und vielgestaltigen Symptomenbild der Hysterie sind auch psychische Anomalieen, theils als elementare Störungen, theils als episodische oder terminale psychopathische Krankheitsbilder.

Der Inbegriff der bei jeder Hysterischen mehr weniger reichhaltigen elementaren Störungen lässt sich als hysterischer Charakter bezeichnen.

Seine Grunderscheinungen sind das labile Gleichgewicht der

---

[1]) Moreau, L'union med. 1865. 69—102; Falret, Ann. méd. psych. 1866, Mai; Brosius, Irrenfreund 1866. 7; Guibot u. Morel, L'union méd. 1865; Wunderlich, Pathol. 1854, p. 1490; Morel, traité de la méd. légale des alién.; Briquet, de l'hysterie; v. Krafft, Friedreich's Blätter 1872. H. 1; Jolly, Ziemssen's Hdb. XII, p. 451.

psychischen Funktionen, die enorm leichte Anspruchsfähigkeit und ungewöhnlich intensive Reaktion des psychischen Mechanismus und der rasche Wechsel der Erregungen.

Auf affectivem Gebiet fällt zunächst die Leichtigkeit auf, mit welcher krankhafte Stimmungen bis zu Affekten entstehen, auf dem Gebiet des Vorstellens die lebhafte Betonung, welche Appereeptionen und Reproduktionen durch Lust- oder Unlustgefühle erfahren, in der psychomotorischen Sphäre die Leichterregbarkeit bis zum Enthusiasmus. Aber neben der Leichterregbarkeit besteht als zweiter Grundzug des Krankheitsbilds eine ebenso grosse Flüchtigkeit der Erregungen.

Affektiv gibt sie sich in Launenhaftigkeit, im Gebiet des Vorstellens in Oberflächlichkeit und Flüchtigkeit des Denkens, psychomotorisch in einer bezeichnenden Willensschwäche, Nachlässigkeit, Flüchtigkeit der Neigungen kund.

Die grosse Wandelbarkeit der Erscheinungen äussert sich in buntem Wechsel der Stimmungen und Affekte (du sublime au ridicul il n'y a qu'un pas) in wechselnden Zu- und Abneigungen, in bald heiteren, bald ernsten, bald profanen, bald transcendentalen Vorstellungen, in energievollen Bestrebungen neben der trostlosesten geistigen Schlaffheit und Unfähigkeit.

Ein weiterer Grundzug des hysterischen Charakters ist Egoismus, der sich in leichter Verletzlichkeit, Drang sich geltend zu machen äussert und mit einer bemerkenswerthen Stumpfheit der altruistischen Gefühle einhergeht. Aus dem Bedürfniss Theilnahme zu erregen, überhaupt die Aufmerksamkeit auf sich zu lenken, kommen derartige Kranke leicht dazu, ihre Leiden zu übertreiben und das Interesse der Umgebung durch Betrug (Nadelnverschlucken, Stigmatisation, Selbstbeschädigungen, fingirte Attentate u. dgl.) zu erregen, wobei ihre krankhaft gesteigerte Phantasie gute Dienste leistet.

Als deutliche elementare formale Störungen im Vorstellungsproeess finden sich eine geschwächte Reproduktionstreue, die solche Kranke in der Rolle von Lügnern erscheinen lässt, ein in seinem Ablauf bald beschleunigter, bald verlangsamter, meist auch höchst abspringender Ideengang und sehr häufig auch Zwangsvorstellungen. Als Ausdruck solcher besonders lebhaft betonter und damit ein Begehren hervorrufender Vorstellungen erscheinen die mannichfachsten Gelüste. Diese können wieder pervers sein, indem da wo normal Unlustgefühle sich mit der betreffenden Vorstellung verbinden würden, diese von Lustgefühlen betont wird. Den Gegensatz dieser bilden die ebenfalls nicht seltenen Idiosynkrasieen. Vielfach ist auch die geschlechtliche Empfindung gestört; am häufigsten ist sie gesteigert bis zu Wollustempfindungen (selbst Coitushallueinationen) und entäussert sich in den sonderbarsten

Handlungen (Nacktgehen, Sucht sich mit zweifelhaften Cosmeticis, selbst Urin, zu salben). Zu Zeiten kann wieder Frigidität überhaupt bestehen oder nur als Idiosynkrasie gegen den Mann oder Geliebten, nicht selten finden sich auch temporär perverse sexuelle Gefühle mit entsprechenden Antrieben. Die wohl immer betheiligte vasomotorische Sphäre gibt zu Präcordialangst und Angstzufällen vielfach Anlass.

Die Phantasie dieser Kranken ist meist eine krankhaft gesteigerte, so dass die lebhafte Vorstellung sofort zur Hallucination wird oder die Kranken wenigstens Phantasie von Wirklichkeit nicht zu unterscheiden vermögen. Häufig kommt es auch zu spontan entstandenen Hallucinationen, fast ausschliesslich im Gebiet des Gesichtssinns. Ihr Inhalt ist vorwiegend ein unangenehmer (Todtenköpfe, Gespenster, phantastische Thiere, verstorbene Angehörige etc.), nicht minder häufig sind Illusionen des Gesichts (verzerrte Züge der Umgebung, die Personen kleiner, grösser etc.) und der cutanen Empfindung (Schlangen, Kröten, Käfer im Bett, auf der Haut), wohl als falsche Interpretation wirklicher Sensationen.

Das Gebiet des freien Wollens erscheint durch die sittliche und Willensschwäche, Flüchtigkeit und Oberflächlichkeit des Vorstellens, durch die formal und inhaltlich geänderte Empfindungsweise, durch Zwangsvorstellungen jedenfalls eingeschränkt und die Kranke ist vielfach nur mehr der Spielball ihrer Launen, Gelüste, Impulse, Einbildungen. So kann es geschehen, dass die wichtigsten Pflichten vernachlässigt, die heiligsten Gefühle verletzt werden und den absurdesten Einfällen und Motiven Folge gegeben wird. Analog der Epilepsie werden nun auf dieser neuropsychopathischen Basis theils transitorische, theils chronische psychopathische Zustände beobachtet. Die letzteren finden sich als episodische Erscheinungen oder als terminale. Dann bilden sie den Abschluss eines auf tief degenerativer Grundlage sich abspielenden Krankheitsvorgangs.

1. Transitorische Irreseinszustände[1]).

Sie können sich im Anschluss an convulsive Paroxysmen, als Substitution solcher oder als freistehende Affektion vorfinden. Das specielle klinische Bild derselben ist bei dem proteusartigen Charakter der Neurose ein sehr variables. Es werden Zustände von pathologischem Affekt, Raptus melancholicus, maniakalischer Exaltation mit Sammeltrieb, acuter Manie mit erotischen und religiösen Wahnideen, Somnam-

---

[1]) Vgl. d. Verf. tansitorisch. Störungen d. Selbstbewusstseins, p. 63; Briquet, op. cit. p. 428; Morel, traité des mal. ment. p. 672; Wunderlich, Pathol. 1854. p. 1490.

bulismus, ecstatischem hallucinatorischem Delirium mit religiösem erotischem Inhalt oder schreckhaftem, vielfach dämonomanischem beobachtet.

Das Bewusstsein ist hier auf tiefer Traumstufe, die Erinnerung fehlend oder summarisch.

Als prodromale Erscheinungen werden Globus, Bangigkeit, gedrückte Stimmung, gesteigerte Gemüthsreizbarkeit, Myodynieen im Epigastrium constatirt.

Veranlassende Ursachen sind hier in der Regel psychische Eindrücke.

Diese transitorischen psychopathischen Zustände dauern Stunden bis Tage. Sie haben vorwiegend das Gepräge des Delirium und sind vielfach mit tonischen und klonischen Krampferscheinungen, die wieder als hysterische, hysteroepileptische, kataleptische, Chorea-magnaartige sich darstellen können, complicirt. Als bemerkenswerthe klinische Varietäten ergeben sich:

a) Analog dem petit mal der Epileptiker: heftige Angstzustände mit getrübtem Bewusstsein. Die Kranken sind in Todesangst, errabund, verkennen schreckhaft die Umgebung, wehren sich verzweifelt gegen diese. Episodisch können Sinnestäuschungen auftreten — diabolische Gestalten, Hunde, die nach dem Kranken schnappen, eiskalte Hände, die sie packen wollen u. dgl. Die Erinnerung ist eine summarische.

b) Hysteroepileptische Delirien analog dem grand mal der Epileptiker. Das Bewusstsein ist hier aufgehoben. Die Erinnerung fehlt hinterher. Den Kern des Delirs bildet meist eine schreckhafte Begebenheit (Nothzucht, Beleidigung etc.), die den Ausbruch der Krankheit ursprünglich veranlasste, nun hallucinatorisch reproducirt wird und in vielfach dramatisirter und allegorisirter Weise sich abspielt.

Die Kranken reagiren auf diese Hallucinationen mit verzweifelter Gegenwehr, Toben, Umsichschlagen, Vociferiren. Daneben bestehen Chorea-magnaartige und hysteroepileptische Krampferscheinungen. Als klinische Variante, die in Epidemieen (Klöster, Morzine etc.) vielfach beobachtet wurde, ergeben sich dämonomanische Delirien.

c) Ecstatisch-visionäre Zustände analog denen der Epileptischen.

Die Kranken sind hier in tiefem Traumzustand, dessen Kern ein höchst potenzirtes Gefühlsleben bis zur Ecstase mit magnetischen Durchströmungen bildet. Auf dieser Basis kommt es zu Delirien, mystischer Vereinigung mit Gott, himmlischen Visionen. Die Kranken sehen den Himmel offen, gerathen in begeistertes Predigen, reden in fremden Sprachen, weissagen etc. Vorübergehend kann es zu kataleptischen Zuständen kommen. Die Erinnerung ist eine summarische.

d) Moriaartige, einem hysterisch-convulsiven Anfall stundenlang
vorausgehende Zustände mit Singen, Lachen, Tanzen, Sammeltrieb,
Vociferiren etc. In den Fällen meiner Beobachtung bestand für das
im Anfall Geschehene Amnesie.

e) Dämmerzustände mit zwangsmässiger erleichterter Reproduktion von Erlebtem, Gelesenem. Der Inhalt dieses logorrhoischen
Deliriums betrifft vorzugsweise Erlebnisse der Jüngstvergangenheit,
bewegt sich in einer einfachen geschwätzigen Reproduktion der Tages-
erlebnisse, aber auf traumhafter Stufe des Bewusstseins und mit nur
höchst summarischer Erinnerung.

2. Chronisches Irresein.

Die sich hier ergebenden Krankheitszustände lassen eine ziemlich
scharfe Scheidung zu, je nachdem sie auf dem Boden einer einfachen,
nicht constitutionell veranlagten, etwa erworbenen hysterischen Neurose
stehen oder Durchgangs- beziehungsweise Zustandsbilder einer hysterischen
Degeneration darstellen.

Im ersteren Fall handelt es sich um Psychoneurosen (Melancholie, Manie), die eine ziemlich günstige Prognose haben und sich
von entsprechenden nicht hysterisch basirten Fällen nur durch einen
im Allgemeinen kürzeren Verlauf, die Zumischung und allegorische
Verwerthung von Symptomen der hysterischen Neurose unterscheiden.

Die Hysteromelancholie erscheint ausgezeichnet durch vor-
wiegende Präcordialangst, häufigen Raptus mel. und Selbstmordneigung,
massenhafte Verwerthung von hysterischen Sensationen (namentlich
Globus, Neuralgieen, Myodynieen) zu Wahnideen, besonders häufig in dämonomanischer Färbung, sehr häufige Gesichtshallucinationen und thea-
tralische Entäusserung der depressiven Affekte, wobei ein gewisses
Kokettiren mit dem Leid und Weh sich bemerklich macht.

Die Hysteromanie erschien mir auffällig durch fehlendes melancholisches Prodromalstadium, subacuten Verlauf, grossen Stimmungswechsel, überhaupt grosse Labilität der Stimmung und vorwiegend
erotisch-religiöse Wahnideen.

Anders erscheint die Psychose da, wo sie nur ein Stadium einer
fortschreitenden funktionellen Entartung darstellt, die constitutionell,
meist hereditär veranlagt, gewöhnlich schon zur Pubertätszeit anhebt,
immer schlimmere Formen und Transformationen, namentlich zur
Hysteroepilepsie annimmt und unvermerkt in Geistesstörung übergeht.
Die Krankheitsbilder sind hier die degenerativen Formen der Folie
raisonnante, moral insanity, ganz besonders aber der primären Verrücktheit oder auch der unaufhaltsam vorschreitenden Dementia.

Die Krankheitsbilder der primären Verrücktheit sind theils

persecutorische, theils expansive. Die ersteren drehen sich vorwiegend
um hysterische Sensationen, die das kranke Bewusstsein in feindlichem
Sinne (Verfolgung durch übernatürliche magnetisch-physikalische
„Künste") deutet. Entsprechende Gehörshallucinationen gesellen sich
dazu und unterstützen die Bildung von Wahnideen. Häufig bestehen
hier krankhafte Sensationen im Bereich der Genitalorgane und geben
den Wahnideen eine sexuelle Richtung (Attentate auf die Geschlechtsehre, Schwangerschaftswahn). Die Incuben und Succuben mit der
dämonomanischen Auffassung vergangener Zeiten hatten wohl die gleiche
Entstehungsquelle. Auch heutzutage sind die Klagen hysterisch verrückter Weiber über nächtliche Schändung in Irrenhäusern etwas ganz
Alltägliches. Grundlose Denunciationen gegen Aerzte und männliche
Personen der Umgebung mit daraus sich ergebenden Skandalprocessen
verzeichnen die Annalen der gerichtlichen Medicin.

Die noch heutzutage zuweilen zu beobachtende hysterodämono-
manische Verrücktheit hat in der Geschichte der Klöster eine grosse
Rolle gespielt. Uterin-, Globus- und andere Sensationen führten zur
entsprechenden Lokalisation der bösen Geister. Als Reaktion ergaben
sich Convulsionen, tetanische Krämpfe, Zwangsvorstellungen zum Gottes-
lästern, Fluchen, wobei der dramatisirte Dämon nicht selten einer eigenen
Stimme sich bedient.

Die Fälle von exaltirter Verrücktheit sind meist transformirte.
Sie spielen sich in erotischen oder religiösen Delirien ab. Die religiöse
Verrücktheit ist zuweilen eine primäre, aus ecstatisch visionären De-
lirien hervorgegangene. Bezüglich der Behandlung dieser degenerativen
Formen von hysterischer Geistesstörung gilt wesentlich das p. 87
Erwähnte.

F. Das hypochondrische Irresein [1]).

Gegenüber den Fällen, in welchen durch besondere ätiologische
Umstände (Masturbation, Magendarmaffektionen etc.) die melancholische
Psychoneurose eine hypochondrische Färbung bekommt, stehen zahlreiche andere, in welchen als Zeichen einer meist hereditären Belastung
Hypochondrie als constitutionelle Neurose von der Pubertät, zuweilen
schon vor dieser anhebt, den Lebenslauf des belasteten Individuums
begleitet, wenigstens durch alle erheblicheren Störungen seines Befindens immer wieder aufgerufen wird und häufig ihren Ausgang in
schwere degenerative Irreseinszustände nimmt.

Die Grunderscheinung dieser bald als Neurose bald als Psychose

[1]) Morel, traité, p. 703; Schüle, Hdb., p. 421; Jolly, »Hypochondrie.« Ziemssen's Hdb. Suppl.-Bd. 1878 (mit ausführlicher Literatur).

aufgefassten funktionellen Störung im Centralnervensystem ist eine
theils centrale (psychische) theils periphere Hyperästhesie, vermöge
welcher die oft ursächlichen Erregungsvorgänge in den Nerven peripherer, meist krankhaft veränderter Organe nicht bloss deutlich bewusst,
sondern auch von lebhaften Unlustgefühlen bis zu heftigen Affekten
betont werden. Das Bewusstsein wird durch diese belastenden Gefühle nicht nur fortdauernd beunruhigt und ganz in Anspruch genommen, sondern auch zu Interpretationen derselben gedrängt, die zu den
trübsten Anschauungen von unheilbarer Entartung oder mindestens
schwerer Erkrankung in allegorischer Umdeutung der thatsächlichen
Sensationen führen. Andererseits kommt es bei dem hyperästhetischen
Zustand des psychischen Organs und der hoch gesteigerten Phantasie
des Leidenden, die immer nur die trübsten Bilder der Pathologie vor
dem geistigen Auge hat, zu Einbildungen in die „Leiblichkeit", indem
die betreffenden Vorstellungen die entsprechenden Empfindungen hervorrufen (Gemeingefühlshallucinationen).

Die ethische und intellectuelle Persönlichkeit des Kranken wird
durch diese fortwährende organisch sensible Belastung ihres Bewusstseins nothwendig eine tief veränderte im Sinn eines crassen Egoismus
und einer geistig gehemmten Leistungsfähigkeit bis zur apathischen
Versunkenheit.

Daneben finden sich vielfach Zwangsvorstellungen, Präcordialangst, impulsive Akte, die leicht zu Selbstmord führen.

Körperlich bestehen als begleitende oftmals ursächliche Störungen
chronische Magendarmcatarrhe mit davon abhängiger Obstipation,
Hämorrhoiden, deren ursprünglich neurotische Entstehungsweise und
Bedeutung mir für zahlreiche Fälle meines Beobachtungskreises zweifellos scheint.

Als ein besonders häufiges die Hypochondrie begleitendes Krankheitsbild erscheint die „Neurasthenia spinalis".

Die aus dieser constitutionellen Hypochondrie nicht selten hervorgehenden psychischen Degenerationszustände sind primäre Verrücktheit und zwar meist die in Wahnideen sich bewegende persecutorische Form, seltener die in Zwangsvorstellungen sich abspielende,
aber auch psychische Schwächezustände bis zur Dementia.

Die persecutorische Form findet ihre Entstehung darin, dass der
Kranke seine realen und eingebildeten Sensationen Einflüssen der
Aussenwelt z. B. feindlichen Mächten zuschreibt.

In anderen Fällen besteht die Verrücktheit darin, dass der Kranke
seine Sensationen nicht vergleichsweise, sondern in alogischer unmög-
licher Weise als bedingt durch Schlangen, Thiere im Leib, Vertrocknung,
Schwund der Organe und dgl. auffasst.

Die Hypochondric kann aber auch auf Grund einer besonders tiefen Belastung direkt in einen psychischen Schwächezustand übergehen — die psychische Unerregbarkeit nimmt überhand, die Kranken gehen ganz in ihrem krankhaften Empfinden auf, werden aller geistigen Interessen verlustig.

Die Prognose der hypochondrischen psychischen Entartungszustände ist eine trübe. Bei der Verrücktheit kommen oft Remissionen, nicht selten auch Intermissionen von Monate bis Jahre langer Dauer vor.

Sie geht so wenig wie die übrigen klinischen Formen der Verrücktheit in völlige Dementia über. Auch die psychischen Schwäche-zustände, die sich direkt aus Hypochondrie entwickeln, schreiten nicht zu apathischer Dementia vor.

Bezüglich der Therapie der Hypochondric muss auf die Lehrbücher der Nervenkrankheiten verwiesen werden.

Die psychischen Kuren mit Eingehen auf die Wahnideen der Kranken haben eher einen schädlichen, höchstens einen temporären Erfolg.

Die somatische Therapie wird die gelegentlichen körperlichen Ursachen (Magendarmaffektionen, Genitalerkrankungen etc.) aufzusuchen und zu bekämpfen haben.

Symptomatisch werden in ängstlichen Erregungszuständen Opiate sich nützlich erweisen.

Ueber die Behandlung der auf Grund von Masturbation entstandenen Fälle s. p. 87.

G. Das periodische Irresein [1]).

Die Thatsache des Vorkommens von Irresein in periodischer Wiederkehr der Anfälle ist eine früh schon erkannte. Sie deutet auf periodisch wiederkehrende gleichartige Veränderungen im psychischen Organ, zu deren Eintritt dasselbe eine besondere Disposition zeigt.

Es ist wahrscheinlich, dass diese Disposition schon als eine dauernde krankhafte Veränderung im psychischen Organ, analog der

---

[1]) Stahl, de affectibus periodicis. Halae 1702; Medicus, Geschichte d. period. Krankheiten, Carlsruhe 1764; Pinel, Mémoires de la société méd. d'émulat. 1798 u. Traité médico-philosoph. sur l'aliénation mentale. Paris 1808; Baumgarten-Crusius, Periodologie. Halle 1836; Esquirol, art. Manie im Dict. des sciences médicales und Maladies ment. Paris 1838. II. Bd., p. 108; Koster, Allg. Zeitschr. für Psych. 16; Schweig, Untersuchungen über period. Vorgänge im gesunden u. kranken Organismus. Karlsruhe 1843; Spielmann, Diagnostik d. Geisteskrankheiten, p. 324; Flemming, Pathologie. p. 262; Focke, Allg. Zeitschrift f. Psych. 5, H. 3; Dagonet, traité, p. 109; Morel, traité, p. 478; Kirn, Allg. Zeitschr. f. Psych. 26, p. 373; Derselbe, Die period. Psychosen. Stuttgart 1878.

für das Zustandekommen epileptischer Anfälle angesprochenen „epileptischen Veränderung" des Gehirns aufgefasst werden muss. Für diese Annahme spricht einerseits der Umstand, dass periodisches Irresein vorzugsweise auf Grundlage einer organischen, meist hereditären Belastung sich entwickelt oder aus schwer und dauernd das Centralorgan treffenden Schädlichkeiten, wie z. B. Alkoholexcesse, Trauma capitis entsteht, somit ätiologisch als degenerative Erscheinung angesprochen werden muss; andererseits ist dieser Annahme der Umstand günstig, dass auch ausserhalb der Paroxysmen das Centralorgan nicht in normaler Weise funktionirt, somit dauernd afficirt ist. Nur so ist es begreiflich, dass äusserlich gar nicht palpable oder höchst geringfügige Schädlichkeiten, in der Regel sogar spontane innerliche funktionelle Vorgänge, ja selbst physiologische Lebenszustände (Pubertät, Menstruation, Klimacterium) an und für sich zum Entstehen des periodischen Irreseins oder zur Auslösung von Anfällen desselben genügen. Ueber die anatomische Natur der dem periodischen Irresein zu Grunde liegenden Hirnveränderung wissen wir ebenso wenig etwas Positives als bezüglich der bei Epilepsie vorauszusetzenden. Rein funktionell lässt sich ein dauernder und temporär noch mehr gesteigerter Zustand labilen Gleichgewichts und vermehrter Erregbarkeit im Centralorgan vermuthen, auf Grund dessen intracerebrale oder periphere Reizvorgänge in periodischer Wiederkehr oder Summation der Reize den Anfall hervorrufen.

Auch über das Wesen der dem Anfall selbst zu Grunde liegenden Hirnveränderungen besitzen wir bloss Vermuthungen.

Nachdem schon Neftel in einem von ihm beobachteten Fall periodisch wiederkehrender Melancholie einen Zustand von vasomotorischem Gefässkrampf gewisser Rindenbezirke und dadurch entstandene Anämie als Ursache der Melancholie angesehen und darauf eine in seinem Fall erfolgreiche Galvanisation des Halssympathikus versucht hatte, betonte Meynert neuerdings die Möglichkeit, dass es sich hier um geänderte Innervationsverhältnisse vasomotorischer Nerven handle. Der genannte Autor nimmt an, dass bei der circulären Form des periodischen Irreseins, in der melancholischen Phase des Krankheitsbilds Hirnanämie durch vasomotorischen Krampf, in der maniakalischen Phase Hirnhyperämie durch mit nachlassendem Krampf eintretende Blutüberfüllung bestehe, das circuläre Irresein somit als eine, bald vasospastische, bald vasoparalytische Innervationsstörungen bietende vasomotorische Hirnneurose aufzufassen sei.

Diese Ansicht bedarf der Bestätigung durch umfassende sphygmographische Untersuchungen. Die bisherigen Erfahrungen erweisen allerdings die intensive Mitbetheiligung der vasomotorischen Nerven am Krankheitsbild, aber die Qualitäten des Krampf- und Lähmungspulses entsprechen zeitlich nicht vollkommen den melancholischen und maniakalischen Zustandsbildern, so dass die Vermuthung gerechtfertigt erscheint, die allerdings wichtigen vasomotorischen Anomaliecn seien nicht die psychischen Störungen bedingende, sondern ihnen coordinirte Erscheinungen. Ebenso wenig gestatten die von Meyer gefundenen von Anderen bestrittenen eigenartigen Schwankungen des Körpergewichts im circulären Irresein eine Deutung dieses noch zweifelhaften Befundes zu Gunsten des Krankheitsvorgangs als eine Trophoneurose des Gehirns.

Auch über die Natur der die Paroxysmen oder Phasen des periodischen Irreseins auslösenden Reize wissen wir kaum etwas Positives, wenigstens nicht bei den idiopathischen Fällen. Der Schwerpunkt der Aetiologie muss auf das krankhaft organisirte oder degenerirte belastete Gehirn der Kranken gelegt werden, dessen Erregbarkeitsschwelle so tief liegt, dass innere oder äussere Reize, die bei gesundem Gehirn ganz belanglos wären, hier, analog wie beim Gehirn der Epileptiker, zur Auslösung der Anfälle hinreichen.

In früheren Zeiten und zwar nicht bloss zu der eines Paracelsus, sondern bis auf unsere Tage hat man die Natur dieser Reize in atmosphärischen (Reil, Spurzheim, Gall, Forster, Guislain), namentlich aber in siderischen Einflüssen (des Mondes — Friedreich, Carus, Koster) zu finden geglaubt.

Bei den peripher ausgelösten (sympathischen) Fällen sind es überwiegend häufig von den Uterinnerven ausgehende Reizvorgänge (menstruale und Pubertätsvorgänge) die den Anfall auslösen.

Mehr weiss die Psychiatrie über Aetiologie, Verlauf und Symptomatologie dieser periodischen Psychosen.

Ihre klinisch prognostische Bedeutung als einer degenerativen Erscheinung hat Morel zuerst klar erkannt und gewürdigt.

Die grosse Mehrzahl dieser Kranken besteht aus Belasteten und zwar hereditär Belasteten. Seltener vermisst man eine direkte oder Familienanlage und ist die Belastung eine erworbene, durch fötale oder infantile Gehirnerkrankungen oder Schädelabnormitäten, namentlich Mierocephalie, noch seltener ist die Hirnveränderung eine durch Trauma capitis, Alkoholexcesse entstandene.

Aus der Häufigkeit der erblichen Belastung erklärt sich die Häufigkeit, mit welcher das periodisch sich gestaltende Irresein in physiologischen Lebensphasen (namentlich Pubertät, Menstruation, Klimacterium) ausbricht.

Als allen periodischen Irreseinsformen zukommende und sie von nicht periodischen unterscheidende Merkmale lassen sich aufstellen:

1. Die typische Uebereinstimmung in Bezug auf Verlauf und
Symptome der einzelnen Anfälle. Kirn in seiner trefflichen Monographie hat diese Thatsache neuerdings und mit Recht in den dia-
gnostischen Vordergrund gestellt. Diese stereotype Congruenz der einzelnen Anfälle bezieht sich sogar auf die Vorläufer, auf Inhalt und
zeitliche Folge der Detailsymptome.

Diese Uebereinstimmung bezieht sich jedoch nicht auf die ganze
Dauer des meist lebenslänglichen Leidens, auch nicht auf die Dauer
der einzelnen Anfälle.

In ersterer Hinsicht ist zu beachten, dass die periodische Psychose sich zuweilen erst nach wiederholten Recidiven einer nicht dem
Bild der späteren (periodischen) Anfälle congruenten Psychose heraus-
gestaltet und dass sie während ihres oft jahrzehntelangen Bestehens,
wohl unter dem Einfluss secundärer Hirnveränderungen, in ihrem Bild
sich ändert, z. B. schwerer wird, mehr Erscheinungen psychischer
Schwäche aufweist.

Die stereotype Congruenz der Anfälle gilt daher nur für einen
längeren Verlaufsabschnitt der Krankheit.

Auch die Dauer der Anfälle variirt oft wesentlich, unbeschadet
ihrer sonstigen Congruenz, insofern sie durch äussere oder innere Bedingungen abortiv oder protrahirt verlaufen können, mit der Dauer
der Krankheit sich zu protrahiren pflegen und, je länger die Wiederkehr eines Anfalls sich hinausschob, um so länger und intensiver sich
dann gewöhnlich sein Verlauf gestaltet.

2. Die Gesammtpersönlichkeit ist im Paroxysmus mimisch und
psychisch eine ganz andere als im Intervall, es handelt sich um zwei
ganz verschiedene Persönlichkeiten.

3. Es bestehen intervallär mehr oder weniger deutliche Erscheinungen eines dauernden Leidens des Centralnervensystems, so dass die
einzelnen Anfälle, analog denen einer Febris intermittens oder einer
Epilepsie, nur besonders markant hervortretende Symptome einer
dauernd fortbestehenden Krankheit darstellen.

Diese intervallären Symptome sind sehr mannichfaltig und individuell sehr verschieden. Vielfach stellen sie funktionelle Belastungserscheinungen dar und erscheinen unter dem Bild der neuropathischen
Constitution oder definirbarer, als Theilerscheinungen der Belastung
aufzufassender Neurosen (Hysterie, Epilepsie), oder sie sind Folge-
symptome der durch die wiederholten Anfälle gesetzten secundären
Hirnveränderungen (Reizbarkeit, psychische Schwäche, namentlich auf
gemüthlichem Gebiet Gemüthsstumpfheit) oder sie sind Nachzügler
eines abgeklungenen (geistige Erschöpfung) oder Vorläufer eines drohenden oder Erscheinungen eines abortiven Anfalls.

4. Die periodischen Psychosen erscheinen in annähernd gleichen Zeiträumen und vielfach unter annähernd gleichen äusseren und inneren Bedingungen wieder. Die Zeitdauer der Intervalle kann Wochen, Monate bis Jahre betragen.

Die Giltigkeit dieses Gesetzes wird nur einigermassen verwischt durch wechselnde äussere, die Wiederkehr der Anfälle beschleunigende oder aufschiebende Bedingungen.

5. Das Krankheitsbild bewegt sich vorwiegend in affektiven Anomalieen und formalen Störungen des Vorstellens und daraus hervorgehenden krankhaften Handlungen, bei wenig hervortretenden oder selbst ganz fehlenden inhaltlichen Störungen des Vorstellens (Wahnideen) und Sinnestäuschungen. In diesen letzteren Fällen hat es vielfach einen raisonnirenden oder moral-insanityartigen oder impulsiven Anstrich.

6. Die mittlere Dauer ist im Allgemeinen eine kürzere gegenüber analogen nicht periodischen Störungsformen.

7. Die Paroxysmen des periodischen Irreseins haben ein kurzes Vorläuferstadium, erreichen rasch die Krankheitshöhe, verharren mit verhältnissmässig geringen Intensitätsschwankungen auf dieser und klingen rasch ab, oft sogar ganz plötzlich sich lösend.

Die Diagnose hat diese allgemeinen Merkmale zu berücksichtigen. Da sie sich wesentlich auf die Vergleichung mehrerer Anfälle und die Beobachtung im intervallären Stadium gründet, verbürgt nie ein einziger Anfall, sondern nur die Betrachtung eines Verlaufabschnittes der Gesammtkrankheit die Sicherheit der Diagnose.

Die Prognose des periodischen Irreseins ist, wie aus seiner Aetiologie hervorgeht, im Allgemeinen eine schlechte. Die Ausgänge sind zuweilen Genesung, die sich noch am ehesten bei sympathisch bedingten und der Therapie zugänglichen Fällen, ferner bei mehr den Charakter des Deliriums als der Psychose an sich tragenden Anfällen von zudem kurzer Dauer aber gehäufter Wiederkehr hoffen lässt. Meist kommt es jedoch zu consekutiven geistigen Schwächezuständen mit allmälig schwindenden oder auch sich protrahirenden, in einander übergehenden Anfällen, so dass schliesslich ein continuirliches Irresein auf geistig defekter Basis entsteht.

Das periodische Irresein kann sich in Form der Psychose oder des Deliriums und im ersteren Fall wieder als maniakalisches, melancholisches und in Verbindung zweier Zustandsbilder als circuläres klinisch abspielen.

Genetisch lassen sich nach dem Vorgang von Kirn idiopathische d. h. direkt central ausgelöste und sympathische d. h. durch periphere Reizvorgänge im Gehirn hervorgerufene Fälle unterscheiden.

1. Das periodische Irresein in idiopathischer Entstehungsweise.

Es handelt sich hier fast immer um belastete Hirnorganisationen, nur selten sind erworbene Schädigungen des Gehirns z. B. durch Trauma capitis die Ursache, auf Grund welcher dann unbekannte innere Reize die Anfälle analog denen der Epileptiker auslösen.

Dieses idiopathische periodische Irresein zeigt nun zwei bemerkenswerthe klinische Erscheinungsformen.

1. Anfälle, welche in den bekannten Störungsformen der Manie, Melancholie oder einer Verbindung beider sich abspielen und zwar vorwiegend in der klinisch leichteren Form der maniakalischen Exaltation und der Mel. sine delirio, wobei Wahnideen und Sinnestäuschungen nur episodisch vorkommen und keine tiefere Störung des Bewusstseins vorhanden ist.

Diese Anfälle sind gegenüber denen der zweiten Categorie, wie Kirn hervorhob, dadurch ausgezeichnet, dass sie zu ihrem Ablauf längere Zeit erfordern, meist Monate.

2. Anfälle welche nicht unter dem Bild einer empirischen und im System einreihbaren Psychose verlaufen, sondern mit dem Gepräge des Deliriums. Sie gehen zudem mit einer tieferen Störung des Bewusstseins einher und zeigen einen peracuten oder acuten Verlauf, der Tage bis höchstens Wochen beträgt. Ihr Eintritt und ihre Lösung sind zudem viel brüsker als in der vorigen Gruppe.

l. Das idiopathische periodische Irresein in Form der Psycho-(neur)ose.

Es äussert sich am häufigsten als maniakalisches, seltener als circuläres, am seltensten als melancholisches. Die Dauer der Anfälle beträgt Monate. Sie schwankt nach äusseren und inneren Bedingungen. Es gibt auch abortive Anfälle. Die Wiederkehr der Anfälle erfolgt nach Monaten, zuweilen erst nach Jahren.

Das Krankheitsbild bewegt sich vorwiegend in der klinisch milderen Form einfacher affektiver und formaler Störung des Vorstellens, vielfach mit raisonnirendem Charakter.

a. Die Mania periodica [4]).

Entgegen den Erfahrungen anderer Autoren (Spielmann, Schüle, Kirn), wonach ein Stadium melancholicum den Anfall einleite, muss

1) Vgl. die Eingangs erwähnten Schriften von Esquirol, Spielmann, Flemming, Kirn.

ich an der primären Entstehung der Anfälle periodisch maniakalischen Irreseins, wenigstens während der Anstaltsbeobachtung festhalten.

Es mag Fälle geben, wo der erste und auch wiederholte Anfälle der Krankheit ein solches melancholisches Einleitungsstadium wahrnehmen lassen — sicher verliert sich dasselbe aber schon sehr früh.

Zudem hängt die Entscheidung von der Frage ab, was man unter melancholischem Prodromalstadium versteht.

Das drückende deprimirende Gefühl des drohenden Anfalls darf ebenso wenig als die psychische Unaufgelegtheit und gestörte Gemeingefühlsempfindung wie sie im Stad. incubationis acuter Infectionskrankheiten zum Ausdruck kommt, als Melancholie gedeutet werden, selbst dann nicht, wenn Gereiztheit, Angst sich dazu gesellen (Witkowsky).

Die periodischen Manieen meines Beobachtungskreises haben allerdings ihr Stadium der Vorboten, aber dieses sieht mehr einer Aura gleich denn einer prodromalen Psychose. Die einleitenden Symptome gehören theils der vasomotorischen Sphäre (Fluxion, Herzklopfen, Schwindel), theils der sensiblen (Neuralgieen, Myodynieen paralgische Beschwerden, Kopfweh), theils der psychischen (Erhöhung der gemüthlichen Reizbarkeit), theils der des Vagus (gastrische Störungen) an oder sie äussern sich auch durch Schlaflosigkeit, allgemeine Unbehaglichkeit wie sie ebenso gut eine schwere Infectionskrankheit als eine Psychose einleiten können.

Der Ausbruch der Manie ist ein ziemlich plötzlicher. Das Krankheitsbild ist das der maniakalischen Exaltation, aber auf dem degenerativen Boden in meist ausgeprägtem raisonnirendem, vielfach auch moral insanity Gewand und mit vorherrschendem Delirium actionis, das dann häufig einen impulsiven und vorwiegend unsittlichen Charakter hat.

Unter den affektiven Störungen nimmt die hochgradig gesteigerte Gemüthsreizbarkeit die erste Stelle ein und dadurch erscheint die Manie vorwiegend unter dem Stimmungsbild der reizbaren [1]).

Bei dem Zurücktreten der inhaltlichen Störungen des Vorstellens und dem raisonnirenden, vielfach unsittlichen und impulsiven Gepräge des Ganzen kann das Gebahren des Kranken als Perversität imponiren, insofern bloss die Handlungen und nicht etwa die Gesammtpersönlichkeit und das Gesammtkrankheitsbild sowie der intermittirende Cha-

---

[1]) Im Gegensatz zu der vorwiegend expansiven Manie auf dem Gebiet der Psychoneurose. Es gibt solche periodische Manieen, die sich fast ausschliesslich in einer reizbaren zornigen Stimmungslage mit beständig wiederkehrenden explosiven Affekten bewegen. Es ist mir nach meiner Erfahrung sehr wahrscheinlich, dass alle Manieen mit andauernd reizbarer Verstimmung und vorwiegend zornigen Affekten auf degenerativer Grundlage stehen.

rakter desselben gewürdigt werden. Dies gilt namentlich für die nicht seltenen Fälle, wo das impulsive Handlungsdelirium im Vordergrund steht und sich als Drang geschlechtliche Excesse zu begehen, fremdes Eigenthum wegzunehmen, zu saufen, anzuzünden, zu vagabundiren etc. äussert.

Vielfach ist hier die Gesammterscheinung des maniakalischen Irreseins nur in den Exacerbationen des Krankheitsbilds deutlich erkennbar.

Die heitere Stimmung tritt dann in den Hintergrund vor der reizbaren. Diese zeigt sich in Leichtverletzlichkeit, Neigung zu Intrigue und Händelsucht. Ein constanter Zug bei weiblichen Individuen ist dann auch auf Grund sexueller Erregung die Neigung zu sexueller Verdächtigung und Beschimpfung der weiblichen Umgebung. Die Exaltation des Vorstellens macht solche Kranke überaus schlagfertig, zu Meistern in Spott, Ironie und Persiflage.

Auf dieser Stufe pflegt das Krankheitsbild sich abzuspielen. Episodisch, etwa durch Alkoholexcesse, Versagung ausschweifender Wünsche, zornige Erregungen, die bei der grossen gemüthlichen Erregbarkeit sehr leicht eintreten, kann es zu Affektdelirien (pathologische Affekte), oder auch zu Tobsuchtexplosionen mit Wahnideen und Sinnestäuschungen kommen.

Um die Schilderung der diesen Krankheitszustand begleitenden somatischen Funktionsstörungen hat sich Kirn verdient gemacht. Sie gehören vorwiegend der Sphäre des Nervensystems an und bestehen in vasomotorischen — Herzklopfen, Fluxionen zum Gehirn mit weicher voller Carotis (Gefässlähmung) abwechselnd mit Erscheinungen von vasomotorischem Krampf, Blässe, Kältegefühl, namentlich in den Extremitäten, ferner in sekretorischen (Salivation, Steigerung der Urin- und Schweisssekretion), motorischen (Aenderungen der Irisinnervation — Hippus, Myosis, Mydriasis — Nystagmus) und Vagussymptomen (Anorexie, Polydipsie, zeitweise Polyphagie). Diese Störungen sind individuell sehr verschieden, aber im Einzelfall kehren die ihm zukommenden ebenso typisch wieder wie die psychischen Symptome. Der Schlaf ist gestört, auf wenige Stunden beschränkt. Selbst bei reichlicher Nahrungsaufnahme sinkt die Ernährung beträchtlich und bleibt auf erheblich verminderter Höhe gegenüber dem Körpergewicht im intervallären Zustand. Die Abnahme des Gewichts im Anfang und die Wiederzunahme nach Aufhören des Paroxysmus ist eine rapide.

Fast ebenso rasch wie der Paroxysmus aufgetreten ist, pflegt er abzuklingen. Dies geschieht binnen Stunden oder Tagen.

Waren Intensität und Dauer des Anfalls beträchtlich, so hinter-

lässt er ein Erschöpfungsstadium, das noch manisch (moriaartig) gefärbt sein kann, Tage bis Wochen andauert und in den intervallären
Zustand hinüberführt. Zuweilen nimmt dieses Erschöpfungsstadium die
schwerere Form eines Stupor an. Das Bewusstsein des Kranken, wieder
einen Anfall überstanden zu haben oder jetzt geistig gehemmt zu sein,
kann diesem Nachstadium einen schmerzlichen Zug verleihen, ohne
dass daraus auf ein melancholisches Nachstadium geschlossen werden
dürfte.

Ich habe ein solches nie beobachtet.

Entsprechend der milderen Form und kürzeren Dauer der periodischen Anfälle ist das postmaniakalische Erschöpfungsstadium lange
nicht so intensiv und dauernd als nach einfacher Manie.

Was den intervallären Zustand betrifft, so zeigen sich schon nach
wenigen Anfällen dauernde Abweichungen von der psychischen Norm,
insofern grosse Gemüthsreizbarkeit und Schwachsinn sich einstellen.
Mannichfache nervöse Beschwerden, ähnlich denen im Paroxysmus zu
beobachtenden, zeitweilige Wiederkehr auraartiger Symptomencomplexe
(vielleicht als abortive Anfälle zu deuten), Intoleranz gegen Alkohol
liefern den Beweis, dass auch intervallär das Gehirn nicht gesund ist.

Die Prognose dieser Form des periodischen Irreseins, wie wohl
überhaupt des periodischen, mit dem Charakter der Psychose und langer
Dauer der Anfälle, ist eine entschieden ungünstige. Im besten Fall
bleiben unter günstigen Lebensbedingungen die Anfälle Jahrelang aus.
Eine Genesung konnte ich nie beobachten.

Die Therapie ist nicht ohnmächtig gegenüber den einzelnen Anfällen. Neben den allgemeinen Indicationen, wie sie für das maniakalische Irresein (p. 42) überhaupt gelten, ist eine coupirende Be-
handlungsweise mittelst grösserer (0,03) oder häufig wiederholter
kleinerer subcutaner Dosen von Morphium vielfach erfolgreich, aber
immer nur dann, wenn sie bei den ersten Vorboten des nahenden
Anfalls eingreift. Ist dieser schon vollkommen entwickelt, so kommt
die coupirende Behandlung zu spät, indem der Anfall, unberührt durch
äussere Eingriffe, nach immanenten Gesetzen abläuft. Wohl aber
fehlt dann wenigstens nicht die intensitätsmildernde Wirkung des
Morphium, namentlich bei Fällen von reizbarer, beständig in Affekten
explodirender, mit schmerzlichem Gedankendrang einhergehender Manie.

Die Antitypica (Arsen und Chinin), so wirksam bei Neurosen auf
dem Boden einer Malariainfection, versagen gänzlich auf dem degenerativen des periodischen Irreseins. Auch vom Bromkalium habe ich
nie erhebliche Erfolge in dieser Form des maniakalischen Irreseins
gesehen.

Die Dipsomanie oder periodische Trunksucht [1]).

Als einer durch triebartigen, periodisch wiederkehrenden Drang zum Genuss alkoholischer Getränke und kurzen Verlauf ausgezeichneten Varietät der periodischen Manie ist im Anschluss an diese der sogenannten Dipsomanie (Clarus) zu gedenken. Man hat darüber gestritten, ob sie nur eine lasterhafte, etwa durch die typische Wiederkehr von festen Löhnungstagen periodisch sich äussernde Gewohnheit oder eine Psychose sei. Die letztere Annahme ist zweifellos die richtige, wenn man bedenkt, dass sie auch bei Leuten vorkommt, die täglich über eine volle Börse und einen gefüllten Weinkeller verfügen, und gleichwohl nur periodisch vom Drang in Alkohol zu excediren erfasst werden. Dazu kommt die Thatsache, dass diese Dipsomanie meist nur bei belasteten Individuen im Zusammenhang mit und im Anschluss an schwächende Einflüsse und greifbare somatische Erkrankungen, namentlich uterinale und Störungen der Menses, ferner an physiologische Lebensphasen (Gravidität, Menstruation, Klimacterium) sich vorfindet. Nicht minder beweisen der Umstand, dass Prodromi, Symptome und Verlauf der einzelnen Anfälle bis in's kleinste Detail einander gleichen, dass somatische und psychische Symptome eines pathologischen Hirnzustands neben der Saufsucht sich nachweisen lassen, dass die einzelnen Anfälle ohne jegliche äussere Veranlassung, somit rein innerlich organisch bedingt und zudem in regelmässigen Intervallen sich wiederholen, für die krankhafte, speciell periodische degenerative Natur dieses eigenthümlichen Krankheitszustands. Aber auch die Persönlichkeit des Kranken ist im und ausser dem Anfall eine total verschiedene, insofern Jener intervallär der solideste Mensch ist, ja oft sogar den Alkohol geradezu perhorrescirt. Zudem hat das sinn- und masslose Verlangen des Kranken nach Alkohol im Anfall keineswegs das Gepräge eines physiologisch gefühlten Bedürfnisses, sondern vielmehr das einer krankhaften brunstartigen Gier, wie sie in analoger Weise z. B. bei der geschlechtlichen Brunst Nymphomanischer, sich findet. Macht man endlich das Experiment, einen Dipsomanen im Beginn seines Paroxysmus einzusperren und ihm das Getränk vorzuenthalten, so verläuft jener als reizbare zornige Tobsucht.

---

[1]) Brühl-Cramer, Trunksucht. 1819 (beste Monographie); Clarus, Beiträge. p. 129; Henke, Abhdl. IV, p. 304; Esquirol, Geisteskrankheiten, übers. v. Bernhard II, p. 37; Ray, treatise, p. 420; Bucknill u. Tuke, manual of psychol. med. p. 236; Foville, Archiv. génér. (geschichtl. u. bibliograph. Notizen); Henke, Zeitschr. 1831. H. 3, p. 55 (sehr instruktiver Fall), Rose, Delir. trem. in Pitha u. Billroth's Chirurgie I. H. 2, p. 33; Liman, Vierteljahrsch. f. ger. Med. N. F. II. 1. 1865; Lykken, Hosp. Tid. 1878 (Schmidt's Jahrb. 1879. 1).

Das Krankheitsbild eines Dipsomanen lässt sich folgendermassen geben:

Der bisher solide, dem Alkoholgenuss oft geradezu abholde, nur neuropathische gemüthsreizbare Kranke zeigt als Prodromi des nahenden Anfalls Stunden- oder Tagelang Schlaflosigkeit, Appetitlosigkeit, Vollheit, Schwere des Kopfs, Kopfschmerzen, Fluxion zum Gehirn, Schwindel, subjektive Gesichts- und Gehörsempfindungen, gesteigerte Gemüthsreizbarkeit, Beklommenheit in den Präcordien und Bewegungsunruhe. Nun erwacht der unbezwingliche Trieb zum Saufen. Der Kranke eilt von Schenke zu Schenke, giesst mit unglaublicher Hast und Gier Alkoholica und wären sie selbst der ordinärste Fusel, gereicht in den unsaubersten Gefässen, hinunter. Unter anhaltender Bewegungsunruhe, Schlaflosigkeit und Fluxion zum Gehirn beherrscht ihn Tag und Nacht dieser Drang. Zu diesen Zeichen der Krankheit gesellen sich allmälig die der Alkoholintoxication, die aber, analog der verminderten toxischen Wirkung des Morphium in tobsüchtigen und deliranten Zuständen, viel geringer und später auftreten, als im gesunden Zustand. Nach einigen Tagen, zuweilen erst nach Wochen, lässt der Paroxysmus nach. Der Kranke verfällt in einen Erschöpfungszustand, in welchem, als Folgen des masslosen Alkoholgenusses, Magenkatarrh, Erbrechen, Betäubung, collapsusartige Erscheinungen, Tremor, zuweilen auch Phantasmen beängstigenden Inhalts erscheinen. Nach 1—3 Tagen weicht dieser stuporöse Zustand dem intervallären geistigen und körperlichen Wohlbefinden.

Die Anfälle wiederholen sich binnen Wochen, Monaten (Quartalsäufer), zuweilen erst binnen Jahren.

Bei häufiger wiederkehrenden Insulten entwickelt sich ein psychischer Schwächezustand (Abnahme der Intelligenz, ethische Verkümmerung, brutale Gemüthsreizbarkeit), nicht selten auch das Krankheitsbild des Alkoholismus chronicus und dann kann sich an den dipsomanischen Anfall auch ein solcher von Delirium tremens anschliessen. Die Prognose ist eine ungünstige. Nur eine jahrelange Internirung in einem Asyl könnte hier in Verbindung mit den für das periodisch maniakalische Irresein nützlich befundenen Mitteln, namentlich Morphium (in subcutaner Anwendungsweise als coupirendes Mittel) sich hilfreich erweisen.

Die Anwendung von Ekelkuren (Tart. emetic.), um dem Kranken den Genuss der Spirituosen zu verleiden, ist theils gefährlich, theils unnütz, weil er auch so präparirtes Getränk nicht verschmäht.

b. Die Melancholia periodica [1].

Sie ist, wenigstens in der Anstaltspraxis, enorm selten gegenüber
der maniakalischen Form. Die allgemeinen Kriterien des periodischen
Irreseins gelten auch hier, nur war, wenigstens in 4 von den 5 Fällen
eigener Beobachtung, das Krankheitsbild kein leichtes, sondern ein
mit Wahnideen und Sinnestäuschungen einhergehendes.

Die Wahnideen drehten sich um ein tief herabgesetztes Selbstgefühl. . In allen Fällen bestand heftige Präcordialangst und Taed.
vitae, das zu häufigen Selbstmordversuchen führte. Von somatischen
Symptomen waren Schlaflosigkeit, Kopfweh, Schwindel, eng contrahirte
Arterien bei meist frequentem Puls, Anorexie und gastrische Symptome,
damit rasches Sinken der Ernährung, Blässe bis zu Cyanose der Extremitäten, die ausgesprochensten.

Ein maniakalisches Prodromal- und Nachstadium, wie es Kirn
beobachtete, habe ich nie constatirt. Die Prognose ist eine ungünstige.
In allen meinen Fällen fand sich starke erbliche Belastung. Die Anfälle zeigten eine Neigung sich zu protrahiren, immer intensiver sich
zu gestalten; Erscheinungen psychischer Schwäche stellten sich früh
ein und schliesslich war auch intervallär eine leichte mel. Depression
wahrzunehmen.

c. Das circuläre Irresein [2].

Es handelt sich hier um ein alternirendes cyclisches Auftreten
von melancholischen und maniakalischen Zustandsbildern, die, zum
Unterschied von einer in Manie übergehenden Melancholie oder einer
durch eine Melancholie hindurchgehenden Manie, während einer längeren
Zeit, ja selbst die ganze folgende Lebenszeit hindurch typisch sich
ablösen. (Falret-folie circulaire, Baillarger-folie à double forme).

Der cyclische Wechsel dieser zwei Zustandsformen erinnert an die
Thatsache, dass bei vielen erblich belasteten Individuen ein periodischer
Wechsel zwischen Depression und Exaltation habituell ist und legt die
Möglichkeit nahe, dass das circuläre Irresein sich als eine Steigerung

---

[1] Neftel, Centralblatt f. d. med. Wissenschaften 1875, N. 22; u. Allg. Zeitschr.
f. Psych. 33, p. 91; Tigges, Irrenfreund 1870, p. 17; Kirn, op. cit. p. 52; Spielmann,
op. cit. p. 332, der auch einen Theil der Dipsomanen hieher rechnet; Morel, traité
des mal. ment. p. 477.

[2] Focke, Allg. Zeitschr. f. Psych. 5, p. 380; Koster, Allg. Zeitschr. f. Psych.
18 (Fall Thun, Reesmann, Mettemberger); Dittmar, üb. regulator. u. cycl. Geistesstörungen. Bonn 1877; Meyer, Archiv f. Psych. IV. Bd. 1; Baillarger, Ann. méd.
psych. 1854. Juli, p. 369; Legrand, Gaz. hebdom. 1855, N. 16; Falret, Bulletin de
l'académ. de méd. 1851. 54 u. Leçons cliniques. Paris 1864; s. f. Huppert, Schmidt's
Jahrb. 1877, 3; Schüle, Hdb. p. 431; Flemming, Irrenfreund 1876. 1; Kelp, ebenda 7.

dieses pathologischen Stimmungswechsels auffassen lässt. Thatsächlich erweist es sich in allen Fällen, deren Ascendenzverhältnisse zu ermitteln waren, als ein hereditär degeneratives Irresein, das zudem vorzugsweise in der Pubertät oder im Klimacterium ausbricht.

Es befällt nach Falret's Beobachtungen, mit denen auch die Anderer, sowie die meinigen übereinstimmen, vorwiegend Weiber.

Nicht selten gehen der Entwicklung des circulären Irreseins Anfälle einfacher oder periodischer Manie oder auch solche von Melancholie Jahrelang voraus. Das cyclische Irresein beginnt meist als melancholisches, seltener als maniakalisches. Das initiale Krankheitsbild ist weder durch ungewöhnliche Intensität noch Dauer vor dem späteren gleichnamigen ausgezeichnet. Meist schliesst sich an jenes das conträre Zustandsbild sofort an, in seltenen Fällen trennt beide ein lucides Intervall.

Der Verlauf des Leidens bewegt sich in alternirendem Wechsel der beiden den Cirkel bildenden Zustandsbilder, die. meist scharf sich voneinander abheben, seltener in einander überfliessen.

Dieses letztere Vorkommen entspricht mehr Fällen von langer Dauer der Zustandsbilder. Hier kann dann auch das von Meyer hervorgehobene Vorkommen von temporären elementaren Erscheinungen der gegensätzlichen Zustandsphase im melancholischen oder manischen Bild beobachtet werden.

Der Verlauf der melancholischen und maniakalischen Zustandsbilder kann jederzeit von einem sich dazwischen schiebenden lucid. intervallum durchbrochen werden, jedoch ist dessen Vorkommen durchaus kein so regelmässiges und häufiges, wie es von anderen Autoren dargestellt wurde. Ein solches wird noch am häufigsten nach Ablauf eines oder mehrerer Cirkel, dann als Zwischenstadium zweier Zustandsphasen, selten als Unterbrechung einer manischen oder melancholischen beobachtet.

Die Dauer des ganzen Cirkels, wie der ihn zusammensetzenden Zustandsbilder ist bei den verschiedenen Individuen, wie bei demselben Kranken eine variable und nicht selten von äusseren Bedingungen abhängige.

Es gibt Fälle von circulärem Irresein, bei denen der einzelne Cyclus binnen Wochen abläuft, neben solchen, in welchen er Monate bis Jahre erfordert. Meistens dauert die melancholische Phase länger als die maniakalische; die kürzeste Dauer hat entschieden ein etwa vorkommendes lucid. intervallum. Es gibt Fälle, namentlich solche von langgezogener Dauer der Zustandsbilder, in welchen diese nahezu unveränderlich gleich bleibt, neben anderen, in welchen kürzere oder längere Verlaufsphasen wechseln.

Die melancholischen und maniakalischen Zustandsbilder des circulären Irreseins bieten nach meiner Erfahrung durchaus nichts Specifisches, so dass nur der Verlauf entscheidend für die Diagnose sein kann. In der Mehrzahl der Fälle erheben sich die betreffenden Zustandsbilder nicht über die Stufe einer melancholischen Depression oder einer maniakalischen Exaltation und sind raisonnirende Färbungen derselben auf dieser exquisit degenerativen Grundlage häufig. Nicht selten finden sich aber auch die schwereren Formen des melancholischen Stupors und der Tobsucht mit Wahnideen und Sinnestäuschungen. Das einmal entwickelte Zustandsbild pflegt, wenn auch nicht mit photographischer Treue, so doch wesentlich gleich sich in allen folgenden, höchstens Unterschiede der Dauer und der Intensität aufweisenden Cirkeln zu erhalten.

Im Allgemeinen lässt sich sagen, dass je länger die Dauer der Zustandsphasen ist, um so milder das Krankheitsbild zu sein pflegt.

Das meist tief constitutionelle circuläre Irresein gestattet nur selten Hoffnung auf Genesung. Am ehesten ist eine solche noch bei den in kurzen Verlaufsphasen sich bewegenden Fällen zu hoffen, während die in langgestrecktem Verlauf sich bewegenden mit fataler Regelmässigkeit meist bis zum Lebensende wiederkehren. Längere Intermissionen können jedoch auch hier vorkommen.

Nach langer Dauer der Krankheit stellen sich Erscheinungen psychischer Schwäche ein, jedoch habe ich nie Ausgang in wirkliche Dementia beobachtet.

Die Therapie wird vorzugsweise sich auf eine symptomatische beschränken müssen. Bromkali schien mir in einigen Fällen von kurzer Verlaufsweise nicht wirkungslos. Noch günstiger erweisen sich Opium und Morphium in subcutaner Anwendungsweise.

Die Beobachtung von Schüle (Hdb. p. 437), nach welcher die erfolgreiche Behandlung eines Uterinleidens bei einer an Folie circulaire Leidenden die Psychose abortiv machte, weist auf die Möglichkeit peripherer Reize und die Wichtigkeit ihrer Beseitigung hin. Beachtenswerth ist auch die von Dittmar aus der Anstalt zu Klingenmünster berichtete Erfahrung, wonach durch Bettruhe im melancholischen Stadium der Eintritt des maniakalischen hinausgeschoben wird und der Verlauf desselben milder sich gestaltet.

Im Anschluss an dieses in cyclischem Wechsel melancholischer und maniakalischer Zustandsbilder sich bewegende Irresein muss eines solchen gedacht werden, das sich in typischem Wechsel von manieartigen Erregungszuständen und Stupor abspielt. Ein Theil dieser

Fälle hat Kahlbaum zur Aufstellung seiner „Katatonie" gedient. Auch Dittmar (op. cit.), der der Stimmungsanomalie überhaupt nur einen secundären Werth beimisst, erwähnt solcher durch regelmässiges Alterniren manischer und stuporöser Zustände charakterisirter Fälle von cyclischem Irresein.

Diese Varietät ist seltener als die vorhergehende. Sie befällt fast ausschliesslich männliche Individuen in der Pubertät und im Anschluss an diese. In allen Fällen meiner Beobachtung fanden sich Belastungserscheinungen. Gelegenheitsursachen waren masturbatorische Excesse oder Gemüthsbewegungen. Ein prodromales Stadium melancholischer Depression von Tage bis Monate langer Dauer leitete das cyclische Irresein ein. Dieses begann mit dem Zustandsbild des Stupor oder der manieartigen Erregung, die im Verlauf alternirten. Zuweilen schob sich ein luc. intervallum von meist kurzer Dauer dazwischen. Auch tiefgehende Remissionen, namentlich im stuporösen Stadium, wurden beobachtet. Die Dauer der Zustandsbilder variirte bei demselben und bei verschiedenen Individuen von Tagen bis Monaten. Sie gingen ziemlich unvermittelt in einander über.

Die stuporöse Phase war durch intercurrente, stundenlang andauernde psychomotorische Erregungszustände in Form von Zwangsstellungen, Zwangsbewegungen, Verbigeration, Rededrang mit geschraubter Diction und religiös pathetischem Inhalt ausgezeichnet. Die manischen Bilder erscheinen gegenüber der gewöhnlichen Tobsucht klinisch nüancirt durch komisches Pathos in Gebahren und Diction, Neigung zu Verbigeration, durch zwangsmässig in's Unendliche wiederholte, wahrhaft automatisch impulsive Bewegungsakte (Kreisdrehen, Purzelbäume etc.) neben den maniakalischen Erscheinungen des genuinen Bewegungsdrangs, der Ideenflucht etc. In der Mehrzahl meiner Fälle erfolgte Genesung aus einem die Serie der Zustandsbilder abschliessenden länger dauernden Stupor mit immer seltener werdenden episodischen Erregungszuständen.

Die Therapie war eine vorwiegend symptomatische. Ganz besondere Aufmerksamkeit erforderte die bei allen Kranken, selbst im stuporösen Stadium bemerkbare und jedesmal verschlimmernd wirkende Masturbation. In einigen Fällen schien Bromkali neben Hydrotherapie von Nutzen.

2. Das idiopathische periodische Irresein in Form von Delirium [1]).

Es gibt idiopathische Fälle von periodischem Irresein, die sich als Delirium abspielen und durch kurze Dauer der Anfälle, tiefere

---

[1]) Kirn, op. cit., p. 77.

Störung des Bewusstseins und durch psychomotorische Störungen sich scharf von den geschilderten Zuständen einer Manie, Mel. period. und circulären Geistesstörung abheben.

Kirn hat solche Zustände als „centrale Typhosen mit kurzen Anfällen" geschildert. Ich möchte das diagnostische Schwergewicht auf den deliranten Charakter dieser Anfälle legen.

Es erscheint kaum möglich, allgemeine Gesichtspunkte bei diesen individuell so unendlich variirenden Fällen aufzufinden.

Constante Symptome sind der brüske Ausbruch, die plötzliche Lösung, die tiefere auf einer Dämmer- oder Traumstufe sich haltende Bewusstseinsstörung, der verworrene Charakter des Deliriums, das ein hypochondrisches, persecutorisches oder Grössendelir sein kann, die auf einen direkten Reizvorgang in psychomotorischen Centren des Vorderhirns hindeutenden motorischen Störungen, die als sog. katatonische oder automatisch impulsive, zwangsmässige in Mimik, Sprache, Haltung und Bewegungen der Extremitäten sich kundgeben und stereotyp in jedem Anfall wiederkehren. Einzelne meiner Kranken zeigten immer und immer wieder dieselben grimassirenden Bewegungen, grotesken und clownartigen Zwangsstellungen, Zwangsbewegungen. Nicht selten fand sich auch verworrener beschleunigter Vorstellungsablauf mit Verbigeration.

Diese Zustände haben sehr viel gemeinsam mit den psychischen Aequivalenten der Epilepsie, namentlich den protrahirten.

Nicht selten fanden sich bei meinen Kranken auch 'epileptoide Zufälle. Indessen scheint es gerathen, diese Zustände vorerst von der Epilepsie gesondert zu betrachten. Die Wiederkehr der Anfälle erfolgt annähernd in gleichen Intervallen oder auch in gehäufter serienartiger Gruppirung.

Die Prognose ist, wie die des in kurzen Anfällen sich bewegenden periodischen Irreseins überhaupt, keine absolut ungünstige. Zuweilen werden Genesungen beobachtet. Längeres Ausbleiben der Paroxysmen, freilich mit dann gewöhnlich intensiverer und gehäufter Wiederkehr ist häufig.

Bromkali schien in einigen Fällen meiner Erfahrung die Wiederkehr der Anfälle zu verhindern, Morphium in subcutaner Anwendung deren Dauer abzukürzen und deren Verlauf milder zu gestalten.

II. Das periodische Irresein in sympathischer Entstehungsweise.

Es handelt sich hier um Irreseinszustände, die durch zeitweise das Gehirn treffende periphere Reize ausgelöst werden. Dass diese Reize eine solche Wirkung haben, erklärt sich aus einer krankhaften

Veranlagung dieses Organs, die ausnahmslos in solchen Fällen nachweisbar ist und meist eine erbliche Belastung darstellt. Am häufigsten
gehen solche Reize vom Genitalnervensystem aus und sind es speciell
die Vorgänge der Menstruation, sowie, nach den Erfahrungen von
Kirn, Uterinerkrankungen, die zu solchen Paroxysmen von häufig sich
wiederholendem Irresein mit typisch congruentem Symptomendetail und
Verlauf Anlass geben.

Das periodische menstruale Irresein [1].

Die reinste Form dieses Irreseins stellt das menstruale dar, d. h.
an die Zeit und den Vorgang der Menstruation gebundene Anfälle,
die theils nach dem Schema einer Psychose (Manie seltener Melancholie),
theils nach dem eines Delirium klinisch sich gestalten. In allen Fällen
dieses menstrualen Irreseins handelte es sich um ein ab ovo abnorm
erregbares Gehirn, das schon in der prämorbiden Zeit, sowie in den
Intervallen der Anfälle pathologisch reagirte. Die meisten der dieser
Krankheit anheimgefallenen Individuen waren erblich belastet, Alle
aber boten eine neuropathische Constitution, waren originär schwach-
sinnig oder mit funktionellen, ja selbst somatischen Degenerationszeichen
behaftet.

Die neuropathische Constitution äusserte sich früh, sicher aber
von der Pubertät an. Bei den Meisten waren schon in gesunden
Tagen die Menses von nervösen Beschwerden, psychischer Erregung
und Verstimmung begleitet. Bei Manchen gingen der Sexualpsychose
anderweitige Neurosen (Hysterie, H. epilepsie) oder auch Anfälle von
nicht periodischem Irresein voraus.

In zahlreichen Fällen genügen auf der Basis einer solchen Disposition geringfügige äussere Anlässe (Gemüthsbewegungen, Alkoholexcesse, körperliche Krankheiten), um zur Zeit einer nächstliegenden
Menstruation die Krankheit ausbrechen zu lassen. Bei einmal aus-
gebildeter Krankheit genügt der Menstruationsvorgang mit seinem
schon physiologisch die Erregbarkeit des centralen Nervensystems
steigernden Einfluss, um den Paroxysmus hervorzurufen, indem wohl,
analog der epileptischen Veränderung, eine bleibende funktionelle Veränderung im Gehirn sich entwickelt hat.

Bemerkenswerth ist, dass in ausgebildeten Fällen auch bei aus-
bleibender menstrualer Blutung zur Zeit der periodisch wiederkehrenden
Ovulation der Anfall sich einstellen kann.

---

[1] Vgl. d. Verf. Aufsatz Archiv f. Psych. VIII. H. 1; Schlager, Allg. Zeitschr.
f. Psych. 15, p. 457; Schröter, ebenda 30, p. 551 u. 31, H. 2; Zehnder, Wien. med.
Presse VI. 38; Winge, Norsk. Magaz. 3. R. III. 6; Weiss in Leidesdorf psych. Studien 1877; s. f. Band 1 dieses Lehrbuchs, p. 178.

Der erste Ausbruch der Krankheit kann in irgend einem Menstruationstermin des Geschlechtslebens erfolgen, im Allgemeinen um so früher, je grösser die Disposition ist.

Erkrankungen der Genitalien, Unregelmässigkeit der Menses finden sich häufig, jedoch tritt das Leiden auch bei funktionell und anatomisch normal beschaffenem Geschlechtsapparat auf.

Die Pathogenese muss in vasomotorischen Störungen gesucht werden, die reflectorisch durch die während des Vorgangs der Ovulation erregten Ovarialnerven im Gehirn entstehen. Dass der physiologische Vorgang der Menstruation solch bedeutende Reflexe hervorruft, erklärt sich aus dem belasteten Gehirn der zu menstrualem Irresein neigenden Individuen. Je nach dem Grad dieser Belastung ergeben sich menstruale Nervensymptome, die von einer einfachen Migräne bis zu Anfällen von Irresein sich erstrecken können.

Dass die Centra der Gefäss- und Uterusnerven räumlich nahe liegen und eine gleichartige Reaktion gegen bestimmte Reize zeigen, ist nach neueren physiologischen Erfahrungen (vgl. Schlesinger, Wien. med. Jahrbücher, 1874, H. 1) anzunehmen.

Als Prodromi des menstrualen Irreseins, die zuweilen mehrere Tage vorausgehen, sind Schlaflosigkeit, grosse gemüthliche Reizbarkeit zu erwähnen. Nicht selten leitet auch ein fluxionärer Zustand mit Kopfweh, Schwindel, Oppressionsgefühl im Epigastrium den Symptomencomplex ein.

Das Irresein tritt bald post-, bald prae- oder auch menstrual auf. Dieses zeitliche Verhältniss zur Menstruation kann sich im Verlauf der Krankheit ändern, ohne dass das Krankheitsbild eine wesentliche Veränderung erführe.

In Fällen von prämenstrualem Irresein schneidet der Anfall häufig mit dem Eintritt der Menses ab.

Dieses menstruale Irresein stimmt insofern mit den anderen Erscheinungsweisen des periodischen Irreseins überein, als es brüsk eintritt und endigt, die einzelnen Anfälle bis in's kleinste Detail einander gleichen, die Persönlichkeit im Anfall mimisch eine ganz andere als ausserhalb desselben ist und im intervallären Zustand mannichfache psychische und nervöse Symptome sich vorfinden.

Durch den brüsken Ausbruch und Niedergang des Anfalls, die meist sehr ausgesprochene Fluxion zum Gehirn, die tiefere Bewusstseinsstörung und daraus sich ergebende summarische Erinnerung, das massenhafte Auftreten von Hallucinationen, den häufigen Durchgang durch ein Stuporstadium, bekommt indessen das Krankheitsbild, das als maniakalisches, namentlich als zornige Tobsucht, als melancholisches oder als hallucinatorisches Delirium sich abspielen kann, ein ganz be-

sonderes Gepräge. Die nie fehlenden intervallären Symptome von
Seiten des Nervensystems sind theils Ausdruck der neuropathischen
Constitution, theils Symptome daneben erscheinender Hysterie oder
anderer nervöser Symptomencomplexe. Sie sind oft schwer von den
Ausläufern des Anfalls (Ermattung, Stupor) und den Prodromis des
folgenden zu unterscheiden.

Auffällig ist bei allen Kranken der auch intervallär bestehende
tarde Puls, ferner die sexuelle Erregbarkeit, die nicht selten Veranlassung zu Masturbation wird.

Es gibt Fälle, in welchen mit jedem Menstrualtermin der Anfall
typisch wiederkehrt. Mit der Zeit werden dann die Anfälle immer
intensiver und schwerer, zugleich länger. Es kommt dann zu secundären Schwächezuständen (allgemeine Verwirrtheit, Demenz). Die
Erregung kann eine permanente werden, indem ein Anfall in den
anderen übergeht.

Spontanes temporäres Ausbleiben der Anfälle kommt vor und
zwar zuweilen durch acute schwere Krankheiten (Typhus) oder indem
Amenorrhöe, wohl zugleich mit sistirender Ovulation eintritt und damit
die Gelegenheitsursache für die Wiederkehr der Anfälle wegfällt, aber
auch unter dem Einfluss eines Spitalsaufenthalts.

Die Prognose ist bei nicht veraltetem Leiden und nicht regelmässig wiederkehrenden Anfällen keine ungünstige, wenn auch die
Disposition nicht getilgt werden kann. Therapeutisch verlangt die
Indicatio causalis Bekämpfung der neuropathischen Constitution, d. h.
der gesteigerten Erregbarkeit des Gehirns durch psychische Diät, Vermeidung geschlechtlicher Erregungen, Hebung der Constitution (Hydrotherapie), Verbesserung der Anämie (Eisen), der etwaigen Uterinerkrankungen, Anomalieen der Menses (Gynäcologische Behandlung).

Die Prophylaxe des einzelnen Anfalls erfordert genaue Notirung
der Menstrualtermine, Ermittlung, ob der Anfall prae-, menstrual oder
post-menstrual eintritt und den Versuch einer künstlichen Herabsetzung
der gesteigerten Erregbarkeit in der gefährlichen Zeit durch Bromkali
nicht unter 6,0 pro die, nach Umständen bis 10,0. In der inter-
menstrualen Zeit setze man die Behandlung aus, damit keine Bromkali-
vergiftung entstehe. Bei Amenorrhöe und unregelmässigen Menses
muss man freilich andauernd Bromkali in kleineren Dosen (4—6,0)
geben. Man steige auf 8,0, sobald die Menses fliessen. Das von
Weiss (op. cit.) empfohlene Atropin, sowie das von Schlangenhausen
(Psych. Centralblatt, 1877, 2) empfohlene Ergotin haben in Fällen
meiner Beobachtung weder eine vorbeugende, noch den Anfall mildernde
Wirkung gezeigt.

Die Indicatio symptomatica fordert bei ausgebrochenem Anfall

Bettruhe und Isolirung. Bromkali coupirt hier zwar nicht, mildert
aber den Anfall. Bei heftiger Fluxion sind Eisumschläge, Bäder
nützlich. In einzelnen veralteten Fällen erweisen sich Morphium-
injektionen mildernd und abkürzend. Das Morphium scheint in kleineren
Dosen auch den tarden Puls in einen celeren umzuwandeln und dadurch
wenigstens der vasomotorischen Seite des Symptomencomplexes zu
entsprechen.

Prophylaktisch ist es werthlos.

Capitel 4.

Hirnkrankheiten mit vorwaltenden psychischen Symptomen.

A. Dementia paralytica [1]).

Unter den Hirnkrankheiten mit vorwaltenden psychischen Störungen kommt der sog. Paralyse der Irren, schon vermöge ihrer offenbar
in modernen gesellschaftlichen Zuständen begründeten zunehmenden
Häufigkeit, eine hervorragende Rolle zu.

Aber auch für die wissenschaftliche Forschung hat sie eine hohe
Bedeutung, klinisch durch das integrirende Miteintreten motorischer und
vasomotorischer Störungen in das Krankheitsbild, anatomisch durch den
palpablen Hirnbefund, der den Zusammenhang der psychischen Krankheiten mit der übrigen Cerebralpathologie ersichtlich macht und zudem
für die grosse Mehrzahl der Fälle ein übereinstimmender, als Periencephalomeningitis chronica zu deutender ist.

Durch diese Besonderheiten, wozu noch psychisch ein trotz allem
Wechsel der Zustandsbilder empirisch klarer progressiver Verlauf und
ein früher, tödtlicher Ausgang kommt, erscheint diese Hirnkrankheit
als eines der wichtigsten Objecte anatomischer und klinischer Untersuchung.

Neuere Forschungen haben die einheitliche anatomische Grundlage
dieser Krankheit erschüttert und die Wahrscheinlichkeit ergeben, dass

---

[1]) Liter. Bezüglich der bis 1867 s. m. Zusammenstellung in Allg. Zeitschr.
f. Psych. 1866. H. 6; Wichtige Arbeiten seitdem: Westphal, Archiv f. Psych. I,
p. 44; Simon, Die Gehirnerweichung der Irren. Hamburg 1871; Schüle, Sectionsergebnisse bei Geisteskranken. Leipzig 1874; Derselbe, Allg. Zeitschr. f. Psych. 32
d. 581; Ders., Handb., p. 535.

die Dementia paralytica nur ein klinischer Sammelbegriff sei, wie ihn früher die Tabes oder das Puerperalfieber darstellten. Sie erwecken die Hoffnung, dass auch die Dem. paralytica durch Auffindung von differenten, gewissen Verlaufsweisen und klinischen Symptomengruppirungen der Krankheit aber constant zukommenden Befunden, in verwandte, jedoch anatomisch wie klinisch zu trennende Krankheitszustände zerlegbar sein wird[1]).

Vom klinischen gegenwärtigen Standpunkt aus sind wir aber vorläufig genöthigt, die Dem. paralytica als ein einheitliches geschlossenes Krankheitsbild mit ganz bestimmten Symptomengruppen und bestimmtem Verlauf aufzufassen.

Klinisch lässt sich diese Krankheit definiren als eine chronische, wenn auch nicht in allen Stadien ihres Verlaufs fieberlose Hirnkrankheit mit vasomotorischen, psychischen und motorischen Functionsstörungen, progressivem Verlauf, durchschnittlich 2—3jähriger Dauer und fast immer tödtlichem Ausgang.

Die psychischen Störungen bestehen in einer fortschreitenden Abnahme der gesammten intellectuellen Leistungsfähigkeit bis zu den äussersten Stadien des apathischen Blödsinns. Auf dieser Grundlage finden sich wandelbare Zustandsbilder der Melancholie, Manie, Tobsucht, des Grössenwahns etc.

Die motorischen Störungen bestehen in allgemeinen, wechselnden, aber progressiven Störungen der Coordination der Bewegungen bis zu schliesslicher vollständiger Coordinationsunfähigkeit.

Intercurrent finden sich mannichfache Muskelinsufficienzen, Paresen bis zu Paralysen, apoplectiforme und epileptiforme Anfälle.

Die vasomotorischen Störungen bestehen in einer fortschreitenden Parese der vasomotorischen Nerven bis zur vollständigen Lähmung derselben. Vorübergehend kommt es auf Grund dieser Gefässlähmung zu Schwindel-Congestiverscheinungen, Tobanfällen etc.

Vom anatomischen Standpunkt aus wurde die Krankheit als Meningitis chronica (Meyer), Atrophia cerebri (Erlenmeyer), Cerebritis corticalis generalis (Parchappe) Perienecephalomeningitis diffusa chronica (Calmeil) aufgefasst.

Die letztere Bezeichnung ist die umfassendste und für die Fälle classischer Paralyse annehmbarste. Unter den Laien cursirt der übrigens unrichtige Ausdruck der „Gehirnerweichung". Klinisch wurde sie bald als Dementia cum paralysi (unrichtig, da die motorischen Störungen

---

[1]) Einen bemerkenswerthen Versuch in dieser Richtung bietet Schüle's Hdb., p. 535 u. p. 566.

nicht Complicationen, sondern integrirende Symptome der Krankheit
sind), bald als allgemeine progressive Bewegungsataxie der Irren, allgemeine progressive Paralyse der Irren, paralytisches Irresein, Dementia paralytica bezeichnet.

Gesammtbild und Verlauf der Krankheit.

Bevor es versucht wird, das Detail der Symptome dieses „klinischen Riesen" zu erörtern, erscheint es nöthig, einen Ueberblick über
Gesammtverlauf und Symptomengruppirung der Krankheit zu gewinnen.

Am frühesten erscheinen die vasomotorischen Symptome, dann
die psychischen und die motorischen. Die psychischen können gleichzeitig mit den motorischen einsetzen oder ihnen vorausgehen, oder,
in seltenen Fällen ihnen nachfolgen (Fälle sogenannter aufsteigender
Paralyse, Dementia tabica).

Die Krankheit beginnt niemals, wie man früher fälschlich annahm, mit den Erscheinungen einer Manie oder des Grössendelirs,
sondern mit einem Prodromalstadium.[1] Dieses Entwicklungsstadium
der Krankheit kann Jahre umfassen. Die Symptome sind oft un-
bestimmt und gestatten bloss die allgemeine Diagnose eines in Ausbildung begriffenen tieferen Hirnleidens überhaupt.

Im Allgemeinen lässt sich nur sagen, dass die Krankheit schon
von Anfang an durch Zeichen geistiger Schwäche, namentlich des Gedächtnisses sich kundgibt und dass neben einer solchen eine ganz un-
merklich sich vollziehende Aenderung des Charakters, der Sitten, Neigungen und Bestrebungen psychisch das Wesen der Krankheit in
diesem Prodromalstadium ausmacht.

Die geistige Schwäche gibt sich durch Vergesslichkeit, Zerstreut-
keit, Nachlässigkeit, Trägheit, gemüthliche Erregbarkeit, Reizbarkeit,
Weichheit, Willensschwäche, Unschlüssigkeit, leichtere Bestimmbarkeit kund.

Die Aenderung des Charakters zeigt sich in Lockerung der ästhetischen und moralischen Urtheile, im Auftreten von Neigungen, die
der früheren Anschauungsweise ganz entgegengesetzt sind, z. B. zum
Trinken, zu sexuellen Excessen, zur Verschwendung. Die körperlichen Symptome pflegen geringfügig zu sein.

Die Kranken klagen ab und zu über Kopfschmerz, dumpfen
Druck im Kopf, Schwindel, Congestionen. Sie bekommen gelegentlich
einen Ohnmacht-, Schwindel- oder apoplectischen Anfall, der aber

---

[1] Sander, Prämonitor. Symptome der Paralyse. Berlin. klin. Wochenschrift
1876. 21.

höchstens einige Stunden lang geistige Verwirrung oder Sprachstörung setzt und auffallenderweise keine Lähmung hinterlässt.

Auch ohne solche Anfälle kann die Sprache gelegentlich etwas gestört sein, die Zunge ist dann nicht recht gelenkig, das Aussprechen gewisser Worte macht Schwierigkeiten, der Kranke findet das rechte Wort nicht gleich. Auch der Gang ist gelegentlich ein gezwungener, steifer; complicirte Bewegungen, wie z. B. Tanzen, fallen schwerer, es findet sich ab und zu einmal Schielen, Ungleichheit der Pupillen, die Kranken ertragen den Wein in gewohnten Quantitäten nicht mehr, werden davon gleich schwindlich, betäubt.

Die einzelnen Nüancen jener fortschreitenden geistigen Insuffi- cienz und Charakterveränderung sind je nach Stand und Beruf äusserst verschieden.

Der früher pünktliche Geschäftsmann wird sorglos, nachlässig in der Buchführung, lässt den Schlüssel am Kassenschrank stecken, verlegt Correspondenzen, verliert Werthpapiere; in seinen schriftlichen Arbeiten finden sich Datum- und Rechnungsfehler, ausgelassene Worte und Buchstaben, Unsauberkeiten, Aenderungen der Handschrift etc., als erste Spuren getrübter, geistiger Klarheit, Besonnenheit und Auf- merksamkeit.

Der Offizier wird salopp, nachlässig im Dienst und zieht sich dadurch Verweise zu, der Beamte wird faul, hält die Bureaustunden nicht mehr ein, wird mit seinen Arbeiten nicht mehr fertig, vergisst Termine, wirft Akten in den Papierkorb, schläft bei seinem Arbeits- tische ein; der Rentier vergisst die Uhr aufzuziehen, den Papagei zu füttern, die Coupons abzuschneiden, versäumt den Club etc.

Bei Allen verräth sich aber die geänderte psychische Leistungs- fähigkeit in einer gewissen Schwäche und Lahmheit des Gedanken- gangs, in Zerstreutheiten und Vergesslichkeiten, Ausfallen von That- sachen, hauptsächlich aber Eigennamen, in beständiger Wiedererzählung derselben Anekdoten und Begebenheiten. Dabei ungewöhnliche Reiz- barkeit oder Gemüthsstumpfheit, oft Wechsel beider. Manche Kranke bemerken selbst, dass die geistige Arbeit ihnen nicht mehr so wie früher von der Hand geht, sie erschrecken darüber, halten diese Er- scheinung für eine nervöse Schwäche in Folge von Ueberanstrengung, der sie nun mit Reizmitteln, namentlich Weingenuss, nachzuhelfen suchen und womit sie das Uebel verschlimmern. So geht es oft Mo- nate bis Jahre, bis das ausgesprochene Stadium der Krankheitshöhe sich entwickelt.

Der Verlauf dieses Stadiums kann, bezüglich seiner psychischen Gestaltung, ein sehr verschiedenartiger sein. Gemeinsam ist nur allen Fällen die fortschreitende psychische Schwäche, die zunehmende geistige

Insufficienz, die Trübung der Besonnenheit bis zu hochgradiger, die Categorieen von Zeit und Raum gleichmässig in sich begreifender Bewusstseinsstörung und die Gedächtnissschwäche, wobei namentlich die Erlebnisse der Jüngstvergangenheit nicht mehr haften bleiben.

Den Ausbruch der eigentlichen Krankheit vermittelt nicht selten ein apoplectiformer oder epileptiformer Anfall.

Die Entwicklung der Symptomenreihen psychischerseits kann nun eine dreifache sein:

1. Bei der klassischen Paralyse entwickelt sich aus dem geschilderten Prodromalstadium eine maniakalische Exaltation, die durch äussere und innere Ursachen immer mehr sich steigert, mit Grössenwahn sich verbindet und rasch die Höhe der Tobsucht erreicht.

Die Tobsucht steigert sich noch weiter zur Höhe eines Delirium acutum, der Kranke geht schon jetzt zu Grunde oder, indem er mittlerweile in die günstigen hygienischen Bedingungen einer Irrenanstalt versetzt ist, geht die Tobsucht auf die Stufe einer maniakalischen Exaltation mit Grössendelir zurück. Dieser Erregungszustand macht einer fortschreitenden Dementia Platz, neue Tobanfälle entwickeln sich aus dieser und der Kranke geht in tiefem apathischem Blödsinn unter (galopirende klassische Paralyse).

In anderen Fällen folgt durch Zwischentreten einer weitgehenden Remission, die Monate bis Jahre dauern kann, auf die maniakalische Erregung mit Grössenwahn ein Waffenstillstand. Ueber kurz oder lang brechen Manie oder Tobsucht mit Grössendelir wieder aus und das Finale ist dann das gleiche wie im ersteren Fall.

2. Aus dem Prodromalstadium entwickelt sich ein hypochondrisch-melancholisches Krankheitsbild, das immer mehr von Dementia überwuchert wird oder auch sich scheinbar löst, indem eine Remission sich einschiebt. Nach längerer oder kürzerer Dauer dieser setzt wieder das hypochondrische oder das klassische Verlaufsbild der Paralyse ein.

3. Aus dem Prodromalstadium entwickelt sich eine primär-progressive Dementia. Hier kommt es nicht zu Manie und Grössendelir, wohl aber können Remissionen oder Tobanfälle intercurriren.

Neben diesem wandelbaren psychischen Verlauf, findet sich eine Fülle von vorwiegend vasomotorischen und motorischen Störungen. Es kommt ab und zu durch vorübergehende Gefässlähmung im Gebiet des Halssympathicus zu Congestiv-, Schwindel-, Ohnmacht- und apoplectiformen Anfällen, die Sprache wird häsitirend, verlangsamt, undeutlich, stammelnd, die Bewegungen der Hände werden unsicher, unbeholfen, der Gang wird unsicher, schwankend, strauchelnd; als Residuum von apoplectischen und epileptischen Anfällen kann der Kranke nach einer Seite überhängen; die Miene wird schlaff, ausdrucksloos; einzelne Facialisgebiete werden paretisch, es stellen sich Tremor der Zunge, der Finger, Beben der Lippen ein, die Pupillen erscheinen ungleich, bald mydriatisch, bald myotisch.

Alle diese motorischen Störungen zeigen grossen In- und Extensitätswechsel, sind zeitweise kaum bemerklich, zu Zeiten wieder sehr hervortretend, namentlich nach paralytischen Anfällen, im Allgemeinen aber progressiv.

Gemeinsam ist allen Kranken, mag die Zwischenzeit sich gestaltet haben wie sie will, das Endstadium.

Die Kranken sind apathisch blödsinnig geworden, sie haben kein Bewusstsein mehr von Zeit und Ort, ihre Sprache ist nur noch ein unverständliches Stammeln und Silbenquetschen, der gemischte Effect von amnestischer Aphasie und vollständiger Coordinationslähmung; das Gehen wird immer schwieriger, schliesslich unmöglich, obwohl die grobe Muskelkraft erhalten bleibt; die Hände sind durch Ataxie und Verlust der Bewegungsanschauungen unbrauchbar geworden, so dass die Kranken wie kleine Kinder gefüttert und gewartet werden müssen. Die Kranken werden durch Bewusstseinsstörung und Sphintereninsufficienz unreinlich, die Gefässlähmung hat ihre Höhe erreicht und gibt sich in lividen, kalten ödematösen Extremitäten, monocrotem, tardem Puls und abnorm geringer Eigenwärme (durch gesteigerte Wärmeverluste) zu erkennen.

Ab und zu stellen sich noch halb- oder doppelseitige Congestivanfälle im Gebiet des Halssympathikus mit temporärer Aufgeregtheit, Jactation, Verbigeration und Schlaflosigkeit ein oder auch apoplectiforme und epileptiforme Anfälle.

Fast constant ist in diesem Stadium krampfhaftes, oft continuirliches Zähneknirschen. Nun kommt es auch zu trophischen Störungen. Die bisherige Beleibtheit der Kranken verliert sich, trotz reichlicher Nahrungsaufnahme, die Rippen werden brüchig, es kommen Ohrblutgeschwülste, Decubitus, hypostatische Pneumonieen, Blasenentzündungen, und der Kranke geht an Decubitus, der selbst die Wirbelhöhle öffnen kann, an Pyämie, an Pneumonie, Cystitis mit Pyelonephritis, an bulbärer Schlinglähmung und Erstickung durch einen im Schlundkopf steckengebliebenen Bissen oder in einem epileptiformen oder apoplectiformen Anfall etc. zu Grunde.

Die Leichenöffnung[1]) ergibt die Zeichen einer chronischen diffusen

¹) Tigges, Allg. Zeitschr. f. Psych. 20; Meynert, Wien. med. Ztg. 1866, 22, 28 und Vierteljahrsschr. f. Psych. 1867. 2. 1868. 3. 4; Meschede Allg. Zeitschr. f. Psych. 29, p. 587 u. Virchow's Archiv 34. 56; Magnan und Mierzejewsky, Archiv de physiol. 1873; Schüle, Sectionsergebnisse, Leipzig 1874 und Allg. Zeitschr. f. Psych. 32. p. 581; Mierzejewsky, Archiv de physiol. 1875; Lubimoff, Virchow's Archiv 57 und

Erkrankung der weichen Hirnhäute und der Gehirnsubstanz, wozu noch gewisse Veränderungen am Rückenmark kommen.

Die räumliche Ausbreitung der als chronisch entzündliche anzusprechenden Veränderungen an Pia und Hirnoberfläche beschränkt sich auf das Verbreitungsgebiet der Carotis (Stirnlappen und angrenzende Theile) und greift nur höchst selten auf das Gefässgebiet der A. vertebralis über.

Es handelt sich also im Wesentlichen um eine Periencephalomeningitis diffusa chronica des Vorderhirns. Bald wiegen die Erscheinungen der Meningitis (weissliche Trübung und Verdickung der Pia, am intensivsten längs dem Verlauf der grossen Gefässe), bald die der Rindenatrophie (Verschmälerung der Windungszüge, grubiges Einsinken derselben, Klaffen der Sulci) vor und weist der Umstand, dass die Intensität dieser Vorgänge regionär nicht immer übereinstimmt, darauf hin, dass dieselben nicht direkt von einander abhängig sind.

Als Complicationen und Folgeerscheinungen ergeben sich Pacchymeningitis haemorrhagica, die nicht an das Territorium der chronischen Leptomeningitis gebunden ist, Atrophie und Sklerose der Marksubstanz der Grosshirnhemisphären, Ependymitis chron. ventriculorum mit Granulationsbildung, Hydrocephalus e vacuo ex- und internus, zuweilen auch graue Degeneration der Seh- und Riechnerven.

Als terminale und agonale Erscheinungen findet man Oedeme der Pia und des Gehirns. Die mikroskopischen [1]) Veränderungen bestehen an den Gefässen in Erweiterung dieser und der perivasculären Räume, Emigration von Blutkörperchen, Wucherung der Adventitiakerne, theils Neubildung, theils Obliteration von Gefässen.

Die Processe an der Glia sind die einer zu Sklerose führenden chronischen Entzündung (Schwellung der Saftzellen, Wucherung), die nach Lubimoff in Stirnlappen und Linsenkern, zuweilen auch in der Gegend des Facialiskerns und um die Oliven sich nachweisen lässt, nach Magnan und Mierzejewsky theils von der Hirnrinde centralwärts, theils von dem sich verdickenden und mit Granulationen (kleinen Fibromen) bedeckten Ependym der Ventrikel peripheriewärts sich in die Hirnmasse verbreitet.

Die consecutiven Veränderungen an den Ganglien sind theils Reiz-

Archiv f. Psych. IV., p. 579; Schüle, Hdb. p. 554, bestreitet auf Grund seiner mikroskopischen Forschungen die entzündliche Natur des Processes, wenigstens für die Bilder klassischer Paralyse und fasst jenen als einen Degenerationsvorgang mit dem Charakter der Reizung in den psychischen und psychomotorischen Bahnen des Gehirns mit secundärer oder auch gleichzeitiger Affektion des Rückenmarks auf.

[2]) Vgl. die lichtvolle Darstellung bei Schüle, Hdb. p, 556 mit sorgfältiger Verwerthung der gesammten neueren Literatur.

vorgänge (Kernwucherung), theils Degenerationsvorgänge (fettig pigmentöse); die Nervenröhren gehen dabei durch einfach körnigen Zerfall
und amyloide Degeneration zu Grunde.

Die fast regelmässig vorhandenen Veränderungen an dem Rückenmark hat Westphal [1]) zuerst genauer studirt.

Ausser einer nicht seltenen Pacchymeningitis interna und chronisch
entzündlichen Veränderungen der Pia handelt es sich hier wesentlich
um zweierlei Processe:

a) um eine graue Degeneration der Hinterstränge in ihrer ganzen
Länge, die immer an den Goll'schen Keilsträngen am stärksten entwickelt ist und am Halstheil auf diese beschränkt sein kann;

b) um eine chronische Myelitis der Hinterseitenstränge, d. h. um
einen Wucherungsprocess des interstitiellen Bindegewebes mit Bildung
von Körnchenzellen, jedoch ohne Atrophie der Nervenröhren.

Der Process in den Seitensträngen wurde in einzelnen Fällen
durch die Pyramidenkreuzung, die Pyramiden und Längsfasern der
Brücke bis in den äusseren Abschnitt des Fusses der Hirnschenkel
hinein verfolgt, jedoch noch nicht in Linsenkern und Stammlappen, so
dass cerebrale und spinale Erkrankung vorerst als von einander unab-
hängige Processe angesehen werden müssen.

Specielle Symptomatologie.

1. Psychische Symptome. Den Rahmen und die Grundlage
des ganzen psychischen Krankheitsbilds geben die Symptome psychischer
Schwäche ab, die sich speciell in Oberflächlichkeit der Affecte, geringer
Energie der Bestrebungen, geschwächter Logik und Kritik, geschwächtem
Gedächtniss, überhaupt in Nachlass der intellectuellen und ethischen
Leistungen, tieferer Störung des Bewusstseins verrathen.

Diese Defecte verleihen den auf dem Boden der Dementia
(paralytica) sich entwickelnden psychischen Krankheitsbildern ganz
besondere Züge, die sie zunächst von nicht auf dem Boden psychischer
Schwäche stehenden unterscheiden lassen, ja nach Umständen sogar
selbst beim temporären Fehlen motorischer Störungen auf die besondere
Basis (Dementia paralytica) den Kundigen hinweisen.

Die maniakalischen Zustände in der Paralyse bewegen sich in
allen Stufen der Erregung von der einfachen man. Exaltation bis zur
Höhe der Tobsucht.

Was die maniakalische Exaltation der Paralyse von einer gewöhnlichen zunächst unterscheidet, ist, nebst der Entwicklung aus dem

---

[1]) Virchow's Archiv 39. 40; s. f. Simon Archiv f. Psych. I. II, v. Rahenau
ebenda III. IV; Meyer, ebenda III; Tigges, Allg. Zeitschr. f. Psych. 29. H. 2.

verdächtigen Vorläuferstadium und der Gegenwart der motorischen
und vasomotorischen Störungen, die excessiv gehobene Selbstempfindung
bis zu desultorischen anticipirten Grössenwahnideen, die Kauf- und
Speculationssucht mit Sinnlosigkeit der Unternehmungen und Projecte
(Masseneinkäufe), die Neigung zu alkoholischen und namentlich geschlechtlichen Genüssen. Die schwere Störung der Besonnenheit der
noch scheinbar luciden Kranken verräth sich dabei in einer bemerkenswerthen Lascivität und Ungenirtheit in der Befriedigung der geschlechtlichen Bedürfnisse, nicht minder in der ethischen Indifferenz solcher
Kranker, wenn man sie auf ihr Gebahren aufmerksam macht. Daneben
bestehen auffällige Bewusstseinsstörung und Lapsus memoriae, vermöge
welcher sie Namen, Thatsachen vergessen, sich in bekannten Strassen
verirren, in fremde Häuser laufen, in der Meinung, es sei ihr eigenes,
auf ihren unmotivirten Excursionen ihr Geld verlieren, Gepäck und
Regenschirm vergessen, bis sie schliesslich ausgeplündert und ganz
verwahrlost, nach Umständen per Schub heimgelangen. Nicht selten
begleitet diesen Erregungszustand auch Kleptomanie und die dumme
Dreistigkeit im Wegnehmen der Sachen und Läugnen der Diebstähle
ist dann nicht minder bezeichnend für die Zerstreutheit, Bewusstseinsstörung und Gedächtnisschwäche der Kranken.

In der Regel fängt jetzt auch die Umgebung an, den Zustand
als einen krankhaften zu erkennen. Leider bemerkt man aber nicht
den Umfang der Störung, begnügt sich mit einer Badereise, Kalt-
wasserheilanstalt, Zerstreuungskur, um die vermeintlich bloss aufgeregten
Nerven zu beruhigen und gewährt dem Kranken damit Frist, sein
Geld zu verschleudern, durch unsinnige Verträge, Käufe und sonstige
Speculationen seine Familie finanziell zu ruiniren und durch seine fortgesetzte Hirnerregung und Excesse die letzte Möglichkeit einer Wiederherstellung zu vernichten.

Die Tobsuchtsanfälle der Paralytiker können sich aus solchen
maniakalischen Erregungen durch Summirung der äusseren und inneren
Reize entwickeln, meist aber treten sie plötzlich, unvermittelt auf, erreichen
rasch die Acme, um ebenso plötzlich wieder in Ruhe überzugehen.
Sie können wiederholt im Verlauf der Krankheit auftreten und noch
im Stadium finaler Dementia sich einstellen. Sie haben eine mehr-
tägige bis mehrwöchentliche Dauer, werden oft von Gefässlähmung
eingeleitet und begleitet, gehen dann auch wohl mit Fieber [1]) und

---

[1]) Aber durchaus nicht immer, wie L. Meyer, der sie auf Exacerbation einer
chron. Meningitis zurückzuführen versuchte, annahm.
    Schüle Hdb., bestreitet sogar für die classische Form der Paralyse geradezu,
dass ihre Tobsuchtsparoxysmen mit Fieber einhergehen.

Reizerscheinungen (Zähneknirschen) einher und sind wohl der Ausdruck fluxionärer Vorgänge in der Pia und der Hirnrinde.

Die Tobsucht der Paralytiker ist, entsprechend dem schweren idiopathischen Charakter dieser Complication und der grossen Bewusstseinsstörung, meist eine äusserst heftige. Brüllen, Schreien, blindes Zerstören, Schmieren, Kothessen sind hier ganz gewöhnliche Erscheinungen. Dabei grosse Verworrenheit und Bewusstseinsstörung; meist auch Salivation.

Grössenwahn [1]) ist eine äusserst häufige Erscheinung im Verlauf der Paralyse. Er ist indessen weder primär, noch wesentlich, noch specifisch, wie man vielfach meinte. Von diagnostischer Wichtigkeit und nicht selten dadurch allein auf die paralytische Basis hinweisend, ist die Art, wie er sich auf dem Boden der psychischen Schwäche entäussert:

a) Die primordialen Grössendelirien der Paralytiker sind ungeheuerlich, phantastisch, die Sphäre des Möglichen weit übersteigend, sich über die vorhandenen Grenzen der Zeit und des Raumes hinwegsetzend. Der Kranke ist Gott, Obergott, im Besitze von Millionen, Milliarden, diamantenen Schlössern, er ist in einem Athem Napoleon, Julius Cäsar, Bismarck; für ihn gibt es keine Grenzen und Potenzen.

b) Der Kranke weiss diese Wahnideen bei seiner psychischen Schwäche nicht zu motiviren und coordiniren, er merkt nicht das Unlogische, diametral einander Ausschliessende seiner Wahnvorstellungen.

c) Er schwelgt in wahnhaftem Besitz und Macht, ohne ein rechtes Streben zu besitzen im Sinn seiner Wahnideen zu handeln und wenn er auch einmal sich dazu erhebt, genügt bei der Gedächtnissschwäche, Bewusstseinsstörung und darniederliegenden Kritik ein nichtiger Vorwand, um ihn davon abzubringen, wie andrerseits bei seiner geschwächten Kritik ein lebhaft Gedachtes sofort ihm zur Wirklichkeit wird und es nicht schwer ist, dem leichtgläubigen Kranken die sinnlosesten Wahnideen zu induciren.

d) Eine nicht häufige, aber dann diagnostisch wichtige Erscheinung, weil sie sich nur bei Dem. paral. und senilis findet, ist ein Wechsel des primordialen Grössendelirs mit einem micromanischen.

Auch hier zeigt sich dann Ungeheuerlichkeit des Delirs in den Vorstellungen nur noch ein Zwerg, kaum zollhoch, wiederholt schon gestorben zu sein u. dgl.

Der Inhalt des Grössenwahns richtet sich ganz nach Bildungs-

[1]) Vgl. die Schilderung von Meschede, Virchow's Archiv 34: Falret „la folie paralytique"; Neumann, Lehrbuch p. 123.

grad und socialer Stufe des Kranken. Zuweilen ziehen sich Rudera desselben bis in die Demenz hinein.

Bei Frauen[1]) tritt der Grössenwahn weniger hervor, er ist bescheidener. Er erscheint mehr als eine Potenzirung der alltäglichen Lebensverhältnisse. Die Kranken haben viele schöne seidene Kleider, viele Strümpfe — oft hat der Wahn auch eine geschlechtliche Färbung — sie haben die schönsten Kinder geboren, lauter Zwillinge, gebären deren alle Tage u. s. w. Auffallend selten finden sich Hallucinationen in der Paralyse, doch ist sie durchaus nicht frei davon, wie schon behauptet wurde.

Hypochondrisches Delirium. Auch die hypochondrischen Delirien der Paralytiker bieten Eigenthümlichkeiten, die sie von einer gewöhnlichen hypochondrischen Melancholie unterscheiden lassen.

Auch hier fehlt nicht jener Zug des Ungeheuerlichen, Absurden, wie er sich aus der tiefen Störung des Bewusstseins und der Kritik nothwendig ergeben muss.

Während der gewöhnliche Hypochonder in der Sphäre des Möglichen delirirt, bewegt sich das Delirium des Paralytikers in der des Unmöglichen.

Die Kranken kommen sich kleiner, grösser oder gar dreieckig vor, ihr Kopf, ihre Zunge sind weg, ihre Organe vertrocknet, die Oeffnungen verstopft, sie können nicht mehr essen, nicht mehr zu Stuhl gehen, sie haben seit Monaten keinen Stuhl mehr gehabt u. dgl.

Diese Delirien sind zum Theil primordialer Natur, theils die demente falsche Allegorisirung wirklich zu Grunde liegender Sensationen (Anästhesieen etc.).

Auch die primäre progressive Dementia[2]) der Paralyse bietet von der gewöhnlichen Dementia abweichende Züge. Die Selbstempfindung und Apperception der Aussenwelt ist hier nicht die indifferente der gewöhnlichen Dementia, sondern eine gehobene optimistische; früh zeigt sich schon eine tiefe Bewusstseinsstörung bezüglich der Categorieen von Zeit, Raum, Persönlichkeit; die Kranken führen eine wahre Dämmerexistenz. Dabei sind oft gewisse äussere Formen der Convenienz, der Höflichkeit, des militärischen Anstands noch lange erhalten und maskiren äusserlich den Defekt.

Auch die Störung des Gedächtnisses ist eine eigenthümliche.

---

[1]) S. über Dem. paralytica beim weiblichen Geschlecht: Sander, Berliner Klin. Wochenschr. 1870. 7, v. Krafft, Archiv f. Psych. VII.

Jung, Allg. Zeitschr. f. Psych. 35, p. 235.

[2]) Diese Fälle haben, zusammengeworfen mit gar nicht hergehörigen und unter Vernachlässigung der Abnahme der Intelligenz wesentlich zur Aufstellung der paralyse gén. sans aliénation beigetragen. Vgl. Lunier, Ann. méd. psych. 1849.

Während die Erlebnisse der Längstvergangenheit noch treu reproducirt werden können, sind die der Jüngstvergangenheit (Mahlzeit, Besuch etc.) im Augenblick vergessen — ein eigenthümlicher Schwächezustand der Elemente des Vorstellens.

Die Remissionen[1]) im Verlauf der Krankheit können zu allen Zeiten sich einstellen, Wochen bis Monate, ja selbst Jahre andauern. Sie sind namentlich in den Anfangsstadien der Krankheit oft sehr weitgehend und können mit Intermissionen resp. Genesungen verwechselt werden. Immer zeigen sich indessen Züge von geistiger Schwäche, gelockertes Vorstellen, leichtere Bestimmbarkeit, grössere Reizbarkeit, allerlei Charakteranomalieen. Dabei ist die Einsicht für das Krankhafte der überstandenen Krankheitsperiode meist eine unvollkommene. Auch die Physiognomie bleibt meist pathologisch verändert. Motorische Störungen, leichte Schwindel- und Congestivanfälle zeigen sich ab und zu und verrathen das Fortbestehen schwerer Hirnveränderungen.

2. Die motorischen Störungen. Ihre allgemeinen Merkmale sind die der Ausgedehntheit, der Unvollständigkeit, des Wechsels in Bezug auf In- und Extensität, der fortschreitenden Ausbreitung mit dem Charakter der Coordinationsstörung.

Sie finden sich im Gebiet der Sprache, der Stimme, der Augenmuskeln, der mimischen Muskulatur, der Extremitäten. Am frühesten pflegen Sprache und Stimme zu leiden.

Die Störung der Sprache[2]) ist wesentlich eine coordinatorische (Silbenstolpern), wobei theils durch Demenz die Bewegungsanschauung des ganzen Wortes, das acustische Wortbild, theils durch Störungen im articulatorischen Coordinationsapparat die Bildung des Wortes als sprachgesetzliche Einheit nur noch unvollkommen gelingt, während die Laut- und Silbenbildung an und für sich ungestört von Statten geht (Kussmaul) oder nur verwandte Vocale und Consonanten verwechselt werden.

Im Verlauf kann sich Stammeln, Stottern, Lallen, sowie auch temporär Aphasie im Zusammenhang mit fluxionären, congestiven Anfällen und Glossoplegie im Anschluss an apoplectiforme hinzugesellen.

Im Endstadium ist der Verlust der Sprache combinirter Effekt von Dementia, Aphasie und vollständiger Coordinationslähmung. In der Ruhe und des Morgens pflegen die Sprachstörungen stärker zu sein; wenn der Sprachmechanismus einige Zeit in Thätigkeit war

---

[1]) v. Krafft, Friedreichs Blätter 1866, H. 2; Böttcher, deutsche Klinik 1866 Nr. 1, Doutrebente, Annal. méd. psychol. 1878 März—Mai.

[2]) Brosius, Allg. Zeitschr. f. Psych. 14, pag. 37; Zenker, ebenda 27, pag. 673; Kussmaul, „Die Störungen der Sprache" pag. 206; Voisin. Archiv génér. 1876 Jänner; Gallopain, Ann. méd. psychol. 1876 Juli.

odor, wie z. B. in der Aufregung, ein gesteigerter Impuls auf ihn stattfindet, kann die Sprachstörung anfangs noch zurücktreten.

Die articulirende Coordinationsstörung des Paralytikers beruht theils auf Ataxia labialis (Mitbewegungen, fibrilläre Zuckungen in orbicularis oris, levator labii super. alaeque nasi, levator menti, später auch Paresen der Oberlippe), wodurch namentlich die genauere Differenzirung der Labial- und Zischlaute (v w, b p, d t) undeutlich wird, bei übermässiger Zusammenpressung der Lippen sogar die Sprache vorübergehend versagt.

Je schneller der Kranke spricht, je aufgeregter er ist, um so deutlicher wird diese labiale Ataxie, die der Kranke einigermassen maskiren kann, indem er den Mund möglichst wenig öffnet. Wichtiger ist die Glossoataxie. Die ungelenkigen, durch Mitbewegungen gestörten Bewegungen der Zunge werfen die Silben bunt durcheinander, so dass die Silben und Buchstaben versetzt werden.

Dabei werden einzelne Silben verschluckt, oder nur unvollständig ausgesprochen, indem die Pronunciationsbewegungen zum Aussprechen der vorausgehenden Silbe nachdauern oder die für die folgende Silbe verfrüht eintreten. Oder eine Silbe wird nochmals wiederholt (Stottern) oder nachgezogen (strauchelnde Sprache), indem die Pronunciationsbewegungen im ersten Fall quasi krampfhaft sich wiederholen, im zweiten Fall der Sprachmechanismus noch nicht genügend richtig und ausgiebig innervirt ist.

Nicht selten ist die Sprache auch gedehnt, verlangsamt, indem der Kranke instinktiv durch langsamere und energischere Innervation das Coordinationshinderniss zu überwinden versucht. Jedoch kommt es nie zu skandirender Sprache.

Daneben äussert sich die Coordinationsstörung vielfach auch darin, dass die Silben ungleich und unrichtig betont werden, insofern einzelne verschluckt, andere ungewöhnlich accentuirt werden.

Trotz hoch entwickelter Sprachstörung sind die Muskeln der Zunge und Lippen doch zu allen andern Funktionsleistungen brauchbar. Dieser Umstand, sowie die Negativität der Befunde in der Sprachbahn (Westphal), denen übrigens positive von Lubimoff und Gallopain gegenüberstehen, machen es wahrscheinlich, dass die Sprachstörung in der Rindenaffektion des Grosshirns begründet ist, eine Ansicht, die schon Bouillaud aussprach.

Auch die Stimmmuskeln sind oft früh schon durch Ataxie und Parese in ihrer Funktion gestört (Schulz, Rauchfuss), die Stimme wird dadurch vielfach rauh, dumpf, belegt, bekommt einen meckernden Timbre, überschnappt leicht beim Singen. Durch gestörte Innervation des Gaumensegels bekommt sie dann auch wohl einen näselnden Charakter.

An den Augenmuskeln kommt es, namentlich bei der tabetischen Form, zu vorübergehenden Lähmungen mit Diplopie. Auch Nystagmus und Ptosis werden als vorübergehende Symptome beobachtet. Häufig sind Innervationsanomalieen der Irismuskeln [1]), die aber nur Werth haben, wenn sie als erst in der Krankheit entstanden erwiesen sind und eine intraoculäre Ursache ausgeschlossen werden kann. Nicht selten ist im Anfang, namentlich im manischen Stadium Myosis, die auf Atropin weicht, häufiger findet sich einseitige Mydriasis, die sich auf Calabar nicht verliert. Ganz besonders wichtig ist aber die Ungleichheit der Pupillen und der Wechsel der Innervationsstörungen an der Iris.

Im Facialisgebiet finden sich oft schon früh Paresen, wechselnd und auf einige Muskelzweige, namentlich Lippenmuskeln beschränkt. Ausgebreitete Gesichtslähmungen finden sich nur temporär nach apoplektischen und epileptischen Anfällen. Eine frühe Erscheinung pflegt ein eigenthümliches fibrilläres Zucken und Beben der Gesichtsmuskeln, namentlich der Mundparthien zu sein, das besonders bei mimischen und articulatorischen Impulsen auftritt und vorübergehend sich bis zu tic convulsif steigern kann. In vorgeschrittenen Stadien der Krankheit ist auch die port. minor trigemini betheiligt. Es kommt dann zu eigenthümlichen, automatisch krampfhaften Kaubewegungen und zu Zähneknirschen. In den Endstadien der Krankheit können auch die Deglutitionsmuskeln temporär insufficient werden und dadurch Erstickungsgefahr bedingen.

In den oberen Extremitäten zeigen sich früh Tremor, Ataxie. Die grosse Ungeschicklichkeit und Hilflosigkeit im Terminalstadium beruht grossentheils auf dem Verlust oder der Unvollkommenheit der zu Gebot stehenden Bewegungsanschauungen.

Die Störungen der unteren Extremitäten lassen sich nach Westphal in 2 Grundformen scheiden, den tabischen und den paralytischen Gang. Im Anfang sind beide Formen schwer zu differenziren, der Gang erscheint bloss steif, hölzern, ungelenkig. Die Gehstörungen beim Tabischen sind die gleichen, wie bei der Tabes und durch die graue Degeneration der Hinterstränge motivirt. Die Kranken sinken um, wenn man ihnen das Licht entzieht, die Patellarsehneureflexe sind aufgehoben.

Bei der grossen Mehrzahl der Paralytiker findet man die zweite Gangart. Der Gang ist schlürfend, trippelnd, aber nicht nachschleifend, wie bei wirklich Gelähmten. Die Füsse werden nur wenig vom Boden abgehoben, der Gang ist langsam, breitspurig, plump, ungeschickt,

[1]) Austin, Ann. méd. psychol. 1862 April. Seifert, Allg. Zeitschr. f. Psych. 10.

leicht schwankend beim Umdrehen. Bei verbundenen Augen wird das
Gehen nicht schlechter. In Bettlage sind alle Bewegungen gut ausführbar und bis zu den Endstadien der Krankheit erhält sich die
grobe motorische Kraft [1]).

Wichtige episodische Erscheinungen sind die apoplectiformen und
epileptiformen Anfälle [2]). Die ersteren sind unvollkommen, auf einen
momentanen Bewusstseinsverlust mit Nachlass der Innervation beschränkt
oder sie gleichen vollkommen den apoplektischen Insulten mit Hemi-
plegie, von denen sie sich nur durch das rasche Zurückgehen der
Lähmungen unterscheiden.

Die epileptiformen Anfälle können den Anfällen ächter Epilepsie
gleichen. Häufiger sind sie nur partiell, halbseitig, gehen nicht mit
völligem Verlust des Bewusstseins einher, dauern zudem länger, Stunden, selbst Tage; in seltenen Fällen beschränken sie sich auf momen-
tane Schwindelanfälle. Diese Anfälle gehen häufig aus Zuständen von
Gefässlähmung hervor, und, wie Westphal zeigte, mit Temperatur-
steigerung selbst bis zu 40° einher. Häufig entwickeln sich im Anschluss an diese Anfälle auch entzündliche Affektionen der Lungen
(catarrhalische und hypostatische Pneumonieen), deren Entstehung, ob
mechanisch durch Einfliessen von Rachen- oder Mundsecret in die
Luftwege des reaktionslosen Kranken oder neurotisch durch Gefässlähmung im Bereich des Brustsympathikus vorerst fraglich bleibt.

Die Anfälle können sich in allen Stadien der Krankheit vorfinden.
Sie sind nicht in jedem Fall vorhanden, jedoch sehr häufig und meist
wiederholen sie sich öfters, wenn sie einmal in's Krankheitsbild eingetreten sind. Nach diesen Anfällen sind die motorischen Störungen
gesteigert, oft bleiben auch einige Zeit lang Facialis-Hypoglossus-

---

[1]) Ob diese Bewegungsstörungen in den Extremitäten cerebral oder spinal
bedingt sind, erscheint zur Zeit noch fraglich. Die Wahrscheinlichkeit spricht nach
den Versuchen von Fritsch, Hitzig, Nothnagel u. A., die es zweifellos machen,
dass paretische und atactische Störungen bei Reizung und Verletzung der Hirnrinde
auftreten, für das cerebrale Bedingtsein jener und zwar in den motorischen Centren
des beim Process der Paralyse atrophirenden Stirnhirns. Mit Recht weist Kussmaul
(Störungen der Sprache pag. 124) darauf hin, dass es wesentlich die intellectuell erlernten
Bewegungen sind, die verloren gehen oder schwieriger ausgeführt werden. Jedenfalls
erklären die Rückenmarksbefunde, wie dies Westphal selbst anerkennt, nicht völlig
diese motorischen Störungen. Gibt es doch Fälle, wo das Rückenmark ganz intact
bleibt und solche, wo Körnchenzellenmyelitis ohne alle paralyt. Bewegungsstörungen
so z. B. bei Tuberculosen gefunden wird. Vgl. Hitzig, Ziemssen Hdb. XI. pag. 809;
Saml, Archiv f. Psych. V. pag. 112. 201; Bernhardt ebenda IV. pag. 698, Meynert.
Vierteljahrsschr. f. Psych. 1867. pag. 166 und Archiv f. Psych. IV, pag. 417.

[2]) Baillarger, Ann. méd. psych. 1858, pag. 168; Baume ebenda 1862. pag. 540;
Westphal, Archiv f. Psych, V, pag. 337; Schüle Hdh., pag. 164.

lähmungen und Hemiparesen zurück, die, wenn sie auf Convulsionen folgen, immer auf der Seite dieser sich finden. In der Regel schwinden sie nach Stunden oder Tagen. Auch der psychische Zustand ist nach diesen Anfällen jedesmal verschlechtert und erhebt sich nicht mehr auf das frühere geistige Niveau. Diese Insulte sind jedenfalls nicht durch grobe anatomische Veränderungen vermittelt. Die apopleetiformen entstehen wahrscheinlich durch temporäre Gefässlähmungen mit consecutivem regionärem Oedem gewisser motorischer Hirnbezirke; für die epileptiformen ist eine ähnliche Genese, wie beim classischen epileptischen Insult (Gefässkrampf und dadurch Erregung des Nothnagel'schen Krampfcentrums im Pons) annehmbar. Von der regionären Ausbreitung des Gefässkrampfs würde dann die der Convulsionen abhängig sein. Die den epileptiformen Anfällen folgenden kurz dauernden Lähmungen erklären sich aus regionärem Oedem der betreffenden motorischen Hirntheile, das bei der ohnedies grossen Durchlässigkeit der Gefässe des Paralytikers und dem vorausgängigen krampfhaften Gefässabschluss im Sinn der Cohnheim'schen Entdeckungen leicht eintritt.

3. Die vasomotorischen Störungen. Sie verrathen sich schon früh durch den monocroten tarden Charakter des Pulses. Es handelt sich um eine fortschreitende Gefässparese bei dieser Krankheit, die vorübergehend zu regionärer totaler Gefässlähmung im Gebiet des Halssympathicus (oft halbseitig nach Analogie der Claude-Bernard'schen Durchschneidungen) mit Schwindel- und Schlaganfällen, localer und allgemeiner Temperaturerhöhung, halbseitigem Schwitzen etc. führt, aber auch in Form von umschriebenen Gefässlähmungen der Haut (meningitischer Fleck, Trousseau) zum Ausdrucke kommt. Im Endstadium ist diese Gefässlähmung eine allgemeine und bedingt neben neuroparalytischen Hyperämieen in Lunge, Blase, Darm u. s. w. Cyanose, Kälte, Oedeme der Haut und subnormale Temperaturen.

Als trophische Störungen sind der nicht seltene Herpes zoster, das von Servaes zuerst beobachtete Blutschwitzen, die rapide Abnahme der Ernährung im Endstadium, die Knochenbrüchigkeit mit Vermehrung der Phosphate im Urin, der finale Decubitus zu erwähnen.

Neben den vasomotorischen und motorischen Störungen spielen die Störungen der Sensibilität eine geringe Rolle.

Kopfschmerz findet sich nicht selten im Anfang, lancinirende Schmerzen in den Extremitäten kommen nur bei der tabetischen Form vor. In den vorgeschrittenen Stadien der Paralyse ist die Sensibilität vermindert, jedoch sind genaue Funktionsprüfungen wegen der Demenz und Bewusstseinsstörung der Kranken schwierig. In manchen Fällen ist die tactile Empfindlichkeit erhalten und nur die Schmerzempfindlichkeit aufgehoben. Störungen im Gebiet des Opticus als Amblyopie sind nicht selten, theils als Prodromal-, theils als Verlaufssymptome. Neben negativen Befunden ergibt der Augenspiegel Neuroretinitis und peripapilläres Oedem. Auch Fälle von Anosmie haben Flemming, Westphal, Simon, Magnan constatirt. In einzelnen Fällen liess sich graue Degeneration des Olfactorius nachweisen. Der Geschlechtstrieb ist anfangs oft gesteigert, häufig aber schon von Anfang an abgestumpft bis zur Impotenz. Auch Abweichungen im Gang der Eigenwärme werden im Verlauf der Krankheit beobachtet. Die Gefässlähmungen im Bereich des Halssympathicus gehen mit Temperatursteigerungen bis zu 40° einher, desgleichen sind die apoplectischen und epileptischen Anfälle häufig von solchen begleitet oder gefolgt.

Auch in den Tobsuchtparoxysmen sind oft mässige Erhöhungen der Eigenwärme (38—39°) zu beobachten, die beim Ausschluss vegetativer Erkrankungen auf eine neurotische Ursache beziehbar sind.

In den Endstadien der Paralyse ist die Eigenwärme eine subnormale. Nicht selten sind dann auch halbseitige Temperaturdifferenzen nachweisbar, die namentlich nach Anfällen hervortreten und bis zu 1° betragen können.

Agonal finden sich nicht selten Collapstemperaturen bis zu 24° bei Euphorie der Kranken. Sie bilden den Gegensatz zu den hyperpyretischen Temperaturen, wie sie Wunderlich u. A. am Schluss tödtlicher Neurosen nachgewiesen haben. In seltenen Fällen finden sich solche aber auch bei Paralytischen in der Agonie.

So habe ich in einem derartigen Fall (Allg. Zeitsch. f. Psych. 1868 p. 325) eine Temperatur von 43° gemessen.

Die Diagnose[1]) der Dem. paralytica ist leicht bei entwickelter Krankheit, bei genügend bekannter Anamnese und Kenntniss des bisherigen Verlaufs der Krankheit.

Obwohl kein einziges Symptom für diese Krankheit specifisch ist, bietet doch psychisch der Boden der psychischen Schwäche, auf dem von vorne herein alle die wechselnden psychischen Zustandsbilder sich entwickeln und verlaufen, vasomotorisch und motorisch die besondere Art der Entwicklung und Gruppirung der Symptome sichere Anhaltspunkte für die Diagnose. Dazu die Entwicklung aus einem eigenthümlichen, mindestens eine schwere idiopathische Hirnerkrankung verrathenden Prodromalstadium, der progressive, dabei wechselnde Charakter der verschiedenen Symptomenreihen mit auffälliger Neigung zu Remissionen.

[1]) v. Krafft, Allg. Zeitschr. f. Psych. 23, pag. 181; Hitzig, Ziemssen Hdb. XI. pag. 810; Nasse, Irrenfreund 1870. 7.

Der Differenzirung der melancholisch-maniakalischen, Grössen-
wahn- und Tobsuchtbilder etc. von nicht paralytischen derartigen Formen
wurde schon gedacht, über die Unterscheidung gewisser Formen des
Alkohol. chron. s. diesen. Gegenüber heerdartigen Hirnerkrankungen
mit psychischer Störung (Dem. apoplectica, Encephalitis) ist zu beachten, dass die motorischen Störungen der Paralyse nicht Lähmungen,
sondern Coordinationsstörungen, allgemeine nicht umschriebene, progressive und nicht stationäre sind.

Schwierig kann die diff. Diagnose von gewissen Fällen von
Lues cerebralis auf Grund diffuser Gefäss- und Gewebsdegeneration sein.

Ausser den allgemeinen für Lues cerebralis sprechenden Symptomen kann hier die Seltenheit von Grössendelir, das besondere Hervortreten von Lähmung einzelner Hirnnerven, das oft sehr jugendliche
Alter bei Hirnsyphilis, Anhaltspunkte geben.

Die Gesammtdauer der Krankheit ist eine sehr variable und
schwer zu berechnende, da der Beginn der prodromalen Veränderungen
selten festgestellt ist. Es gibt Fälle von acut verlaufender, kaum
Jahresfrist dauernder Paralyse neben protrahirten 5 Jahre und darüber
dauernden. Im Mittel dürfte die Krankheit 3 Jahre zum Ablauf erfordern. Bei älteren Leuten und bei weiblichen Individuen dauert sie
entschieden länger. Bezüglich der Aetiologie scheinen durch geistige
Erschöpfungen und Traumen bedingte Fälle einen längeren Verlauf
zu haben, als durch Excesse in Bacho et Venere vermittelte.

Die Dauer wird wesentlich beeinflusst durch die oft monate- bis
jahrelangen Remissionen. Den Verlauf abkürzende Momente sind die
apoplectischen und epileptischen Insulte. Die Prognose ist eine trübe,
trotz einzelner Genesungen [1]), von denen aber die meisten bezüglich
der Diagnose der Krankheit oder bezüglich der der Genesung (blosse
Remissionen) anfechtbar sind. Mit apodictischer Gewissheit können wir
indessen nicht das medicinisch prognostische Todesurtheil über die
Kranken aussprechen.

Gegenüber einer so schweren und immer häufiger auftretenden
Krankheit ist die Aetiologie [2]) von ganz besonderem Interesse. So
mannichfach die Ursachen auch sein mögen, so lassen sie sich doch

---

[1]) Doutrebente, Ann. méd. psych. 1878, März, Mai, hat eine grössere Zahl
von allerdings meist zweifelhaften Fällen aus der französischen Literatur zusammen-
gestellt.

Schüle. Allg. Zeitschr. f. Psych. 31, theilt einen unzweifelhaften Fall aus
eigener Erfahrung mit, s. f. Flemming, Irrenfreund 1876.

Nasse ebenda 1870. 7; Gauster, Psych. Correspondenzblatt; L. Meyer, Berlin.
Klinische Wochenschr. 1878.

[2]) Hoffmann, Günsburg's Zeitschr. 1850. 1.

in dem einheitlichen Gesichtspunct vereinigen, dass sie schwächende Einflüsse auf das Gehirn darstellen bei einer angeborenen oder erworbenen geringeren Resistenzfähigkeit dieses Organs. Diese letztere stellt das prädisponirende Moment in der Kette der Ursachen dar. Selten ist sie eine angeborene, hereditäre, meist eine erworbene, durch geistige oder körperliche Ueberanstreugung, erschöpfende Krankheiten, Excesse. Die prädisponirenden Einflüsse enthalten zum Theil auch die Gelegenheitsursachen.

Unter den prädisponirenden ist speciell der Heredität, des Alters, des Geschlechts und des Standes zu gedenken. Die Erblichkeit spielt der Paralyse gegenüber eine viel geringere Rolle als bei den übrigen Psychosen. Sie erscheint nur etwa in 15—20 % der Fälle. Die Paralyse ist eine Krankheit des Gehirns zur Zeit seiner Vollentwicklung und grössten Leistungsfähigkeit. Sie ist selten vor dem 30. Jahr und nach dem 60., am häufigsten vom 35.—55. Sie befällt etwa 7mal häufiger das männliche als das weibliche Geschlecht [1]. Ganz besonders tritt dieser geschlechtliche Unterschied bezüglich der Häufigkeit der Erkrankung in den höheren Gesellschaftsklassen zu Tage. Paralyse bei Frauen aus höherem Stand ist enorm selten. Eine auffallend häufige Erscheinung ist sie bei Offizieren und Militärbeamten. Die gelegentlichen Ursachen sind Excesse in Alkohol et Venere, geistige und körperliche Ueberanstrengungen, seltener lang anhaltende und tiefe Gemüthsbewegungen (Kummer, Sorgen, Kränkungen), calorische Schädlichkeiten und Trauma capitis [2].

Bei weiblichen Individuen beobachtet man die Krankheit am häufigsten im Anschluss an gehäufte schwere Entbindungen, sowie im Klimacterium.

Bei dem gegenwärtigen Stand unsrer klinischen anatomischen und ätiologischen Kenntnisse drängt sich das Bedürfniss eines Einblicks in die Pathogenese der Krankheit auf. Die Aetiologie weist eine Reihe von theils prädisponirenden, theils gelegentlichen schwächenden Momenten auf; die klinische Forschung ergibt als früheste Erscheinungen des sich entwickelnden Leidens Störungen der vasomotorischen Innervation; die anatomische Untersuchung findet die Zeichen einer chronischen Entzündung in dem Gehirn und seinen Hüllen.

Es ist Aufgabe der Pathogenese [3]), diese disparaten Thatsachen mit einander in Einklang zu bringen.

[1] Sander, Berlin. Klinische Wochenschr. 1870. 7.
[2] v. Krafft, über die durch Gehirnerschütterung etc. hervorgerufenen psychischen Erkrankungen; Erlangen 1868.
[3] Schüle, Sectionsergebnisse pag. 138 und Allg. Zeitschr. f. Psych. 32; Lubimoff, Virchow's Archiv 57.

Die erste Erscheinung im Process der Paralyse ist offenbar eine Vasomotoriusparese (Lubimoff, Schüle) und dadurch gesetzte Hyperämie. Excesse in potu et Venere, calorische und traumatische Schädlichkeiten, geistige Ueberanstrengungen und Gemüthsbewegungen begünstigen das Eintreten dieser Functionsstörung und rufen sie hervor. Ihr Eintritt erfolgt um so leichter da, wo das Gehirn an und für sich schon im Zustand einer physiologischen Turgescenz sich befindet, resp. functionell in bedeutendem Masse thätig ist. Daraus erklärt sich einerseits die Thatsache, dass die Paralyse fast ausschliesslich im Gefässgebiet der Carotis, im Stirnhirn auftritt, als den Centren für die höchsten Leistungen des menschlichen Seelenlebens — andrerseits die Thatsache, dass sie fast nur im Alter physiologischer Turgescenz des Gehirns (30.—60. Jahr) auftritt und vorwiegend Männer befällt, wegen gesteigerter Inanspruchnahme derselben im Kampf um's Dasein, vermehrter Hirnarbeit, häufigeren Insulten durch Traumen, calorische Schädlichkeiten, Excesse in Bacho et Venere, welche letzteren ja den Mann viel mehr angreifen als das Weib.

Die neuroparalytische Hyperämie bildet den Ausgangspunct geweblicher Veränderungen am Gehirn und seinen Häuten.

Es kommt zunächst zur Lymphstauung in den Lymphbahnen des Gehirns und der Pia, zur Filtration von Colloid- und Eiweissstoffen, sowie von Blutkörperchen durch die Gefässwand in die perivasculären Lymphscheiden. Den Durchlass begünstigen Ernährungsstörungen der Gefässwände als Resultat prädisponirender Schädlichkeiten (erbliche Anlage, schwächende vorausgehende Krankheiten u. a. Momente wie Lues, Alkoholismus, geistige Ueberanstrengung, Trauma capitis, calorische Schädlichkeiten).

Die Lymphstauung in den perivasculären Räumen verbreitet sich auf die Deiter'schen Saftzellennetze und da nach Boll's Nachweis die Lymphbahnen der Pia mit denen des Gehirns communiciren auch auf die der Pia. Durch die Lymphstauung kommt es nun zu geweblichen Veränderungen in der Pia, zu chronisch entzündlichen Trübungen, Verdickungen in ihrem Gewebe. Damit werden auch die Lymphbahnen der Pia unwegsam und wird die Lymphstauung im Gehirn gesteigert. So kommt es zu einem Circulus vitiosus. In nicht seltenen Fällen ist die chronische Meningitis eine primäre und setzt vorneherein eine rückläufige Lymphstauung im Gehirn. Aus der Lymphstauung und der damit zusammenhängenden geweblichen Schwellung, speciell der Saftzellennetze entwickelt sich nun die Bindegewebsproliferation der Pia, der Neuroglia und der Gefässe; jene sklerosirt, diese atrophiren und die nervösen Elemente gehen unter.

Therapie: Fast scheint es müssig, bei einer so perniciösen

Krankheit von einer Bekämpfung des ihr zu Grunde liegenden Processes zu reden. Sterben doch sämmtliche Kranke, seltene und diagnostisch meist nicht ganz zweifellose Fälle ausgenommen, an dieser Krankheit. Dies kann uns nicht von der Pflicht entbinden, die therapeutische Seite des Processes zu besprechen. Ist es doch wahrscheinlich, dass die trostlose Mortalität darin begründet ist, dass die Krankheit zu spät erkannt wird, der Kranke, statt rechtzeitig in sachverständige Hände zu kommen, Gegenstand unverständiger, schwächender Eingriffe (Blutentziehungen, Kaltwasserkuren etc.) wird und Zeit hat durch geistige alkoholische und sexuelle Excesse aller Art sich vollends zu Grunde zu richten. Bei dem Umstand, dass die Kenntniss der Dementia paralytica auch in nicht fachärztlichen Kreisen sich verbreitet, allmälig Gemeingut der practischen Aerzte wird, lässt sich eine rechtzeitige Erkennung derselben — die erste Bedingung für eine Bekämpfung derselben — erhoffen.

Charakterveränderung, Zeichen einer wenn auch noch so leisen geistigen Abnahme, Schwindel — apoplecti- und epileptiforme Zufälle ohne restirende Lähmung machen bei Männern in den besten Jahren die Krankheit mindestens wahrscheinlich. Ist sie erkannt oder vermuthet, so hat die Behandlung mit aller Energie einzutreten. Sie lässt sich darin zusammenfassen, dass alle schwächenden Momente, wozu auch die Kaltwasserkuren nach der Schablone der bezüglichen Anstalten gehören, vermieden werden, dass jede geistige Anstrengung, jede calorische und fluxionäre Schädlichkeit ferngehalten, eine blande, aber reichliche und nährende Kost gereicht und für genügende Leibesöffnung Sorge getragen wird. Daneben können kalte Abreibungen, laue Vollbäder ihre Indication finden. Eine auffällige Besserung — vielleicht durch resorbirende Wirkung auf's Gehirn, wird durch Jodkali 1—2,0 pro die, zuweilen noch in vorgeschrittenen Stadien erzielt. Dieses Mittel ist jedenfalls zu versuchen. Unter dieser Behandlung lässt sich bei rechtzeitiger Erkennung eine günstigere Prognose der Krankheit erhoffen.

Geben doch die zuweilen noch spät eintretenden Remissionen einen Fingerzeig, dass der Verlauf der Krankheit kein hoffnungslos unaufhaltbarer ist! Kommen heutzutage die Kranken in die Irrenanstalt, so handelt es sich gewöhnlich nur noch um das caput mortuum des Processes und um eine rein symptomatische Therapie. Aber auch vom Gesichtspunct einer solchen geben die Kranken dem Arzt viel zu thun.

Zur Bekämpfung der Tobsuchtparoxysmen sind Bäder mit Umschlägen, kleine Morphiuminjectionen und bei gesteigerter Herzaktion Digitalis ganz besonders geeignet.

In den Endstadien der Krankheit ist bei den unreinlichen Kranken minutiöse Reinlichkeit, Bekämpfung der Harnverhaltung und ihrer Folgen, sowie des Decubitus, Sorge für warme Bekleidung von Nöthen. Auch die Fütterung muss sorgsam gehandhabt werden (nur kleine, weiche Bissen!), damit die Kranken nicht ersticken, oder Pneumonie oder Lungengangrän durch in die Luftwege eingedrungene Speisepartikel bekommen.

B. Lues cerebralis [1].

Der Thatsache, dass die syphilitische Anämie (durch syphilitische Erkrankung der blutbildenden Organe, Chlorose) Psychoneurosen hervorrufen kann, die sich in Nichts von anderweitig entstandenen unterscheiden, wurde in der Aetiologie (Bd. I, p. 174) Erwähnung gethan. Neben solchen Fällen kann aber auch die syphilitische Erkrankung durch gewebliche Veränderungen am Gehirne und seinen Umhüllungen zu Hirnaffektionen führen, die bei dem vorwiegend diffusen Charakter dieser, psychische Symptome als prädominirende im Krankheitsbild erscheinen lassen und somit in das Gebiet der Psychiatrie gehören.

Das Auftreten solcher luetischer Gehirnerkrankungen wird begünstigt dadurch, dass das Gehirn durch Belastung, Ueberanstrengung, Excesse aller Art, der Locus minoris war. In solchen Fällen kann sehr früh schon nach der Infektion die Localisation im Gehirn erfolgen. In anderen Fällen findet diese bei Luetischen oder luetisch Gewesenen erst nach vielen Jahren, ja selbst Jahrzehnten unter dem schädigenden Einfluss irgend einer Gelegenheitsursache, z. B. Trauma capitis statt. In ersterem Fall ist häufig die luetische Localisation von einem Nachschub der Syphilis in andern Organen begleitet, im letzteren Fall erscheint sie meist als eine frei stehende Erkrankung.

Die der Lues cerebralis zu Grunde liegenden Hirnveränderungen sind äusserst mannichfaltige bezüglich der Localisation und des Wesens derselben. Neben einfacher sclerosirender, eiterig jauchiger und gummöser Periostitis, gummöser Osteomyelitis und Virchow's entzündlicher

[1] Wagner, Archiv der Heilkunde IV, pag. 161; Griesinger, ebenda 1860, pag. 68; Lanceraux, traité hist. et pratique de la Syph. Paris 1866; Jaksch, Prager med. Wochenschr. 1864. 1—52; Virchow, Arch. XV, pag. 217 und Geschwülste II. 457; Heubner, Archiv der Heilkunde XI; derselbe, d. luet. Erkrankung der Hirnarterien 1874; derselbe, Ziemssen, Hdb. XI. 1; Braus Hirnsyphilis 1873; Wunderlich. Volkmann's Sammlung klin. Vorträge Nr. 93; Schüle, Sectionsergebnisse, pag. 161; Esmarch und Jessen, Allg. Zeitschr. f. Psych. 14; L. Meyer, ebenda 18; Westphal, ebenda 20; Wille, ebenda 28; Schüle, ebenda, pag. 605; Erlenmeyer. d. luet Psychosen. 2. Aufl. 1877.

Atrophie (Caries sicca) an den Schädelknochen, sind die theils einfach entzündlichen, theils specifischen Processe an den Meningen, im Gehirn und an den Gehirnarterien hier belangreich.

Die Veränderungen an der Dura sind theils Pacchymeningitis externa, theils interna, theils gummöse Meningitis, die sich mit Vorliebe zwischen den Duplicaturen dieser Membran entwickelt und ihren Ausgang in käsige Tumoren nimmt.

Häufiger sind specifische Processe (Syphilome) im Subarachnoidealraum, die Heubner als weisslich rothe oder grau röthliche oder graue feuchte Massen von Gallertconsistenz kennen lehrte. Sie stellen diffuse oder umschriebene, nie aber scharf sich von der umgebenden, im Zustand der weissen oder rothen Erweichung befindlichen Hirnsubstanz abhebende Massen dar, die wahrscheinlich ihren Ausgang in Verkäsung (gelbe Massen) nehmen. An der Convexität führen sie zu Verwachsung der Häute unter sich und mit der (erweichten) Hirnoberfläche. An der Hirnbasis bleibt die Einbeziehung der Häute häufig aus und erscheint der Process mehr als gallertige graue Infiltration, von Ansehen und Ausbreitung ähnlich der einer tuberculösen Meningitis.

Kommt es zur Resorption der syphilomatösen Massen, so bilden die verwachsenen Hirnhäute eine restirende narbenartige Schwarte.

Selten sind Syphilome selbstständige Neubildungen im Gehirn, meist kommen sie nur im Zusammenhang mit solchen der Gehirnhäute vor. Häufiger sind diffuse encephalitische Processe (Virchow, Schüle). Eine weitere wichtige Schädigung erfährt die Circulation und Ernährung des Gehirns durch die von Heubner als eine specifische aufgefasste, neuerdings (Baumgarten, Virchow's Archiv 73, 1) als solche jedoch bestrittene, jedenfalls häufige Veränderung der Arterien der Hirnbasis, durch welche diese (vorwiegend A. foss. Sylv. und corpor. callos) unwegsam werden können; da sie aber Endarterien sind, kommt es leicht in den von ihnen versorgten Hirnabschnitten (namentlich Linsenkern, geschwänzter Kern) zu necrobiotischen Vorgängen (Erweichungen). Dazu kommen die theils durch einfach entzündliche, theils durch specifische Processe an den Hirnnerven der Basis (schrumpfende Exsudate, Syphilome) bedingten Veränderungen.

Bei dieser Verschiedenheit der anatomischen Processe und ihrer Lokalisation begreift sich die verwirrende Mannichfaltigkeit und Wandelbarkeit der klinischen Bilder der Lues cerebralis, in welchen sowohl diffuse als auch Heerdsymptome in bunter Folge und Gruppirung sich finden können.

Nur sehr selten entwickelt sich das Krankheitsbild acut und stürmisch. Fast immer gehen Monate bis zu Jahre langer Dauer theils anfallsweise und heerdartige, theils continuirliche und auf diffuse

Veränderungen hindeutende Symptome eines sich ausbildenden Hirnleidens voraus. Diese sind Anfangs sehr unbestimmter Natur. Neben Anfällen von Kopfschmerz, der auf Druck und in der Bettwärme zuzunehmen pflegt, neben zeitweisen Schwindel - Ohnmachtsanfällen, aphasischen Symptomen, lähmungsartiger Schwäche in einer Extremität, gelegentlicher Lähmung eines Hirnnerven, zeigt sich eine Aenderung des Charakters und geistigen Wesens. Die Kranken werden vielfach moros, auffallend gemüthsreizbar, gemüthlich gedrückt, oft auch hypochondrisch verstimmt. Ihr Gedächtniss, ihre Redebereitschaft leidet Noth, ihre geistige Leistungsfähigkeit nimmt ab, sie ermüden rascher bei geistiger Thätigkeit, ihre gemüthlichen Beziehungen werden stumpfer. Auch ihr Gesichtsausdruck wird ein stumpferer, fatuöser, ihre Haltung schlaffer. Die Kranken ertragen Spirituosen nur mehr schlecht, verfallen zu Zeiten in eine förmliche Schlafsucht, während sie dann wieder Wochenlang von Schlaflosigkeit gequält werden. Nach kürzerer oder längerer Dauer dieser Prodromi kann ein Anfall furibunder Manie, hallucinatorischen Deliriums mit heftigster Angst und schreckhaftem Inhalt der Hallucinationen oder ein apoplectiformer oder epileptiformer Anfall den Ausbruch der eigentlichen Krankheit vermitteln. Nach völligem oder theilweisem Rückgang der Symptome des Insults entwickelt sich das Krankheitsbild einer Dementia progressiva oder auch das einer Dementia paralytica. Nur in seltenen Fällen entwickelt sich dieses primär aus den prodromalen Erscheinungen.

In diesem Verlaufsbild einer fortschreitenden Dementia können nun intercurrent die mannichfachsten Zustandsbilder primordialen Verfolgungs- und Grössenwahns, hallucinatorischen Delirs, tiefer Somnolenz und Dämmerzustände, schwerer Tobsucht bis zu Delirium acutumartigen Erscheinungen auftreten.

Die zu Grunde liegende psychische Schwäche, die grosse Bewusstseinsstörung, das brüske Kommen und Schwinden der Symptomencomplexe verleiht diesen ein besonderes Gepräge und deutet wenigstens bestimmt auf ein idiopathisches Hirnleiden. Erlenmeyer betont die Partialität der psychischen Defekte bei Hirnlues z. B. den völligen Verlust des Vermögens zu rechnen, eine früher geläufige fremde Sprache zu sprechen, „wie wenn die Kranken diese Leistungen nie besessen hätten." Nie fehlen in diesem psychischen Krankheitsbild motorische Störungen. Sie sind äusserst mannichfaltig, bunt wechselnd, theils heerdartige und episodische, theils auf diffuse Veränderungen hinweisende continuirliche und progressive.

In ersterer Beziehung sind besonders wichtig Lähmungen der Gehirnnerven, unter denen solche des Oculomotorius (Ptosis) Abducens, Trochlearis, Hypoglossus, Facialis in absteigender Häufigkeit vor-

kommen. Seltener sind Hemiplegieen, dann vereinzelte Lähmungen
von Extremitäten, am seltensten Paraplegieen.

Als Ausdruck diffuser Störungen in motorischen Centren finden
sich allgemeine Coordinationsstörungen, die häufig auch das Gebiet
der Sprache befallen und damit das Krankheitsbild sehr dem der Dem.
paral. nähern. Fast regelmässig ist in Fällen chronischen Verlaufs
die Sprache betheiligt. Neben Anfällen gelegentlicher Aphasie, Sprach-
losigkeit, finden sich Silbenstolpern, skandirende oder wenigstens brady-
phasische Sprachstörung.

In allen Zeiten des als progressive Dementia mit motorischen
Störungen verlaufenden Krankheitsbilds können apoplectische und epileptiforme Insulte auftreten.

Die ersteren gehen selten mit Verlust des Bewusstseins einher,
hinterlassen häufig Lähmungen (Hemiplegieen, Aphasie etc.), die aber
unvollständig zu sein pflegen und sich bald wieder verlieren.

Die epileptiformen Insulte bestehen in partiellen tonischen oder
clonischen oder auch allgemeinen Krämpfen. Sie stellen sich häufig
serienweise, gehäuft ein. Das Bewusstsein ist hier nicht immer geschwunden.

Eine häufige, von Heubner mit Recht hervorgehobene Bewusstseinsstörung nach psychischen und motorischen Insulten, stellen eigenthümliche Zustände von Somnolenz bis zu Coma oder rauschartiger
Verwirrtheit dar, aus welchen der Kranke momentan erweckbar ist
und wie ein schlaftrunkener Gesunder vorübergehend zu sich kommt.
Ihre Dauer kann Tage bis mehrere Wochen betragen. Sie können
auch als freistehende episodische Störung sich vorfinden. Nicht selten
sind auch Amblypie bis zu Amaurose, episodisch und dann mit negativem
Befund, oder dauernd und mit den Zeichen der Neuritis optica und
Sehnervenatrophie.

Eine untergeordnete Bedeutung haben in Krankheitsbild sensible
Störungen (Dolores osteocopi, Neuralgieen und Anaesthesieen im Gebiet
des Trigeminus, rheumatoide Schmerzen in den Extremitäten).

Der Verlauf der Lues cerebralis ist im Grossen und Ganzen ein
progressiver, vielfach ruckweiser, indem neue Anfälle irgend welcher
Art dem Leiden einen neuen Aufschwung geben. In diesem wesentlich
progressiven Gesammtverlauf zeigt sich aber ein so regelloser Wechsel
der einzelnen Symptomenreihen und Zustandsbilder, wie er nur noch
bei Hysterie (Wunderlich) beobachtet wird. Leichte und schwere,
heerdartige und diffuse Symptome, in bunter und ungewöhnlicher Combination reihen sich aneinander und machen eine Vorhersage für die
nächsten Tage und Wochen geradezu zur Unmöglichkeit. Der Tod
kann unvermuthet durch einen neuen Insult erfolgen, der Kranke kann

aber ebenso gut noch aus den bedrohlichsten Erscheinungen heraus sein Leben fristen. Die Gesammtdauer der Hirnsyphilis beträgt Monate bis zu vielen Jahren. Der Tod erfolgt plötzlich in einem Insult und unter comatösen Erscheinungen oder in langsamem Absterben und allgemeinem Marasmus. Die Prognose ist eine zweifelhafte.

Spontanheilungen sind nicht constatirt, jedoch gelingt es der rechtzeitig eingreifenden Heilkunst in über der Hälfte der Fälle das Leben zu retten und nicht selten auch eine Genesung zu erzielen. Meist kommt es aber nur zu einer solchen mit Defect, wenigstens auf geistigem Gebiet. „Die Lues drückt dem Gehirn einen Charakter indelebilis auf" (Wunderlich). Es bleibt Locus minoris und auf Recidive muss man immer gefasst sein.

Die erste Bedingung für ein therapeutisches Eingreifen ist die Erkennung des specifischen Hirnleidens.

Leider hat es keine specifischen Symptome. Die Diagnose wird immer nur eine Wahrscheinlichkeitsdiagnose sein können. Die nächste Aufgabe ist der anamnestische und gegenwärtige Nachweis der Syphilis überhaupt, aber auch wenn er gelingt, verbürgt er nicht an und für sich die luetische Natur des Gehirnleidens.

Wichtig sind für die Diagnose die vielfach ungenügende Motivirung der Krankheit, ausser durch Lues, die ungewöhnliche Gruppirung der Symptome und der regellose proteusartige Wechsel derselben. In ersterer Hinsicht ist das Auftreten von schweren Cerebralerscheinungen in oft jugendlichem Alter und ohne alle Disposition, Gelegenheitsursache, veranlassende Krankheit auffällig. Ein solcher Kranker stürzt z. B. apoplectisch zusammen, ohne an Atherose, Vitium cordis, Morb. Brightii etc. zu leiden. Ein anderer bekommt einen epileptischen Anfall ohne alle Motivirung.

Bezüglich der Gruppirung der Symptome ist die Vermischung heerdartiger und diffuser, das gleichzeitige Auftreten von Funktionsstörungen in ganz disparaten, anatomisch weit auseinanderliegenden Nervenbahnen bemerkenswerth. So finden sich z. B. Hemiplegieen mit Lähmungen des Oculomotorius und Abducens complicirt, linksseitige Hemiplegieen mit Aphasie; Epilepsie mit Lähmungen, Dolores osteocopi; apoplectische Insulte, gefolgt von Somnolenzzuständen.

Beachtung verdient auch der von Heubner hervorgehobene incomplete und flüchtige Charakter der Anfallserscheinungen neben dem regellosen Wechsel bald leichter, bald schwerer, bald psychischer, bald motorischer, sensibler, sensorieller Symptomencomplexe.

Die Therapie hat hier ein dankbares Feld, wenn sie rechtzeitig und energisch, d. h. mit specifischen Mitteln eingreift. Je wahrscheinlicher die Diagnose und je stürmischer und bedrohlicher die Er-

scheinungen sind, um so energischer muss jene eingeleitet werden.
Bei zweifelhafter Diagnose versuche man wenigstens Jodkali.

Andernfalls schreite man zur Schmierkur, hüte sich aber, den
Kranken auf eine zu schmale Diät dabei zu setzen. Das Gehirn des
Syphilitischen verträgt keine schwächende Behandlung, am allerwenigsten Blutentziehungen. Bei guter Ernährung hat eine selbst
forcirte Schmierkur nichts Bedenkliches. Man kann sie mit Jodkali-
medikation verbinden, oder dieses zwischendurch oder als Nachkur
verordnen. Ist eine Schmierkur nicht möglich, so sind Sublimat-
injectionen, am besten in Form der Bamberger'schen Peptonsublimat-
injectionen am Platze.

Bei chronischen und mehr unter dem Bild der Dementia paralytica verlaufenden Fällen empfiehlt sich das Jodkali. Es kann bis
zu Tagesdosen von 8—10,0 gereicht werden, wenn man nach Erlenmeyer's Rath dasselbe in häufig wiederholter aber kleiner Gabe und
möglichst verdünnt nehmen lässt und zugleich ein starkes Infus. Calami
aromat. reicht.

In der Reconvalescenz ist eine roborirende Behandlung — Fleisch-,
Milchkost etc., Landaufenthalt, Seebad, Kaltwasserkur, der Fort-
gebrauch von Ferr. iodatum empfehlenswerth.

Die Schwefelbäder sind entbehrlich. Da immer das Damocles-
schwert einer Wiederkehr des Leidens über dem invaliden Hirn des
luetisch Gewesenen schwebt, ist eine geistige und körperliche Hirn-
diätetik unerlässlich.

C. Der Alkoholismus chronicus und seine Complicationen [1]).

Der Alkoholexcesse als einer der wichtigsten Ursachen für die
physisch-psychische und speciell moralische Degeneration der Völker
wie der Individuen direkt und auf dem Weg hereditärer Uebertragung
von durch Alkoholmissbrauch geschaffenen cerebralen Infirmitäten wurde
in dem Kapitel Aetiologie (Bd. I, p. 188) gedacht und zugleich der
pathogenetischen Momente Erwähnung gethan, auf Grund welcher die
tiefe Schädigung der nervösen Centralorgane durch Missbrauch geistiger
Getränke zu Stande kommt.

---

[1]) Lit.: Brühl-Cramer, Die Trunksucht, Berlin 1819; Clarus, Beiträge etc. 1828,
pag. 111 (ältere Literatur); Henke, Abhdl. IV. p. 271; Magnus Huss, Der chron.
Alkoholismus übers. von v. d. Busch 1852; Voisin Ann. méd. psych. 1864 Januar;
Magnan Gaz. des hóp. 1869. 79. 82. 85. 100. 108; Fletcher, üb. Dipsomanie, Brit.
med. journ. 1864, Januar; Lagardelle, Gaz. de Paris 1865. 5; Rose, Pitha und Bill-
roths Chirurgie I. H. 2 (Literatur); v. Krafft, Irrenfreund 1874. 2; Magnan, de l'alcoolisme, Paris 1874; Boehm, Ziemssen's Hdb. XV; Dagonet, traité des mal. ment.
1876 p. 526; Baer, Der Alkoholismus, Berlin 1878, pag. 51.

Es bleibt die Aufgabe übrig, das klinische reichhaltige Bild der Störungen, welche sich im Nervensystem auf Grund solcher fortgesetzter Excesse ergeben, zu zeichnen, als Grundlage und Rahmen complicirender Symptomencomplexe, die für den praktischen Arzt und Gerichtsarzt eine hervorragende Bedeutung haben.

Wir fassen unter dem von Magnus Huss eingeführten Namen des Alkoholismus chronicus (Trunksucht) alle jene psychischen und physischen dauernden degenerativen Erscheinungen zusammen, die der habituelle Missbrauch des Alkohols hervorbringt.

Als die anatomischen Substrate dieser Degeneration der höchst organisirten Nervencentren ergeben sich chronisch entzündliche Veränderungen an den Meningen und atrophische Processe der Hirnrinde, bedingt durch die chemisch reizende Wirkung des Alkohol und seiner Zersetzungsprodukte auf das Hirngewebe, sowie durch fluxionäre und Stauungsvorgänge in den Ventrikeln und Lymphbahnen des Gehirns und seiner Hüllen.

Als Folgen oder Complikationen ergeben sich Anomalieen der Blutvertheilung (Hyperämieen und Anämieen) Hydrocephalus externus und internus, Hyperostosis Cranii und Pacchymeningitis interna, in den übrigen Organen Arteriosclerose, Herzhypertrophie, Fettherz, chronischer Magendarmkatarrh, Leber- und Nierenentartung.

1. Der Grundcharakter der sich ergebenden psychischen Störungen ist der der psychischen Schwäche, der fortschreitenden Insufficienz der ethischen und intellectuellen Leistungen.

a) Die ersten Symptome pflegen sich in der ethischen Sphäre kundzugeben. Der dem Trunk Ergebene zeigt laxere Anschauungen in Bezug auf Ehre, Sitte, Anstand, Indifferenz gegen sittliche Conflikte, gegen den Ruin der Familie, die Missachtung seitens der Mitbürger, er wird ein brutaler Egoist und Cyniker (trunkfällige Entartung der Sitten und des Temperaments, Inhumanitas ebriosa, Clarus).

b) Damit geht Hand in Hand eine zunehmende Gemüthsreizbarkeit, eine wahre Zornmüthigkeit. Die geringsten Anlässe rufen bedenkliche Affekte bis zu Wuthausbrüchen hervor, die bei der vorgeschrittenen ethischen Schwäche unbeherrschbar sind und das Gepräge pathologischer Affekte an sich tragen (Ferocitas ebriosa).

c) Es stellen sich zeitweise, namentlich Morgens, Zustände tiefer geistiger Verstimmung, krankhaften Missmuths bis zu Taedium vitae ein, die temporär auf erneuten Alkoholgenuss schwinden (Morositas ebriosa).

d) Eine frühe Erscheinung auf psychischem Gebiet ist eine auffällige Willensschwäche in der Erfüllung von beruflichen und überhaupt bürgerlichen Pflichten. Sie zeigt sich am prägnantesten in der Unmöglichkeit der Durchführung guter Vorsätze dem Laster zu entsagen, und findet eine belehrende Illustration in jenen nicht seltenen Fällen, wo Alkoholiker um ihre Internirung in Anstalten bitten, da sie noch intelligent genug sind, um den Abgrund zu bemerken, an dem sie sich befinden, aber zugleich ihre Willens- und sittliche Schwäche fühlen, die es ihnen aus eigener Kraft unmöglich macht, ihn zu vermeiden.

e) Mit diesen Symptomen geht endlich eine fortschreitende Abnahme der intellectuellen Leistungsfähigkeit in toto einher, die früh schon in Schwäche des Gedächtnisses, Erschwerung des Gedankengangs, Stumpfheit der Apperception sich kundgibt und selbst bis zu völligem Blödsinn vorschreitet.

f) Eine auffällige Erscheinung ist bei der Mehrzahl der in geschlechtlichen Beziehungen stehenden chronischen Alkoholisten der Wahn, geschlechtlich betrogen zu werden, sei es von der Ehegattin (Wahn ehelicher Untreue)[1] sei es von der Geliebten (Eifersuchtswahn). Als ein Aequivalent lässt sich der Wahn, dass die Umgebung Unzucht treibe, aufstellen. Ich habe diesen Wahn bei einem katholischen Geistlichen, der seine Amtsbrüder damit beschuldigte, beobachtet.

Dieser Eifersuchtswahn findet sich nicht bloss in den den Alk. chron. complicirenden Psychosen (z. B. mit anderen Elementen eines Verfolgungswahns — Bestohlenwerden, Lebensbedrohung etc.), sondern in der Regel als frei stehender Wahn. Er zieht sich wie ein rother Faden durch den psychischen Degenerationsprocess hindurch, oft schon früh auftretend und zu den brutalsten Misshandlungen der unschuldigen Ehehälfte bis zu Mord dieser und des vermeintlichen Nebenbuhlers führend.

Die ethische Verkommenheit, psychische Schwäche und Gemüthsreizbarkeit sind der Entwicklung dieses Wahns förderlich, der seine organische Bedingung vermuthlich in der beim Säufer erkaltenden Libido sexualis und auftretenden Impotenz (Verfettung der Epithelien der Samenkanälchen) findet.

Selten und nur im Affekt oder Rausch kommt es zu hallucinatorischen Beweisen der ehelichen Untreue, meist werden nur harmlose Worte, Geberden, Begebenheiten von dem schwachsinnigen, reizbaren Kranken im Sinne des Wahns gedeutet und zur Stütze desselben verwerthet.[2]

---

[1] Lit.: Cohen v. Baren, Allg. Zeitschr. f. Psych. 3, pag. 620—639; Casper, Lehrb. bes. v. Liman, 6. Aufl. Fall 254; Liman, zweifelhafte Geisteszustde., pag. 297, 304. 306. 320; Nasse, Allg. Zeitschr. f. Psych. 34; Schäfer, ebenda 35. H. 2.

[2] Das vorwiegend freistehende quasi monomanische Vorkommen dieses Wahns, den ich unter 23 männlichen und 3 weiblichen verheiratheten Fällen von Alkohol. chron. nie vermisste, nöthigt zur Aufnahme desselben in das allgemeine Krankheitsbild des Alk. chron. Er ist indessen hier nicht specifisch. Ich habe ihn

2. Nächst den psychischen Phänomenen zeigen sich sensorische Störungen als frühe Symptome des Alkoholismus chron. Sie sind grossentheils auf Cirkulationsstörungen im Gehirn (chronische Hyperämieen) bezichbar und äussern sich als Kopfwch, Schwindel, Wüstsein, geistige Unaufgelegtheit, geistige Verworrenheit, Benommenheit, unruhiger Schlaf mit schweren, ängstlichen Träumen.

3. Wichtige Störungen erfahren die sensoriellen Apparate. Sie sind zum Theil auf Cirkulationsstörungen in denselben zurückführbar und äussern sich anfangs in Hyperästhesieen, elementaren subjektiven Sinnesempfindungen, Hallucinationen, später in Anästhesieen.

Vorwiegend afficirt sind der Gesichts-, dann der Gehörssinn.

Die Phantasmen bestehen in mouches volantes, Funken-, Flammensehen, die Acusmen in Brausen, Klingen, Zischen. Sie gehen nicht selten mit deutlicher acustischer Hyperästhesie einher.

Aus diesen Phantasmen und Acusmen entwickeln sich häufig Illusionen, die dann fälschlich auch wohl als Hallucinationen bezeichnet werden.

Wirkliche Hallucinationen finden sich auch vor, Anfangs unmittelbar vor dem Einschlafen, später episodisch da und dort im Krankheitsverlauf, nach schwächenden Einflüssen (mangelnder Alkohol, gestörter Schlaf, ungenügende Ernährung etc.).

Sie beruhen grossentheils auf Anämie der centralen Sinnesapparate, finden sich fast ausschliesslich in dem Gebiet des Gesichtssinnes, selten des Gehörs und haben vorwiegend einen schreckhaften, Angst hervorrufenden Inhalt (hässliche Fratzen, Spuckgestalten, Thiere [1].)

Im Verlauf des Leidens kann es, wie Galezowski u. A. erweisen, zu Amblyopie kommen. Sie erscheint plötzlich, die Sehschärfe sinkt beträchtlich. Die Kranken werden myopisch, sehen Abends besser.

Ab und zu kommt es, wohl durch krampfhafte Affektion des Accomodationsmuskels, zu Diplopie und Polyopie, nicht selten wird

in gleicher Entstehungsweise und Motivirung auch bei 2 entschieden nicht dem Trunk ergebenen Männern (Apoplexia cerebri und Trauma capitis) beobachtet. Er scheint bei Männern eine idiopathische und prognostisch schlechte Bedeutung zu besitzen. Bei Weibern dagegen ist er häufig auf Grund von geänderten geschlechtlichen Empfindungen in Folge von Uterinleiden und klimacterischen Vorgängen, als Theilerscheinung eines ausgebreiteten Verfolgungswahns.

[1]) Diese Phantasmen meist in Vielzahl (phantastische Thiere, Mörder mit gezücktem Dolch und dgl.). Einem meiner Kranken erschienen längere Zeit Nachts vor dem Einschlafen zwei wie Gensdarmen gekleidete, mit Bajonnetten bewaffnete Männer. Sie fragten ihn, wer er sei, verlangten sein Geld. Später verfolgten sie ihn auch auf der Strasse, bei Tage, auf Schritt und Tritt, so dass er sich an die Polizei um Schutz wandte. Auch Illusionen kommen hier vor, insofern die Umgebung plötzlich kohlschwarz, in verzerrter Gestalt, als Teufel oder Thier erscheint.

auch temporär Farbenblindheit beobachtet. Die Pupillen sind erweitert, häufig ungleich.

Der Augenspiegel ergibt keinen Befund oder höchstens Oedem der Retina und eng contrahirte Arterien.

Die Sehstörung kann nach einigen Monaten schwinden, wenn dem Missbrauch geistiger Getränke entsagt wird.

Meist kommt es, da dieser Forderung nicht genügt wird, zum Schwund des Sehnervon, zur Amaurose.

4. Früh schon leidet bei Alkoholisten die Integrität der motorischen Funktionen.

Die wichtigste, früheste, häufigste und andauerndste Störung ist Tremor der willkürlichen Muskulatur.

Er ist am ausgesprochensten an Zunge, Lippen, Gesicht, Händen. Der Tremor kann jedoch vorübergehend universell werden und sich zu allgemeinem Schüttelkrampf steigern. Auch Nystagmus wird nicht selten beobachtet.

Belangreich für diesen Tremor alkoholicus ist, neben Form und Art der Ausbreitung, der Umstand, dass er im nüchternen Zustand am heftigsten ist und auf Alkoholgenuss sich ermässigt.

Nicht selten kommt es schon im Anfang des Leidens auf Grund gesteigerter reflektorischer Erregbarkeit der med. spinalis zu allgemeinen Zuckungen und örtlichen tonischen Krämpfen in den Waden. Sie treten namentlich beim Einschlafen ein und sind nebst den Phantasmen Hauptgrund des erschwerten Einschlafens dieser Kranken.

In vorgerückten Stadien des Alk. chron. kommt es zu paretischen Erscheinungen im Facialisgebiet, sowie in den Extremitäten. Die Hände werden kraftlos, die Kniee sinken ein, der Gang wird schlotternd. Die Ursache dieser Bewegungsstörungen (Rückenmark, Gehirnrinde?) ist noch nicht ermittelt.

5. Eine häufige Erscheinung im vorgeschrittenen Alkoholismus chronicus sind sensible Störungen. Anfangs handelt es sich um Hyperästhesieen und Neuralgieen. Die ersteren können cutane oder musculäre sein. Magnus Huss beschreibt sogar eine eigene hyperästhetische Form des Alk. chron. Meist sind indessen die Hyperästhesieen nicht allgemein, sondern auf einzelne Extremitäten beschränkt. Sie lösen wahrscheinlich bei gesteigerter Erregbarkeit der Reflexapparate des Rückenmarks jene blitzartigen, elektrischen Entladungen ähnlichen krampfhaften Zuckungen und die tonischen Krämpfe der Wadenmuskulatur aus.

In den Endstadien des Alk. chron. werden Analgesieen und Anästhesieen beobachtet.

Sie beschränken sich meist auf die Vorderarme oder auch bloss die Finger, oder auf die Unterextremitäten bis zu den Knieen herauf, können sich jedoch auch auf den Rumpf ausbreiten. Als eine besonders schwere Form der Anästhesie hat Magnan die Hemianästhesie der Säufer kennen gelehrt.

Zuweilen hat man auch eine Verlangsamung der Apperception bei intacter Empfindung beobachtet.

Diese mannichfachen, gestörten Sensationen werden von dem getrübten Bewusstsein nicht selten in allegorischer Weise falsch interpretirt und damit Grundlage für Wahnvorstellungen. So führen die neuralgischen, blitzartig durchfahrenden Schmerzen zuweilen zum Wahn, mit Electricität gemartert zu werden; die neuralgischen und hyperästhetischen Sensationen führen zur Vorstellung, dass Schlangen, Insekten auf der Haut kriechen, wesshalb derartige Kranke beständig auf ihrer Haut herumwischen, ihre Kleider schütteln u. dgl.

6. Bei Alkoholisten stellen sich früh, abgesehen von den durch Arteriosclerose, Fettherz etc. veranlassten Circulationsstörungen solche im gesammten Gefässgebiet ein. Es kommt zu Gefässlähmung, die sich vorwiegend in Erweiterung der Gefässe und verlangsamter Circulation im Gesicht ausspricht, und durch in Folge dieser und der Lymphstauung gesetzte Ernährungsstörungen der Haut zu Acne rosacea führt; dabei tarder und meist verlangsamter Puls.

Das geschwächte und in seinem Gefässtonus paretische, gegen Fluxionen widerstandsunfähige Gehirn erträgt mit der Zeit immer weniger den Alkohol und führen relative Alkoholexcesse sofort zu bedeutenden fluxionären Hyperämieen mit Druck- und Reizerscheinungen (s. pathologische Rauschzustände).

7. Eine frühe Erscheinung bei Säufern pflegt Abnahme der Libido sexualis und der sexuellen Potenz bis zum Erlöschen derselben zu sein.

8. Die tiefen Störungen, welche die vegetativen Organe durch den fortgesetzten Alkoholmissbrauch erfahren, finden ihren Ausdruck in einem Senium praecox, speciell in den Ernährungs- und Circulationsstörungen, welche Atherose der Arterien, Gefässlähmung, Fettherz, chronischer Magendarmkatarrh, Leber- und Nierenentartung hervorbringen.

Die welke missfarbige blasse Haut, die cutane Anämie neben capillären Ectasieen und venösen Stasen, die halonirten Augen mit meist erweiterten Pupillen, ausdruckslosem Blick, die demente Miene mit labiler Facialisinnervation bis zu Paresen, die schlaffe, schlotterige Haltung der ganzen Persönlichkeit verrathen die psychisch somatische Degeneration des Alkoholikers. Der Verlauf des Alk. chron. ist ein progressiver, bis zu den äussersten Stadien psychischer und physischer Verkommenheit — Stupidität, Parese und vegetatives Siechthum.

Selten erreicht ein Säufer diese Endstadien, da die begleitenden
Erkrankungen der vegetativen Organe, speciell Marasmus, Leber-
cirrhose, Hydrops, Urämie, apoplectische oder epileptische Insulte,
acut entzündliche Affektionen, namentlich der Lungen, Delirium tremens etc. dem Leben vorzeitig ein Ende machen.

Jede nur einigermassen ernste Krankheit beim Säufer, selbst eine
einfache Bronchitis, kann ihm verhängnissvoll werden und nimmt von
vorneherein einen adynamischen Charakter an.

Die Prognose des Alk. chron. ist eine ungünstige, da nur selten
noch ein derartiger Kranker von der schiefen Ebene, auf der er sich
befindet abzubringen ist und aus eigener Kraft zur Aufgebung seines
Lasters, trotz der besten Vorsätze, gelangt.

Die Therapie muss in erster Linie eine causale sein. Die Ent-
haltung von Alkohol ist in Privatbehandlung nicht möglich. Sie ist es
nur in Spitälern, namentlich Irrenanstalten. In einzelnen Ländern,
die von der Branntweinpest besonders heimgesucht sind, hat man begonnen, eigene Asyle [1] für Trunksüchtige einzurichten. Sie sind eine
Wohlthat für die Individuen wie für die Gesellschaft, vermindern die
Zahl der Unglücksfälle und Verbrechen, bringen sogar noch kaum
gehoffte Heilerfolge bei tief degenerirten Säufern und haben den wichtigen Nebenvortheil, dass sie vor der Uebertragung der durch den
Alkohol geschaffenen Infirmität durch Zeugung bewahren. Die Er-
richtung solcher Asyle in den Culturländern kann nicht warm genug
befürwortet werden. Der solchen Säufern gegenüber geübte Zwang
der Isolirung ist berechtigt, wenn man sich auf den klinischen Boden
dieser Krankheit stellt und die Wohlthat erwägt, die solchen unfreien,
unzurechnungsfähigen, entschieden hirnkranken Individuen damit er-
wächst; da aber solche Asyle zur Zeit noch fehlen, werden die
schlimmsten Fälle von Alk. chron. den Irrenanstalten aufgebürdet, in
die sie mit Fug und Recht nicht oder nur in intercurrenten Aufregungszuständen gehören und aus denen, nach abgelaufener Complication entlassen, sie in Kürze recidiv werden.

Nur ein mehrjähriger Aufenthalt in Asylen, wo Alles was Alkohol
heisst, proscribirt ist und der Kranke systematisch dieses Nervenreizes
entwöhnt wird, kann Hilfe schaffen.

Nur beiläufig sei der theils schädlichen, theils erfolglosen Brannt-
weinkuren mit Chinatinktur, Schwefelsäure oder gar Tartarus emeticus
gedacht, die in der Privatpraxis so oft erfolglos gegen das Laster ver-
ordnet werden.

Wichtig für den praktischen Arzt ist die Thatsache, dass

[1] v. Baer op. cit. pag 506.

schwächende Eingriffe beim Säufer leicht Complicationen, namentlich
Delirium tremens hervorrufen und acute Krankheiten einen asthenischen,
perniciösen Charakter annehmen.

Auf dem klinischen Boden des Alk. chron. finden sich nun eine
Reihe von intercurrirenden complicirenden Hirnaffektionen, die zum
Theil eine grosse praktische Wichtigkeit besitzen.

Es sind dies:

1. Das Delirium tremens, 2. pathologische Rauschzustände, 3. die
trunkfällige Sinnestäuschung, 4. alkoholische Psychosen, 5. die Alkoholepilepsie.

1. Das Delirium tremens[1].

Eine der wichtigsten und häufigsten intercurrenten Affektionen
im Alk. chron. ist das Delirium tremens.

Wie schon der Name andeutet, sind seine Grunderscheinungen
Delirien und Tremor. Als weitere nie fehlende Symptome lassen sich
Schlaflosigkeit und Hallucinationen bezeichnen.

Das Leiden bricht nur bei habituell dem Alkoholübergenuss ergebenen, mehr oder weniger schon die Symptome des Alk. chron.
bietenden Individuen aus — ein einmaliger wenn auch noch so starker
Alkoholexcess führt kein Del. tr. herbei.

Während somit die dem Alk. chron. zu Grunde liegende Hirnerkrankung die Prädisposition für die Entstehung des Del. tr. bietet,
lassen sich eine Reihe von Gelegenheitsursachen für den Ausbruch des Leidens namhaft machen. Sie kommen wesentlich darin überein, dass sie ein
schwächendes Moment für das ohnehin geschwächte, widerstandsunfähige
Gehirn sind. Als die wichtigsten Gelegenheitsursachen sind gehäufte
Alkoholexcesse (a potu nimio), Entbehrung des Alkohols als gewohnten
Nervenreizes (a potu intermisso) ungenügende Ernährung durch Mangel
an Nahrung oder Steigerung des chronischen Magencatarrhs, heftige
Gemüthsaffekte, schwere Krankheiten, besonders Pneumonieen, profuse
Durchfälle, Eiterungen, Blutverluste, Nachtwachen, schmerzhafte Krank-
heiten und Verletzungen, namentlich Knochenbrüche anzuführen.

Der Ausbruch des Del. tr. ist nie ein plötzlicher. Als Vorboten
desselben finden sich vielfach gastrische Zustände, Schlaflosigkeit mit

[1] Lit.: Sutton übers. v. Heineken 1820; Barkhausen, Bemerkungen über den
Säuferwahnsinn, Bremen 1828; Goeden, de del. trem., Berlin 1825; Martini, Beitrag
z. pract. Heilkunde 1836, Bd. 3; v. Franque, d. del. trem., München 1859; Foville,
Arch. génér. 1867; Laségue, ebenda 1869: Rose op. cit.; Magnan, op. cit.; Sander,
Archiv f. Psych. 1868 und Psych. Correspondenzblatt 1877. S. 9.

schreckhaften Hallucinationen oder unruhiger Schlummer mit ängstlichen
Träumen und öfterem Aufschrecken, Verdriesslichkeit, Reizbarkeit, Beklommenheit in der Herzgrube bis zu heftiger Präcordialangst, Ohren-
sausen, Acusmen, Hyperästhesieen des Gehörs und Gefühls, Kopfweh,
Schwindel, nervöse Unruhe, leichter Tremor der Hände und der Zunge.
        Die Dauer dieses Incubationsstadiums kann bis zu 12 Tagen
betragen.
        Der eigentliche Paroxysmus besteht aus einer Reihe von psychi-
schen, motorischen und vegetativen Funktionsstörungen. Unter anhaltender Schlaflosigkeit, psychischer Aufgeregtheit, häufigem Zusammen-
schrecken, zunehmender gemüthlicher und sensorieller Erregbarkeit,
formalen Störungen des Denkprocesses, die der Kranke als Unfähigkeit
die Gedanken zusammen zu halten, als wirres Durcheinander im Kopf
beschreibt, kommt es zur Trübung des Bewusstseins und zum Delirium.
Jene ist immer nur eine oberflächliche dämmerhaft traumartige und
es ist einigermassen bezeichnend für solche Zustände, dass der Kranke
durch kräftige Ansprache momentan zur richtigen Rede und Antwort
gebracht werden kann, um gleich darauf wieder in sein Delirium zu
verfallen.
        Dieses dreht sich vorzugsweise um Hallucinationen. Die Kranken
wähnen sich häufig im Wirthshaus, verlangen Getränke oder glauben
sich bei ihren Berufsgeschäften, in deren vermeintlicher Besorgung sie
sich abmühen.
        Die Hallucinationen, die anfangs bloss im Bereich des Gesichts-
sinns und in der Dunkelheit, später auch bei Tage auftreten, haben
vorwiegend einen schreckhaften Inhalt und bewegen sich mit Vorliebe
in Thiervisionen, und zwar sind es nicht einzelne Thiere, sondern gleich
ganze Heerden derselben, Massen von Pferden, Hunden, Ratten,
Mäusen u. dgl., die der Kranke zu sehen wähnt. Sie nehmen
agressive Positionen ein, umwogen, umdrängen ihn, stürmen auf ihn
ein, schnappen, beissen nach ihm. Daneben finden sich fratzenhafte
spukartige Gestalten, hässliche Fratzen, aber immer en masse.
        Hyperästhetische und paralgische Sensationen erwecken dem Kran-
ken die illusorische Wahrnehmung von Kröten, Schlangen, Würmern,
Spinnen auf seiner Haut, und darauf beruht zum Theil das beständige
Zupfen an der Bettdecke und Wischen auf der Haut, das auf der
Höhe der Krankheit gewöhnlich beobachtet wird. Auch Furunkel,
Verletzungen u. dgl. werden vielfach im Sinn des Delirs als Thier-
bisse, Mordattentate etc. wahrgenommen.
        Alle jene Gesichtshallucinationen treten gehäuft in der Dunkelheit
auf und stellen sich oft noch in der Reconvalescenz ein, sobald der
nun nicht mehr delirante Kranke die Augen schliesst.

Im Verlauf des Deliriums können auch Gehörshallucinationen auftreten, die als confuse Töne, Lärm, Brausen oder Stimmen schreckhaften, nicht selten auch obscönen Inhalts sich darstellen, immer aber im Vergleich zu den das Feld beherrschenden Gesichtshallucinationen einen episodischen Charakter haben.

Diese Hallucinationen sind es wesentlich, die den Kranken in beständige Agitation versetzen, ihn sogar nicht selten in einen elementaren Verfolgungswahn verfallen lassen. Vielfach handelt es sich auch um Illusionen, insofern Flecke, Ritzen, Tapetenmuster an der Wand für Thiere u. dgl. gehalten werden. Auch die Personen der Umgebung werden auf der Höhe der Krankheit im Sinne der gerade herrschenden Delirien verkannt.

Durch den schreckhaften feindlichen Inhalt der Sinnestäuschungen und Apperceptionen kann es auch zu Gewaltthaten gegen das eigene Leben und die Umgebung kommen.

Ziemlich häufig findet sich auch Vergiftungswahn mit temporärer Nahrungsverweigerung bei solchen Deliranten, auf Grund eines gleichzeitig vorhandenen Mund- oder Magencatarrhs.

Die motorischen Störungen bestehen in Tremor, der sich besonders an den Fingern und der Zunge kundgibt, häufig auch auf die Gesichtsmuskeln und Extremitäten sich ausbreitet und selbst zu allgemeinem Zitterkrampf steigert. Der Gang des Kranken ist taumelnd, schwankend, unsicher. Die Schmerzempfindlichkeit ist häufig aufgehoben; Zustände von Analgesie können mit solchen der Hyperaesthesie wechseln.

Die Reflexerregbarkeit ist häufig eine gesteigerte. Es kommt zu ziellosem Herumwerfen im Bett, Zucken und Herumschlagen der Extremitäten bis zu partiellen oder allgemeinen klonischen Krämpfen. Der Puls ist frequent bis zu 100 Schlägen und darüber, die Respiration beschleunigt. Die Schweisssekretion meist profus, der Urin spärlich, concentrirt, von hohem specifischem Gewicht und nicht selten beträchtlichem Albumingehalt. Der Stuhl ist angehalten. Regelmässig finden sich auch gastrische Complicationen.

Auf der Höhe der Krankheit fehlt der Schlaf gänzlich.

Das Del. tr. ist an und für sich eine fieberlose Krankheit, indessen kommen hier nicht selten, wie überhaupt bei schweren Neurosen plötzliche und sehr erhebliche Steigerungen der Eigenwärme vor, die beim Ausschluss von complicirenden Erkrankungen der vegetativen Organe nur auf Innervationsanomalien der wärmeregulirenden Centra im Gehirn bezichbar sind.

Solche Zustände hat Magnan als Del. tr. febrile beschrieben und als eine besonders schwere Form dem afebrilen Del. gegenübergestellt.

Jenes kann auch primär auftreten. Es kommt hier häufig zu particllen clonischen und allgemeinen epileptischen Krämpfen. Die Eigenwärme steigt rapid und erreicht bis 43°. Der Tod ist der fast regelmässige Ausgang dieses febrilen Delirs, das ich in Uebereinstimmung mit Schüle (Hdb. p. 344) nicht mehr zum Del. tr., sondern zum Del. acutum klinisch rechnen möchte.

Häufig nimmt das Del. tr. einen adynamischen Charakter an. Der Puls wird weich, klein, die Herztöne dumpf, bis zum Verschwinden der ersten, der Kranke collabirt, schwitzt profus, es kommt zu mussitirendem, seltener furibundem Delirium, zu Sehnenhüpfen und Flockenlesen, die Zunge wird trocken und fuliginös, das Bewusstsein erlischt gänzlich bis zum Sopor.

Die Dauer des Del. tr. beträgt durchschnittlich 3 bis 8 Tage, doch kommen häufig Relapse vor, die die Krankheit bis zur Dauer von mehreren Wochen protrahiren. Der Gesammtverlauf ist ein remittirend exacerbirender.

Das Del. tr. ist eine schwere Erkrankung, die in etwa 15% der Fälle tödtlich endet. Die Gefahr derselben liegt in der Möglichkeit der Erschöpfung, des Hinzutretens von cerebralen Complicationen (Oedem, Del. acutum), und vegetativen Erkrankungen, namentlich hypostatischen Pneumonieen.

Die Ausgänge des Del. tr. sind der Tod durch Erschöpfung oder Complicationen, worunter namentlich ein Hirnödem mit Convulsionen zu fürchten ist, Uebergang in einen chronischen Zustand (Inanitionsdelirium), in chronische Geistesstörung oder Genesung. Diese kann in ganz leichten Fällen quasi kritisch durch tiefen Schlaf erfolgen, meist ist die Erholung eine allmälige, indem Jactation und Delirium zurücktreten und mehrstündige, durch Schlaf ausgefüllte Pausen sich dazwischen schieben. Der Kranke geht dabei durch ein Stadium körperlicher und psychischer Prostration (Trübung des Bewusstseins bis zu Stupor, Apperceptionsschwäche) hindurch, in welchem die Delirien noch unvollkommen corrigirt bleiben, ab und zu noch Hallucinationen auftauchen können. Diese werden mit der Zeit als solche erkannt und sind dann nicht mehr Gegenstand der Beunruhigung. Die im Anschluss an Del. tr. vorkommenden Psychosen sind protrahirte Stuporzustände, ferner Melancholieen und Manicen. Sie unterscheiden sich nicht von anderweitigen, aus schwächenden Einflüssen hervorgegangenen Psychosen, ausser durch Spuren des Alk. chron. und nachdauernde Hallucinationen aus der Periode des Del. tr. In Fällen von tödtlichem Ausgang des Del. tr. finden sich ausser den Veränderungen des Alk. chron. (Trübungen, Lymphstauungen der Pia etc.) venöse Hyperämieen und Oedem in Pia und Gehirn.

Die Therapie des Del. tr. hat zunächst der Indicatio causalis und dann der Indicatio symptomatica gerecht zu werden.

Von der grössten Wichtigkeit ist in causaler Hinsicht eine Prophylaxe. Aerzte in öffentlichen Krankenhäusern und Gefängnissen haben reichlich Gelegenheit sie zu üben. Ist der Aufgenommene ein Säufer, so entziehe man ihm nicht ganz sein gewohntes Nervinum, den Alkohol, oder säume wenigstens nicht, ihn zu verordnen, sobald eine schwere Krankheit oder sonst eine der angeführten Gelegenheitsursachen des Delir. vorhanden ist.

Damit ist die Vorsicht zu verbinden, dass jede schwerere oder schmerzhafte Krankheit oder Verletzung eines Säufers nicht mit schwächenden Mitteln (Blutentziehungen, Drastica u. dgl.) behandelt, im Gegentheile ein roborirendes diätetisches und medicamentöses Regime eingehalten werde.

Da bei jedem Säufer unter obigen Umständen die Gefahr eines Del. tr. droht, so achte man sorgsam auf etwaige Incubationssymptome, namentlich Schlaflosigkeit, und begegne sofort dieser mit Hypnoticis (Opium mit oder ohne Spirituosa, Chloralhydrat mit oder ohne Morphium). Die Indicationen für die Behandlung der ausgebrochenen Krankheit gehen dahin, alle schwächenden Eingriffe zu meiden und so rasch als möglich den Schlaf herbeizuführen.

Die erstere Forderung ist durch den entschieden asthenischen Charakter dieses Inanitionsdelirs, sowie die traurigen Resultate einer früheren schwächenden Therapie gerechtfertigt, die zweite Forderung entspringt aus der Erfahrung, dass das Delir weicht, sobald der Kranke in einen tiefen, lange genug andauernden, restaurirenden Schlaf verfällt.

Bei der Wahl des geeigneten Hypnoticum muss individualisirend vorgegangen und dem Allgemeinzustand des Kranken, etwaigen Complicationen (Fieber, entzündliche Erkrankungen) namentlich dem Zustand des Herzens (Fettdegeneration, Herzschwäche) Rechnung getragen werden. Es lassen sich in dieser Hinsicht drei Gruppen von Fällen aufstellen.

1. Es handelt sich um meist erstmalige Erkrankung, kräftige, jüngere Leute ohne Fettherz, Arteriosklerose, überhaupt Zeichen vorgeschrittenen Alkoh. chron., ohne Complicationen, ohne Fieber. Hier passt neben medicinischen Dosen von Wein Chloralhydrat mit oder ohne Morphium. Kleinere Dosen (Chloral 1—2,0, Morphium 0,01) aber oft (alle 3—4 Stunden) wiederholt, haben auch nach meiner Erfahrung den Vorzug von grösseren selteneren.

Eignet sich der Fall für Chloral, so tritt dessen hypnotischer

²) Rose op. cit. pag. 101; Fürstner, Allg. Zeitschr. f. Psych. 34. H. 2.

Effect in der Regel schon nach der zweiten oder dritten Dosis ein. Zuweilen versagt es seine Wirkung, steigert sogar die Aufregung. Dann nützen fortgesetzte und auch hohe Dosen nichts, erscheinen geradezu gefährlich.

Ein dem Chloral in der Wirkung nahestehendes, jedoch nicht so prompt wirkendes, dafür aber weniger gefährliches, seltener versagendes Mittel, das auch verbreitetere Anwendungsweise gestattet, ist das Opium. Wir ziehen auf der Klinik seine subcutane Anwendung (Extract. Opii aquos. 1 : Aq. destill. 16 mit Glycerin 4) der internen vor, da die Dosirung hier eine exacte ist und die Resorption vom Magen aus bei dem im Alk. chron. meist hochgradigen Magencatarrh problematisch erscheint und ungenügend stattfindet, wie dies die oft enormen Dosen von Opium, die solche Kranke ertrugen und bedurften, beweisen.

Bei subcutaner Anwendung werden auch die reizenden, den Magencatarrh steigernden Wirkungen des intern gerichten Opium vermieden, ein wichtiger Vortheil für den Kranken, dessen rasche Reconvalescenz, sowie das Ausbleiben von Recidiven wesentlich davon abhängen, wie Verdauung und Assimilation vor sich gehen.

Man injicire 0,03 Ext. Opii aquos. als Anfangsdosis und wiederhole die Injection alle 3—4 Stunden, bis Schlaf eintritt! Ist die subcutane Behandlung nicht möglich (Landpraxis), so applicire man, wenn immer möglich, das Mittel in Klystierform oder in Suppositorien.

Von grosser Wichtigkeit ist es, dem Kranken nicht sofort das Opium zu entziehen, wenn dessen hypnotischer Effect eingetreten ist, sonst kommt es leicht zu Relapsen und Recidiven. Die Gefahr dieser wird erheblich verringert, wenn die Opiumbehandlung noch einige Tage lang nach dem kritischen Schlaf in kleineren Dosen von 0,01—0,02 fortgesetzt wird, namentlich vorläufig Abends der Reconvalescent noch sein Opiat erhält.

Eine zweite Gruppe ist dadurch charakterisirt, dass Complicationen (Pneumonie, schwere Verletzungen) vorliegen, oder auch, beim Fehlen solcher, Fieber besteht, das dann als neurotisches Symptom aufgefasst werden muss und die Prognose, wie dies Magnan gebührend hervorhob, erheblich verschlimmert, oder es handelt sich um Individuen mit den Erscheinungen eines vorgeschrittenen Alkoholmarasmus, mit fettiger Degeneration der Organe, namentlich des Herzens und Zeichen von Herzschwäche (dumpfe Herztöne, schwacher Herzchok, hohe Pulsfrequenz, schlecht gespannte Arterien). Hier ist das Chloral, als ein entschiedenes Herzgift, das von der Medulla oblongata aus Herzlähmung hervorrufen kann, durchaus contraindicirt.

Der Gebrauch des Opium ist hier am Platze und nicht gefährlich, wenn die Gefahr einer Herzschwäche durch Excitantia, am besten

Wein oder Spirituosa in nicht knapper Dosis, nöthigenfalls durch Aether aceticus oder Liquor. ammon. anisatus gleichzeitig bekämpft wird.

Die hypnotische Therapie kann hier forcirt werden, wenn der Arzt die Thätigkeit des Herzens sorgsam überwacht und entsprechend der Dosis des Opium gleichzeitig die des Excitans vermehrt.

3. Eine dritte Gruppe von Deliranten umfasst Fälle, in welchen durch Verschleppung des Falls, schwere Complicationen, hohes Fieber, vorgeschrittenen Alkoholismus, wiederholte Recidiven des Deliriums der Kranke in ausgesprochen adynamischem Zustand mit schwerer Bewusstseinsstörung, fuliginiöser Zunge, collabirten Zügen, mussitirenden Delirien, Flockenlesen, subsultus tendinum, Herzschwäche, schwachem Puls bei über 120 gesteigerter Pulsfrequenz etc. in die Behandlung eintritt. In solchen Fällen ist von den Narcoticis kaum mehr etwas zu erwarten, ihre Anwendung geradezu gefährlich. Hier kann nur eine roborirende, entschieden analeptische Behandlung das schwer bedrohte Leben des Kranken retten. Das beste Hypnoticum und Beruhigungsmittel ist hier alkoholreicher Wein in nicht knapp bemessenen Dosen. Wird die Herzaktion ungenügend, so gebe man Campher oder Moschus. Tritt Sopor ein, so sind kalte Uebergiessungen in trockener Wanne ein gutes Mittel. Gelingt es die Lebensgefahr zu beseitigen, so ist eine Opiumbehandlung unter den bei Gruppe 2 erwähnten Cautelen in vorsichtiger Weise einzuleiten.

In einigen (3) Fällen von besonders schwerem Charakter der dritten Gruppe haben wir, gestützt auf Rose's Empfehlung, das metallische Opium Rademacher's, das Zincum aceticum versucht. Die drei, kaum mehr Hoffnung gewährenden Kranken, genasen. Die Dosis betrug 4,0—6,0 Zinc. acetic. pro die in einem schleimigen Vehikel, möglichst verdünnt. Schädliche Nebenwirkungen auf Magen und Darmkanal traten nicht ein, im Gegentheil schien sich unter der Behandlung der chronische Magencatarrh zu bessern. Neben der Erzielung des restaurirenden Schlafs ist Sorge für möglichst gute Ernährung des Kranken im Delir. tr. eine Hauptsache. Der Zustand des Magens erschwert diese diätetische Aufgabe. Auf der Höhe der Krankheit ist Milchkost am vortheilhaftesten, am besten die Milch verdünnt mit Sodawasser oder einem natürlichen Säuerling. Droht sich der Kranke durch Jactation und beständiges Verlassen des Betts zu erschöpfen, so ist die Herstellung einer Zwangsbettruhe (in schwereren Fällen) mittelst leichter Beschränkung nicht zu vermeiden. Die Gefährlichkeit der Kranken für sich und ihre Umgebung macht Isolirung in gut erwärmtem Krankenzimmer und sorgfältige Ueberwachung nöthig. Unzählige Unglücksfälle, unter welchen ich nur an einen vor Jahren in der Berliner Charité erinnern will, in welchen ein Delirant bei momentaner Abwesenheit des Wärters seinen Nachbarn die Schädel einschlug, machen diese Forderung unerlässlich.

Deliranten gehören nicht in Irrenanstalten. Jeder grössere Ort, ganz besonders in Weinländern, sollte seine Delirantenzelle haben.

Bei eingetretener Reconvalescenz ist die Unterhaltung ausreichenden Schlafs und Herstellung einer guten Ernährung, bez. Beseitigung des Magencatarrhs die wichtigste Aufgabe. Neben den diätetischen Mitteln sind hier Chinapräparate, am besten Decoct. Chinae mit Acid. muriat. nützlich.

2. Pathologische Rauschzustände [1]).

Es ist eine bekannte Erfahrung bei Säufern, dass sie mit fortschreitender Hirnentartung immer weniger tolerant gegen Alkohol werden und die Wirkungen des Alkohols selbst bei relativ geringem Excess in ungewöhnlich starker Weise in Form von Stupor, häufiger aber in Gestalt von Reizungsphänomenen — Delirien bis zu Tobanfällen (Mania ebriorum acutissima s. Mania ebriosa s. a potu) bei ihnen zu Tage treten.

Die Ursache dieser Alkoholintoleranz beim Säufer muss wesentlich in dem durch seine Hirnerkrankung gesetzten labilen Gleichgewicht der Hirnfunktionen, namentlich der vasomotorischen Centren gesucht werden, deren Widerstandskraft gegen fluxionsbefördernde Einflüsse (Alkoholgenuss) eine verringerte ist, so dass es nicht zu den Symptomen eines gewöhnlichen Rausches, sondern zu einer heftigen Rindenaffektion mit den Zeichen einer fluxionären Hyperämie unter dem Bilde eines peracuten hallucinatorischen Irreseins kommt.

Eine solche pathologische Reaktionsweise auf Alkohol kommt aber nicht bloss auf dem Gebiet des Alk. chron. vor, sie findet sich auch:

Auf Grund einer angebornen, meist a) hereditären Belastung des Gehirns — die Intoleranz gegen Alkohol ist hier ein funktionelles Degenerationszeichen, Theilerscheinung einer neuropathischen Constitution, die neben andern Zeichen einer solchen, in einem labilen Gleichgewicht der vasomotorischen Innervation, in grosser Geneigtheit zu Hirncongestionen, Kopfweh, Schwindel, Nasenbluten, namentlich bei calorischen Schädlichkeiten ihren Ausdruck findet. In der Ascendenz und Blutsverwandtschaft findet man dann Neurosen, Psychosen, plötzliche Todesfälle unter den Erscheinungen der Apoplexia serosa und eruenta und ebenfalls Alkoholintoleranz.

b) Sie ist eine erworbene, durch schwere, das Hirn treffende

---

[1]) v. Krafft, Deutsche Zeitschr. f. Staatsarzneikunde 1869, Heft 2 (Literatur). Derselbe, d. transitor. Störungen d. Selbstbewusstseins, pag. 25.

Insulte (Trauma capitis, Typhus, Meningitis) oder als Symptom von noch nicht zur vollen Klarheit gediehenen oder latenten Hirnkrankheiten (Dementia paralytica, Epilepsie, Alk. chron.).

c) Sie ist eine temporäre, durch zufällig mit dem Alkoholexcess zusammentreffende und die Alkoholwirkung cumulirende Schädlichkeiten. Dahin gehören Narcotica, ätherische Oele im Getränk, calorische Schädlichkeiten, Aufregung durch Tanz, sexuelle Erregung, namentlich aber Affekte. Solche Affekte können noch in der Nachwirkung eines alkoholischen Fluxionszustandes ein acutes Irresein hervorrufen.

Die klinische, namentlich aber forensische Bedeutung derartiger pathologischer Rauschzustände ist eine grosse.

In diagnostischer Beziehung ist zu berücksichtigen:

1. Zwischen Menge des Getränks und Wirkung besteht ein Missverhältniss, weil innere organische oder accidentelle Bedingungen cumulirend hinzutreten.

2. Die zeitliche Verknüpfung von Ursache und Wirkung ist nicht die, wie sie beim gewöhnlichen Rausch beobachtet wird. Es fehlt hier die successive Steigerung der Alkoholsymptome wie bei diesem. Der pathologische Rauschzustand tritt gleich im Beginn des relativen Excesses oder erst spät nach diesem durch ein die latente Alkoholcongestion steigerndes Moment (Affekt) zu Tage.

3. Auch qualitativ besteht ein Unterschied von einem gewöhnlichen Rausch. Es kommt zu einem mehr weniger zusammenhängenden Delir, zu einer durch Sinnestäuschungen tief gestörten Apperception, zu maniakalischen Erscheinungen mit triebartigen Handlungen bis zu Wuthausbrüchen und Zerstörungsdrang.

Die Bewegungen sind nicht taumelnd, atactisch wie bei Berauschten, sondern sie haben ein maniakalisches Gepräge — sind sicher, kraftvoll, energisch.

Der tiefen Störung des Bewusstseins entspricht ein vollständiger Erinnerungsmangel für die Dauer des Paroxysmus. Der Paroxysmus ist von Symptomen einer Hirncongestion (fluxionäre Röthe, Kopfweh, Schwindel, Hyperästhesie der Sinnesorgane), eingeleitet und von solchen begleitet.

Die Dauer solcher pathologischen Rauschzustände kann bis zu Stunden betragen. Schwere Gewaltthaten kommen in ihnen nicht selten zu Stande.

3. Die trunkfällige Sinnestäuschung (Sensuum fallacia ebriosa[1]).

Die grosse Disposition der Säufer zu Sinnestäuschungen, namentlich Gesichtshallucinationen, ist bekannt. Gewöhnlich erscheinen sie

[1] Cohen v. Baren, Allg. Zeitschr. f. Psych. 3; Clarus, Beiträge 1828, pag. 132.

nur ganz elementar und fragmentar im Krankheitsbild, in seltenen
Fällen aber gehäuft und als zusammenhängendes hallucinatorisches
Delirium, das dann einen ganz transitorischen Charakter hat und selten
länger als einige Stunden anhält.

Gehäufte Alkoholexcesse und calorische Schädlichkeiten können
es hervorrufen.

Die Elemente des Delirs sind Gesichts- und Gehörshallucinationen;
ihr Inhalt ist ein sehreckhafter. Daneben Acusmen (confuser Lärm,
Brausen) und Präcordialangst. Das Bewusstsein ist ein dämmerhaftes,
traumartiges, das eine Erkennung der Hallucinationen nicht zulässt,
aber eine summarische Erinnerung für die Krankheitserlebnisse nicht
ausschliesst. Schwere Gewaltthaten gegen die durch Hallucinationen
und Illusionen verfälscht zum Bewusstsein kommende Aussenwelt sind
möglich.

4. Die Alkoholpsychosen[1]).

Nicht selten kommen bei Säufern geschlossene, psychische Krankheitsbilder vor. Nicht alle diese Erkrankungen haben ein specifisches
Gepräge. So kommen Melancholieen und Manieen zur Beobachtung,
die sich von anderweitig entstandenen nur insofern unterscheiden, als
die schwere degenerative Grundlage ihnen einen schweren, idiopathischen
Charakter verleiht. Die Melancholieen erweisen sich als vorwiegend
stuporöse, die Manieen als heftig congestive mit schwerer Bewusstseinsstörung, oder als raisonnirendes Krankheitsbild.

Neben solchen gibt es aber auf Grundlage des Alk. chron. auch
Psychosen, die ebenso specifisch sind, wie das Delirium tremens, nie
durch einen einmaligen, wenn auch noch so grossen Alkoholexcess
hervorgerufen werden, ja ganz unabhängig von einem solchen durch
irgend ein somatisches oder psychisches accessorisches Moment im zerrütteten Gehirn des Gewohnheitstrinkers zur Entstehung gelangen.

Als solche specifische Alkoholpsychosen sind zu schildern:

a. Die Alkoholmelancholie[2]).

Sie ist ausgezeichnet durch brüsken Ausbruch, acuten, meist nur
8—10 Tage betragenden, selten bis zu einigen Wochen dauernden
Verlauf, erhebliche Trübung des Bewusstseins, massenhafte Hallucinationen, heftige Präcordialangst bis zu Panphobie, Raptus mel., Tenta-

[1]) Lit.: Marcel, de la folie causée par l'abus des boissons alcooliques, Paris
1847; Leidesdorf, Wiener Zeitschr. d. Gesellsch. d. Aerzte 1854; Calmeil, Gaz. des
hôpit. 1856, 76; Haberkorn, Alkoholmissbrauch u. Psychosen. Dissert. 1869; Dagonet.
traité des mal. ment., pag. 577.
[2]) Vgl. Lükken, Schmidt Jahrb. 1876, Nr. 11.

mina suicidii mit oft ganz impulsivem Charakter, rasche Lösung mit
nur summarischer Rückerinnerung, wobei dem Genesenen die über-
standene Krankheit wie ein böser Traum erscheint.

Zu systematischen Delirien, zur Begründung derselben im Sinn
einer Selbstanklage kommt es bei der Bewusstseinsstörung und dem
acuten Verlauf kaum, höchstens in sich protrahirenden Fällen. Die
namentlich in den ängstlichen Erwartungsaffekten gehäuften Hallucinationen sind theils anklagende Stimmen (Mörder, Dieb, sexuelle
Beschuldigungen z. B. venerisch zu sein, Drohung mit Tod und Ge-
fängniss) theils Visionen (weisse Gestalten, Teufel, Gespenster, Fratzen,
Thiere, meist in vielfacher Zahl). Die letzteren sind mehr episodisch
und werden in dem Delir nicht weiter verwerthet.

Somatisch bestehen meist Erscheinungen von acuter Alkohol-
vergiftung, Alk. chron., Kopfweh, heftige Fluxionen und Schlaflosigkeit.
Die häufigsten Ursachen sind Gemüthsbewegungen, besonders Schrecken
und Alkoholexcesse. Die Prognose ist eine sehr günstige.

Therapeutisch ist gegen Schlaflosigkeit und Angst das Opium
fast ebenso wirksam wie beim Delirium tremens. Bei Fluxionen empfehlen sich Bäder mit Eisumschlägen, bei gesteigerter Herzaktion
Digitalis.

b. Die Mania gravis potatorum [1]).

Das auf dem Boden des Alk. chron. sich entwickelnde specifisch maniakalische Krankheitsbild stimmt vielfach mit dem von anderen Autoren
als Mania ambitiosa, congestiva, gravis (Schüle) geschilderten überein.
Ich habe es nur auf Grundlage des Alk. chron. gefunden und finde in
Symptomengruppirung Detail und Verlauf Eigenthümlichkeiten, die
mir dasselbe als ein specifisches erscheinen lassen. Nie wird dasselbe
durch ein melancholisches Vorstadium eingeleitet. Der Ausbruch ist
ein plötzlicher unter deutlichen Congestiverscheinungen oder ein der
initialen manischen Erregung der Dem. paralytica ähnlicher, nur dadurch unterschieden, dass die psychische Schwäche bei Mania gravis nicht
so deutlich hervortritt.

Die Initialerscheinungen sind zunehmende Reizbarkeit, Aenderung
des Charakters, Fluxionen, gestörter, zuweilen ganz fehlender Schlaf,
Unstetigkeit, Hang zum Vagabundiren und gehäuften Alkoholexcessen.
Früh zeigt sich schon eine bedeutende Erhöhung des Selbstgefühls.
Die Krankheit erreicht rasch die Höhe der Tobsucht oder durch ein

[1]) Vgl. Marcé, traité des mal. ment., pag. 477; Dagonet, traité, pag. 580;
Foville, la folie des grandeurs, Paris 1871; Schüle, Hdb. pag. 497; Löwenhardt,
Allg. Zeitschr. f. Psych. 25; Zenker, ebenda 33; Stölzner, Irrenfreund 1877. 8.

Stadium maniakalischer Erregung. Diese unterscheidet sich von einer
gutartigen maniakalischen Exaltation durch die grosse Steigerung des
Selbstgefühls, die grosse Reizbarkeit bis zu den grössten Brutalitäten
gegen die Umgebung, durch Renommage, Kauf- und Verschwendungs-
lust, Vagabondage, brutale Rücksichtslosigkeit, oft auch Erotismus,
der sogar an den eigenen Töchtern und auf offener Strasse sich ver-
greift. Früh kommt es hier auch zu Grössendelirien.

Auf der Höhe der Tobsucht deuten grosse Verworrenheit, Bewusstseinsstörung, Reizbarkeit, ungeheures Selbstgefühl und fast ausschliesslich triebartige Bewegungsakte, ferner häufige Salivation, Lippen-
und Zungentremor, Facialisparese, Myosis oder ungleiche Pupillen,
Sprachstörung durch Ataxia labialis, die schwere idiopatische organische Natur des Processes an.

Dazu gesellen sich in allen Fällen Grössendelirien, die an Ungeheuerlichkeit an die des Paralytikers hinanreichen, jedoch nicht so
desultorisch und mannichfaltig sind. Sie haben einen vorwiegend religiösen Inhalt. Die Kranken erklären sich für Gott, Christus, andernfalls sind sie Kaiser, ungeheuer reich u. dgl.

Zuweilen kommt es auch zu desultorischem Persecutions-, namentlich Vergiftungswahn, oder wird Wahn ehelicher Untreue geäussert.
Auf der Höhe der Krankheit bestehen massenhaft Hallucinationen und
zunächst fast ausschliesslich des Gesichts (Teufel, Engel, göttliche
Personen, Paradies), dann Gehörshallucinationen entsprechenden Inhalts.

Die tobsüchtigen Akte sind ausgezeichnet durch enorme Brutalität
und durch Zerstörungsdrang, durch Heulen, Schreien, Toben, Schmieren,
Zerreissen; vorübergehend und episodisch zeigen sich Anfälle zorniger
Tobsucht.

Somatisch besteht meist sehr ausgesprochene Fluxion und Schlaflosigkeit. Auf dem Höhestadium ist der Gang der Krankheit ein
exacerbirend remittirender. In den Remissionen besteht das Bild manischer Exaltation mit Festhaltung der Grössendelirien, mit Sammelsucht, Beschäftigungsdrang, dem Kleidung und Bettstücke zum Opfer
fallen, vielfach aber vorwiegend das psychischer Erschöpfung.

Die Höhe der Krankheit dauert durchschnittlich einige Wochen.
In günstigen Fällen stellt sich Schlaf und Nachlass der Erregung ein.
Die Remissionen werden tiefer, die Tobsucht geht durch ein Stadium
zorniger Manie, auf das ein Zustand psychischer Schwäche mit abklingenden Erscheinungen einer maniakalischen Exaltation in moriaartigem und raisonnirendem Anstrich oder ein tiefer geistiger Erschöpfungszustand mit dementer Brutalität und Reizbarkeit folgt, in
Genesung über.

Es kann aber auch geschehen, dass auf der Höhe der Krankheit der Zustand sich zum Delirium acutum steigert und der Kranke rasch zu Grunde geht.

Andernfalls wird das Leiden chronisch — die Erregung weicht einer zunehmenden geistigen Schwäche; die Affecte bekommen damit einen kindisch schwächlichen Anstrich, schlagen von der Höhe des Grössenwahns oft plötzlich in kindisches Weinen um. Zeitweise zeigen sich noch zornig explosive oder einfach congestive Tobanfälle. Immer deutlicher gibt sich die tiefe Störung der psychischen und motorischen Centren in der Folge in einem andauernden triebartigen zwecklosen Zerstören, Zerreissen, Kothschmieren kund. Der Grössenwahn wird matter, fragmentarischer, die Affekte verlieren sich oder erscheinen in läppischer Aeusserungsweise. Auch aus diesem Stadium ist noch eine Erholung möglich aber das schwer geschädigte psychische Organ geht nicht mehr intakt daraus hervor, sondern defekt, psychisch geschwächt· und sehr reizbar gegenüber Alkohol- und gemüthlichen Reizen. Meist kommt es aber zu einem tieferen Degenerationsvorgang im Gehirn — zu progressiver Dementia mit ganz triebartigen Impulsen zum Zerstören. Dabei rapides Sinken der Ernährung, tarder, monocroter Puls, dumpfe Herztöne, schlecht gespanntes Arteriensystem, subnormale Temperaturen, Furunkeln, Phlegmonen — die der schmierende im Stroh wühlende Kranke sich zuzieht und die nicht mehr recht heilen wollen. Es kommt zu Faciallähmungen, Ungleichheit der Pupillen, halbseitigem Schwitzen, Plumpheit und Unsicherheit der Bewegungen der Extremitäten.

Der Tod erfolgt nach Monats- bis Jahresfrist durch Decubitus, colliquative Diarrhöen, hypostatische Pneumonieen im Zustand eines geistigen und körperlichen Marasmus.

Die Prognose ist eine zweifelhafte. In der Hälfte der Fälle und nur im ersten Stadium tritt Genesung ein, freilich oft genug mit psychischem Defekt.

Die Sektion ergibt in vorgeschrittenen Fällen Hyperostosis Cranii mit Schwund der Diploë, Blutarmuth der durch Lymphstauung getrübten Pia und Oedem des Gehirns; dazu beginnende Atrophie (Verschmälerung der Gyri), die Gefässlumina im Gehirn klaffend, stark erweitert, Ventrikel etwas erweitert, zuweilen mit granulirtem Ependym.

Das Krankheitsbild deutet im Anfang und auf der Höhe der Krankheit auf vasoparetische Hyperämie und in diesem Stadium ist jedenfalls noch Genesung möglich. Im weiteren Fortschritt kommt es zu Auswanderung von Blutelementen in die perivasculären Räume, Lymphstauung und regressiven Metamorphosen des Gehirns.

In den Anfangsstadien sind prolongirte Bäder mit Eisumschlägen, Opium- und Ergotininjectionen, bei bedeutender Steigerung der Herz-

aktion Digitalis empfehlenswerth. Im Uebergang zum secundären
Stadium ist roborirende Behandlung, Opium, Chinin angezeigt. In
den Endstadien ist Bettruhe, Warmhalten, Anregung der Circulation,
gute Ernährung, Bekämpfung des Decubitus nöthig.

c. Verfolgungswahn [1].

Er ist eine ziemlich häufige, durch specifische Merkmale von
andren Formen der primären Verrücktheit unterschiedene Störung, die
Marcel schon gekannt und die Nasse als „Verfolgungswahnsinn der
geistesgestörten Trinker" trefflich geschildert hat.

Bemerkenswerth ist hier zunächst die schon von Nasse betonte
Kürze des Incubationsstadiums, das sich auf Kopfweh, Schwindel, gestörten Schlaf, fluxionäre Erscheinungen beschränkt, sowie der meist
plötzliche Ausbruch der eigentlichen Psychose unter schreckhaften
Hallucinationen, namentlich solchen des Gehörs. Im Krankheitsbild
selbst sind hervorzuheben die hier selten fehlenden Gesichtshallucinationen. Sie kommen zwar auch bei Fällen von persecutorischer Verrücktheit von nicht alkoholischer Entstehungsweise zuweilen vor, aber
sie sind dann nur ganz episodisch und bedeutungslos für das sonstige
Delirium, während sie bei der alkoholischen Form eine Rolle spielen,
verwerthet werden und eine gewisse Persistenz zeigen. Sie haben
einen vorwiegend schreckhaften Inhalt und führen zu heftiger reaktiver
Angst. Daneben können sich auch phantastische Gestalten und Thiervisionen indifferenten Inhalts einstellen. Selten sind Geruchs- und
Geschmackshallucinationen. Sie haben ebenfalls einen unangenehmen
Inhalt und führen dann zu Vergiftungswahn. Am wichtigsten sind die
Gehörshallucinationen. Auffallend häufig haben sie einen obscönen
Inhalt — die Kranken hören abfällige Bemerkungen über den Zustand
ihrer Genitalien (kein Penis, zu kleiner, Impotenz) oder sexuelle Be-
schuldigungen und Drohungen (Päderast, Thierschänder, Kinder-
verführer, Samenschlager, venerisch, bevorstehende Castration etc.).

Die Primordialdelirien sind hier Verfolgungs- und Grössendelirien.
Die ersteren sind die wichtigsten und primären. Auch sie haben vielfach einen sexuellen Inhalt, drehen sich um Wahn ehelicher Untreue
oder unzüchtigen Verhaltens der Umgebung, woran sich noch weitere
Persecutionsdelirien (Lebensbedrohung, Bestohlenwerden etc.) mit entsprechenden Hallucinationen (Verbrecher, bevorstehende Hinrichtung etc.)
anreihen können. Namentlich sind es auch die bei Alkohol. chron. so

---

[1] Marcel, op. cit.; Legrand du Saulle, le délire des persécutions, Paris 1871;
Nasse, Allg. Zeitschr. f. Psych. 34. H. 3.

häufigen paralgischen und hyperästhetischen Zustände, die zum Wahn physikalischer Verfolgung (Electricität u. dgl.) führen können.

Im Anschlusse an verfolgende Delirien und Hallucinationen kommt es häufig zu heftigen reaktiven Angstzufällen. Im Uebrigen sind diese Kranken, wie dies schon Nasse fand, auffallend affektlos.

Grössendelirien können schon im Anfang sich episodisch zeigen, treten aber meist erst im Verlauf mit entsprechenden Hallucinationen ein. Sie drehen sich um grossen Reichthum, fürstliche Stellung u. dgl. (So bekam einer meiner Kranken vom lieben Gott die Mittheilung, er werde als Bürgermeister eingesetzt.) Seltener als es Nasse fand, beobachtete ich religiösen Inhalt (Christuswahn). Die begleitenden somatischen Störungen gehören dem Alkoh. chron. an. Der Verlauf ist ein rascherer als bei den andren Formen der primären Verrücktheit und zeigen sich Erscheinungen psychischer Schwäche, namentlich auf affektivem Gebiet schon früh. Die Prognose ist eine zweifelhafte. Meist wurde nur eine Genesung mit Defekt (restirende psychische Schwäche mit nur unvollkommener Krankheitseinsicht nach zurückgetretenen Wahnideen und Sinnestäuschungen) erzielt; ich habe aber auch Fälle von eklatanter Genesung beobachtet.

d. Alkoholparalyse[1]).

Zuweilen nimmt der Alkohol. chron. seinen Ausgang in Dem. paralytica. Gegenüber den gewöhnlichen Fällen dieser Krankheit, die ätiologisch mit Alkoholexcessen gar nichts zu thun hatten oder wo Alkoholexcesse nur eine Mitursache bildeten, ist in theilweiser Uebereinstimmung mit Schüle differentiell diagnostisch hervorzuheben: der acute, meist nur Monate betragende Verlauf, der hochgradige, meist universelle Tremor der Kranken, die Häufigkeit apoplectischer und epileptiformer Anfälle, die häufige, namentlich auf die Unterextremitäten beschränkte An- oder auch Hyperästhesie, der intensive Kopfschmerz im Beginn und Verlauf der Krankheit, die verhältnissmässige Seltenheit des Grössenwahns, die Rudera von früherem Wahn ehelicher Untreue, die häufigen und deutlich alkoholisch gefärbten Gesichtshallucinationen, die geringer hervortretende und vorwiegend auf Labialataxie, weniger auf Silbenstolpern beruhende Sprachstörung.

Dazu kommt der weniger ominöse Verlauf, insofern solche alkoholische Paralysen (Pseudoparalysen?) sich gänzlich zurückbilden oder doch mit Defekt heilen können[2]).

---

[1]) Falret, de la folie paralytique, pag. 106 und obs. 9 und 10; Schüle Hdb. pag. 346.
[2]) Nasse, Irrenfreund 1870. 7; Brosius ebenda 1868. 1; Hoffmann, ärztl. Bericht über Siegburg 1864, pag. 4.

In zur Sektion gelangten Fällen fand ich den gewöhnlichen Befund der Paralyse, nur fehlten auffallenderweise die sonst regelmässig vorhandenen Ependymgranulationen.

5. Die Alkoholepilepsie[1]).

Die durch Alkoholexcesse veranlassten Hirnveränderungen können auch zur Epilepsie führen. Begünstigende Momente für die Entstehung der Epil. bei Säufern sind nicht selten erbliche Anlage, Convulsionen in der Kindheit, Traumen. Die Behauptung von Magnan, dass die Alkoholepilepsie nur bei Absynthpotatoren vorkomme, ist nicht richtig. Sie kann bei allen Arten von berauschenden Getränken auftreten.

Da die Epilepsie funktionell eine dauernde abnorme Innervation gewisser Hirncentren, die sogenannte epileptische Veränderung voraussetzt, ist es begreiflich, dass sie so wenig als das Del. tremens, durch einen einmaligen wenn auch noch so heftigen Alkoholexcess hervorgerufen wird, sondern erst durch lange fortgesetzte Excesse. Das Eintreten eines epileptischen Anfalls unter dem Gelegenheitseinflusse einer Berauschung beweist immer, dass diese epileptische Veränderung d. h. die Epilepsie schon vorher bestand, wie ja Wiederkehr der epileptischen Anfälle bei Epileptikern unter dem Einfluss eines gelegentlichen Alkoholübergenusses häufig genug vorkommt.

Ist die Alkoholepilepsie einmal ausgebildet, dann sind auch die wichtigsten Gelegenheitsursachen für die Wiederkehr der Anfälle Alkoholexcesse.

Ungefähr 10 % der Alkoholisten zeigen epileptische Zufälle. Sie sind im allgemeinen späte Erscheinungen des Alkoh. chron.

Häufig sind diese epileptischen Insulte nur unvollständige, indem sie nur einzelne Muskelgruppen oder nur eine Körperhälfte befallen. Bemerkenswerth ist ferner, dass sie von lebhafter Congestion meist eingeleitet und begleitet sind. Auch das Bewusstsein geht häufig nicht völlig im Anfall verloren.

Indessen kommen aber neben derartigen unvollständigen Anfällen auch solche vor, die sich in Nichts von dem vertiginösen oder convulsiven gewöhnlichen Bilde der Epilepsie unterscheiden. Von grösserer Bedeutung für die Diagnose als die Form dieser Anfälle ist die Art ihres Auftretens, insofern die Anfälle in grösseren Zeitintervallen, dann aber gehäuft und im Zusammenhang mit einem Alkoholexcess wiederzukehren pflegen. Sehr gewöhnlich folgen auf solche Anfallsserien psychische Störungen

---

[1]) Lit. Percy, dict. des scienc. méd. 26; Magnan, de l'alcoolisme 1874; Weiss, (Leidesdorf psychiatr. Studien 1877); Drouet, Ann. méd. psych. 1875 März; Le grand du Saulle, étude médico-légale sur les épilept. Paris 1877.

in Form von Del. epilepticum oder einem traumartigen oder auch stuporösen Dämmerzustand. Zuweilen beobachtet man eine gleichzeitige Complication von Del. tremens oder Hallucinatio ebriosa. Mit dem Eintritt der Alkoholepilepsie macht die intellectuelle Degeneration der Kranken rapide Fortschritte.

Die Prognose ist eine ungünstige, theils an und für sich, theils durch die immer wiederkehrenden Alkoholexeesse, welche die Prädisposition steigern und neue Anfälle provociren. Auch der Alkoholepilepsie gegenüber scheint sich das Bromkali zu bewähren. Zahlreiche Säufer bleiben indessen auch ohne Bromkali während ihres Aufenthalts im Krankenhause unter dessen günstigen hygienischen Bedingungen, namentlich bei Entziehung von Spirituosen, von Anfällen verschont.

D. Dementia senilis (Altersblödsinn [1]).

Im höheren Alter verfällt das Gehirn, wesentlich durch die sich einstellende Arteriosklerose und die dadurch gesetzten Circulations- und Ernährungsstörungen einer regressiven Metamorphose, die nur eine Theilerscheinung des allgemeinen körperlichen Involutionsprocesses darstellt.

Während dieser sich vegetativ als „Marasmus senilis" kund gibt macht sich die organische Gehirnveränderung in einer Aenderung des geistigen Wesens und Charakters geltend. Der Mensch mit alterndem Gehirn wird bedachtsamer in Ansichten und Urtheilen, sein geistiges Assimilationsvermögen ist nicht mehr so gross, die Phantasie hat nicht mehr die Wärme und Frische der jungen Jahre, das Denken erfolgt langsamer, das Gedächtniss nimmt ab, der Ideenkreis wird ein eingeschränkter, der Wille ist nicht mehr so fest, vielmehr leichter bestimmbar.

Der Alte lebt vorwiegend in der Vergangenheit, er ist conservativ, misstrauisch gegen das Neue, er wird ein Egoist und Laudator temporis acti (Legrand du Saulle).

Häufig bleibt es nicht bei dieser senilen Charakterveränderung, es kommt zu einem fortschreitenden geistigen Schwächezustand, der bis zu den äussersten Stadien der Verblödung sich erstrecken kann. Diesem klinischen Befund einer „Dementia senilis" entspricht anatomisch eine Atrophie der Hirnhemisphären mit gleichzeitiger Atherose der Hirnarterien. Immer ist diese Atrophie am deutlichsten an den Win-

---

[1] Prichard, treatise, pag. 91; Durand-Fardel, Greisenkrankheiten, deutsche Ausgabe 1868; Marcé, recherches cliniques sur la démence sénile etc. Gaz. méd. de Paris 1863. 27. 29. 31. 37. 39. 49. 51. 52; Güntz, Allg. Zeitschr. f. Psych. 30. pag. 102; Wille ebenda 30. H. 3.

dungen des Frontalhirns entwickelt, deren Schichtenzeichnung grossentheils verwischt ist und deren Färbung auf Durchschnitten in's Gelbliche spielt.

Mikroskopisch finden sich Veränderungen in den Ganglienzellen der Hirnrinde (einfache Atrophie, Verfettung, fettig pigmentöse Degeneration) und an den Gefässen (Atherose, Obliteration durch Atrophie, Capillaraneurysmen).

Neben dem Befund der Hirnatrophie erscheinen compensatorische Verdickungen des Schädelgehäuses, Serumansammlungen im Arachnoidealraum und den Ventrikeln, Pacchymeningitis externa und interna, Oedem der Pia, vielfach auch, als theils veranlassende, theils complicirende Erscheinungen, heerdartige Erkrankungen in Form von apoplectischen und Erweichungsheerden (atheromatöse Encephalitis).

Die Atrophie kann somit eine primäre sein oder auch im Gefolge solcher heerdartiger Processe, namentlich wenn sie multiple sind, auftreten.

Selten kommt diese senile Degenerescenz vor dem 60. Jahr zum Ausbruch (Senium praecox) in Folge einer im Kampf ums Dasein oder durch schwere constitutionelle Krankheiten erfolgten vorzeitigen Abnützung des Gehirns, Fettdegeneration des Herzens und Arteriosklerose.

Die einleitenden Erscheinungen des Krankheitsbilds sind die der senilen Charakterveränderung, die sich immer mehr steigern und namentlich Egoismus, Geiz, Misstrauen, Reizbarkeit, Lapsus judicii et memoriae, besonders für die Jüngstvergangenheit zu Tage treten lassen. Nicht selten gesellen sich dazu Schwindel-, Schlag- oder epileptoide Anfälle, Schlafsucht oder Schlaflosigkeit mit nächtlichem Herumdämmern. In andern Fällen zeigt sich ein auffälliger Nachlass der ethischen Gefühle und in Verbindung mit geschlechtlicher Erregung ergeben sich dann grobe Verstösse gegen die Sittlichkeit, denen besonders Kinder zum Opfer fallen. Nach kürzerer oder längerer Dauer dieses Prodromalstadiums kann sich das Bild des senilen Verfolgungswahns oder der senilen Manie (s. Band I p. 148) entwickeln, das in die Dementia überführt oder diese reiht sich als eine primäre progressive an jenes Prodromalstadium unmittelbar an. Es kommt dann rasch zu schwerer Gedächtnissstörung, die namentlich die Jüngstvergangenheit betrifft, zuweilen sogar die Erlebnisse der letzten Decennien ganz aus dem Gedächtniss verwischt, so dass die Kranken in längst vergangener Zeit leben. Eine die Kategorieen von Zeit und Raum gleichmässig umfassende tiefe Bewusstseinsstörung macht sich geltend. Die Kranken gehen sich irre, finden sich auf der Strasse, ja selbst im eigenen Hause nicht mehr zurecht, verlegen ihre eigenen

Sachen und meinen dann, sie seien ihnen gestohlen, vergreifen sich au fremdem Eigenthum und dgl. Im Ablauf der Vorstellungen findet sich Incohärenz und Zerfahrenheit, die Stimmung wird eine labile; kindische Heiterkeit und Lachen wechseln mit Phasen schmerzlicher oft hypochondrisch gefärbter Depression bis zu Taedium vitae. Meist ist der Schlaf gestört. Die Kranken dämmern Nachts herum, kramen zwecklos in ihren Effekten, zerbrechen in täppischer Weise was ihnen in die Hand fällt, können ihr Lager nicht mehr finden. Die Ursache für diese nächtliche Unstetigkeit bilden häufig Angstgefühle, abrupte Verfolgungsdelirien und Sinnestäuschungen.

In diesem Bild eines geistigen Verfalls können nun melancholische und maniakalische Erregungszustände, sowie Verfolgungsdelirien als episodische Erscheinungen auftreten.

Die tiefe psychische Schwäche, Bewusstseinsstörung und Zerfahrenheit des Vorstellens gibt diesen Zustandsbildern ein eigenthümliches Gepräge.

Die melancholischen zeigen als Hauptsymptome Präcordialangst, die raptusartige destruktive Akte vermittelt, nihilistische Wahnideen mit äusserst schwachsinnigem ungeheuerlichem Gepräge und oft hypochondrischer Färbung, ähnlich wie beim Paralytiker.

Es sind vorwiegend primordiale Delirien oder auch aus Gehörshallucinationen und aus nicht corrigirten Traumerlebnissen hervorgegangene.

Die Kranken halten sich z. B. für ein altes Ross, das zum Schinder gehört, es ist nichts mehr da, die ganze Welt ist untergegangen, sie sind todt, verfault, sie können nichts mehr bezahlen und weigern deshalb auch wohl die Nahrung. Eine Motivirung und systematische Verwerthung dieser Delirien gestattet der tief gestörte geistige Mechanismus dabei nicht mehr.

Die manischen Erregungszustände äussern sich auf der tiefen Bewusstseinsstufe in zwecklosem Umhertreiben, planloser Geschäftigkeit, verworrener Schwatzhaftigkeit, Verbigeriren, blödem Lachen, Grimassiren, Sammelsucht, planlosem Zerstören und Schmieren. Auch das etwa sich findende Verfolgungsdelir äussert sich in durchaus abrupter Weise und aller Systematik entbehrend. Die Kranken produciren ganz ungeheuerliche Delirien von lebendig Zerhacken, Eingraben, Kopfabschneiden, Augenausstechen etc. und gerathen darüber in Stunden langes Schreien, wie wenn sie wirklich schon am Spiesse stecken würden. Namentlich Nachts belebt sich das Delirium durch Gehörshallucinationen. Die Kranken wehren sich gegen vermeintliche Diebe und Mörder, verbarrikadiren Thür und Fenster, rufen um Hülfe. Nicht selten findet sich hier ein typischer Wechsel zwischen Perse-

cutions- und expansivem Delirium mit entsprechender Appereeption der
Aussenwelt. So hielt eine meiner Kranken je einen Tag die Umgebung für hohe Personen und redete sie per „Exeellenz" an, während
sie am andern dieselbe feindlich appereipirte und „Pestilenz"
titulirte. Nicht selten finden sieh als somatische weitere intereurrente
Erscheinungen apoplectische und epileptiforme Anfälle, die theils durch
appoplectisehe und Erweiehungsheerde, theils durch zeitweise Circulations-
störung und regionäres Oedem bedingt sind. Im Anschluss an jene Anfälle finden sich dann häufig Lähmungen (Hypoglossus, Facialis, Hemi-
plegie) von heerdartigem Charakter. Bleibt das Leben lange genug
erhalten, so werden die Kranken apathisch blödsinnig, unreinlich, ge-
frässig und verfallen einer fortschreitenden psychischen und allgemeinen
motorisehen Lähmung.

Der Verlauf der Dem. senilis ist ein chronischer, bis zu mehreren
Jahren betragender, jedoch gibt es seltene Fälle von acuter nur Monate
umfassender Dauer [1]).

Der Tod erfolgt meist dureh Hirncomplieationen, Pneumonieen,
oder auch durch Blasenaffectionen, Decubitus, colliquative Diarrhöen.
Therapeutiseh sind wir gegen den der Krankheit zu Grund liegenden
Degenerationsproeess machtlos. Eine möglichst gute Ernährung und
eine Anregung der Circulation (Wein) sind Alles, was gesehehen kann.
Die vorwiegend nächtliche Unruhe der Kranken scheint eine Erscheinung relativer Inanition zu sein, wenigstens haben hier eine reichliche Abendmahlzeit und der Genuss von Spirituosen vielfach eine
beschwichtigende Wirkung. Sind Nareotiea wünschenswerth, so empfiehlt sich das Opium als Sedativum und Hypnotieum, während
Chloralhydrat bei dem brüehigen Zustand der Gefässe und der meist
bestehenden Fettdegeneration des Herzens nicht unbedenklich ist.

E. Delirium acutum [2]).

Unter dieser, nach einem besonders hervortretenden Symptom und
dem Verlauf gebildeten Bezeichnung versteht die Psychiatrie eine
sehwere, meist tödtlich endigende Hirnerkrankung, in deren Krankheitsbild neben tiefen Störungen der Motilität und des Gesammt-
befindens solche der psychischen Sphäre im Vordergrund stehen. Nie
fehlen bei der Leichenöffnung schon mit blossem Auge erkennbare,
wenn auch nicht streng übereinstimmende Befunde.

---

[1]) Morbus climactericus (Lobstein) febrile Atrophie der Greise (Virchow)
s. dessen Hdb. der spec. Pathol. I. Abth. 1, pag. 310. 319.
[2]) Jehn, Archiv f. Psych. VIII H. 3 (mit Angabe der Literatur bis 1878, darunter
besonders wichtig Schüle, Allg. Zeitschr. f. Psych. 24 und 25.) Schüle Hdb. pag. 502.

Sie bestehen in Blutüberfüllung des Gehirns und seiner Gefäss-
haut. Die Hyperämie erstreckt sich meist auch auf das Rückenmark. Der
Befund der Hyperämie ist häufig durch in den letzten Lebens-
tagen oder Stunden aufgetretene ödematöse Ausscheidungen beeinträchtigt und verwischt. Der Gesammteindruck, den die Leichenöffnung bietet, ist der einer venösen Stauung im Centralorgan. Das
Gehirn wölbt sich mehr vor, die Hirnrinde erscheint geschwellt. Den
Verlauf der grossen Gefässe in der Pia mater begleiten oft weissliche
Streifen, die wohl durch Lymphstauung in den Gefässscheiden bedingt sind.

Wesentlich die Zeichen einer Blutstauung, zugleich mit massen-
hafter Auswanderung von Blutelementen als deren Folge, ergibt auch
die mikroskopische Untersuchung. Die Lymphscheiden erscheinen voll-
gepfropft mit weissen Blutkörperchen, unter welchen nicht selten auch
rothe vorkommen. Hier und da können sich sogar capilläre Extravasate
vorfinden. Die Lymphstauung erstreckt sich durch die Gefässscheiden
einerseits in die Lymphräume der Pia, andererseits in das System
der Deiters'schen Saftzellennetze, ja selbst in die perigangliären Räume.

An den Ganglienzellen wird vielfach trübe Schwellung vorgefunden. Die Ursachen der Krankheit sind mannichfach, aber darin
übereinkommend, dass sie direkte Schädigungen des Gehirns bedeuten.
Wahrscheinlich ist in allen Fällen ihr nächster Angriffspunkt das
vasomotorische Nervensystem und die den Krankheitsvorgang einleitende Wallungshyperämie eine durch Gefässlähmung zu Stande gekommene. Die Krankheit befällt häufiger Weiber als Männer und
zwar auf der Höhe des Lebens [1]. Als die eigentlichen veranlassenden
Ursachen erscheinen Gemüthsbewegungen, Trunkexcesse, geistige
intensive Anstrengungen, calorische Schädlichkeiten, aber viel wichtiger
sind jedenfalls die nicht unmittelbar wirkenden aber prädisponirenden
Ursachen der geistigen und körperlichen Ueberanstrengung im Kampfe
ums Dasein, des langjährigen Kummers, der Trunksucht, der Nahrungs-
sorgen, der ungenügenden Ernährung, des schwächenden Einflusses
überstandener schwerer Geburten und Krankheiten, der Vorgänge des
Klimacterium. In zahlreichen weiteren Fällen sind Hirninsulte in Form
von Kopfverletzung, Sonnenstich, Typhus mit cerebralen Complicationen
oder auch unbestimmte cerebrale oder psychische Erkrankungen in
früheren Jahren dagewesen und haben offenbar Folgen hinterlassen.
Darauf deuten wenigstens die in den Leichen von im Delirium acutum
Verstorbenen überaus häufig zu findenden Hyperostosen des Schädel-

---

[1] Unter 18 primär aufgetretenen Fällen meiner Beobachtung waren 7 Männer
im Alter von 30—43 J. und 11 Weiber zwischen 27 und 40 J.
Krafft-Ebing, Lehrbuch der Psychiatrie. II.   13

dachs, die chronischen Trübungen und Verdickungen der Pia und die umschriebenen Atrophieen der Hirnrinde.

Weitaus in der Mehrzahl der Fälle meines Beobachtungskreises handelte es sich zudem um erblich zu Nervenkrankheit disponirte, gemüthlich und namentlich vasomotorisch besonders reizbare Persönlichkeiten.

Auch durch den schwächenden Einfluss eines Typhus, eines Delirium tremens, einer Tobsucht bei decrepidem Gehirn kann sich im Verlauf dieser Krankheiten das Delirium acutum entwickeln. Auch als Complication einer Dementia paralytica, wenn eine der erwähnten gelegentlichen Schädlichkeiten einwirkte, sowie einer Hysterie, kann dasselbe auftreten.

Ueberblickt man diese ätiologischen Thatsachen, so liegt die Annahme nahe, dass der perniciöse Charakter der das Wesen der Krankheit ausmachenden Hirnhyperämie in der prämorbiden Beschaffenheit des betroffenen Organs begründet ist und dass das Delirium acutum eine eigenartige Reaktionsform eines belasteten oder erschöpften, in seinem Gefässtonus tief geschädigten Gehirns auf einen hyperämisirenden Vorgang darstellt.

Während die Pathogenese auf den Gefässtonus herabsetzende Schädlichkeiten hinweist und die Hyperämie als eine ursprünglich arterielle, durch verminderte Widerstände bedingte auffassen lässt, deutet der weitere Verlauf auf ein frühes Uebergehen des Zustandes in den einer venösen Hyperämie, hervorgerufen durch die Verlangsamung der Circulation in den passiv erweiterten Gefässen, in Verbindung mit einer schon früh sich geltend machenden Schwäche der Herzaktion. Die direkten Folgen der venösen Hyperämie sind aber der Austritt von Blutelementen in die Lymphbahnen der Pia und des Gehirns, wobei angeborne Zartheit der Gefässe oder Ernährungsstörungen [1] ihrer Wandungen in Folge von Inanition, Alkoholausschweifungen etc. die Transsudation erleichtern mögen.

Nun erscheinen neben den Reizsymptomen Drucksymptome. Vorübergehend kommt es noch offenbar zu theilweiser Wiederaufsaugung der Transsudate (Remissionen), aber die immer wiederkehrenden Fluxionen (Exacerbationen) führen neue Transsudate herbei, bis schliesslich die Abfuhr dieser sowie der Stoffwechselproducte des Gehirns nicht mehr möglich ist.

Dass ein Ausgleich der Störung nur selten mehr stattfindet,

---

[1] Vgl. Jehn op. cit. der in den 4 von ihm untersuchten Fällen fettige Degeneration, Verdickung, Kernwucherung der Adventitia, Auflagerung von Fett und Pigmentschollen fand.

erklärt sich zum Theil aus präexistirenden Trübungen und Verdickungen der Pia (Unwegsamkeit der Lymphbahnen) vielleicht auch aus primitiver Entwicklung derselben (Arndt), zum Theil aus der so häufig bestehenden Hyperostose des Schädels (Verengerung der Emissarien), wobei noch der Befunde von Hertz (abnorme Enge der Foram. jugularia) gedacht werden mag; wesentlich fällt hier aber in's Gewicht die früh schon vorhandene Insufficienz der Herzaktion, die durch präexistirende Fettentartung bei aus Inanition oder Alkoholismus sich entwickelnden Fällen, oder durch Ernährungsstörungen (trübe Schwellung) im Verlauf der so häufig mit hoher Steigerung der Eigenwärme einhergehenden Krankheit bedingt sein dürfte.

Das Ende des ganzen Processes ist vollständige venöse Stase im Gehirn, wobei noch eine massenhafte Transsudation (Oedem) sich einstellen kann. Der Tod tritt bei diesen Kranken unter zunehmenden Erscheinungen des Hirndrucks im Sopor und durch Herzlähmung ein.

Klinische Betrachtung der Krankheit: Die Anfangssymptome des Delirium acutum entsprechen denen einer heftigen Wallungshyperämie mit Reizerscheinungen der psychischen und motorischen Centren, zu denen sich früh schon die Symptome des Hirndrucks gesellen können. Diese Symptome können bei intensiv wirkender Gelegenheitsursache und sehr verletzbarem Gehirn in sofortigem Anschluss an jene und stürmisch auftreten, oder in allmäliger Entwicklung binnen Tagen bis Wochen sich entwickeln.

Die Kranken klagen über Kopfweh, Gefühl, als ob der Kopf zerspringe, Hitze, Wallung, rauschartige Umneblung, Betäubung, erschwertes Denken. Sie haben vielfach das Vorgefühl [1] einer schweren Hirnerkrankung. Sie werden reizbar, aufgeregt, oft auch ängstlich, moros, klagen heftige Angst. Die geistige Hemmung, die sich vorübergehend bis zu Stupor steigern kann, wird vielfach schmerzlich empfunden. Objectiv finden sich fluxionäre Erscheinungen, verstörte, verworrene Miene, Verengerung der Pupillen, unsicherer, leicht schwankender Gang, schlechter Schlaf, mit häufigem Aufschrecken bis zur Schlaflosigkeit, Empfindlichkeit gegen Licht und Geräusche. Zuweilen zeigt sich auch vorübergehend Erbrechen.

Der Uebergang in die Krankheitshöhe ist ein plötzlicher stürmischer, unter heftigen Congestiverscheinungen. Das Bewusstsein sinkt auf traumhafte Stufe herab, der Kranke beginnt zu deliriren und zu toben. Das Krankheitsbild kann sich anfangs in dem Rahmen einer gemischten oder auch zornigen Tobsucht (besonders dann wenn die aus-

---

[1] Zwei meiner Kranken diagnostizirten gleich im Beginn die „Hirnentzündung" an der sie zu Grund gehen würden.

lösende Ursache ein zorniger Affekt war) bewegen. War schon die
Tobsucht auffällig durch schwere Bewusstseinsstörung, Lockerung des
psychischen Mechanismus und Vorherrschen eines triebartigen Bewe-
gungsdrangs mit stürmisch impulsivem Charakter, so bekommt das
Krankheitsbild immer mehr das Gepräge des zusammenhangslosen
Delirs und eines zwangsmässigen organisch ausgelösten Bewegens als
Ausdruck des heftigen psychischen und psychomotorischen Hirnreizes
bei heftiger Fluxion und bei tiefer Störung des Bewusstseins.

Der Vorstellungsablauf ist ein höchst beschleunigter, verworrener,
höchstens dass noch Associationen nach Assonanz und Alliteration ge-
knüpft werden. Das Delirium wird ein äusserst zerfahrenes, das auf
der Höhe der Erregung nur noch in abgerissenen Worten, Silben,
Schreilauten sich äussert. Die Gedankenkette reisst beständig wieder
ab und bei fortdauerndem psychomotorischem Drang kommt es dann
vorübergehend zur Verbigeration.

Die Delirien sind vorwiegend ängstliche, schreckhafte. Die Kranken
deliriren meist von Weltuntergang, allgemeiner Vernichtung, Tod, Vergiftung. Sie sehen, wie Alles um sie her zusammenfällt, brennt, wie sie
unter den Trümmern begraben werden. Sie waren nie auf dieser
Welt, haben nie existirt (Vernichtung des Persönlichkeitsbewusstseins).
Daneben können ebenso unvermittelt und episodisch Grössendelirien
auftreten. Ganz besonders häufig sind Blut- und Feuervisionen. Als
motorische Reaktionserscheinungen zeigen sich verzweifelte Versuche,
dem drohenden Unheil zu entrinnen. Diese zwar psychisch ausgelösten
Bewegungsakte haben bei der tiefen Störung des Bewusstseins, dem
damit einhergehenden Verlust der Muskelgefühle und der Bewegungsanschauungen etwas eigenthümlich Zielloses, Unsicheres, Zwangs-
mässiges. Früh gesellen sich motorische Reizerscheinungen in psychischen Centren hinzu — der Kranke wirft sich ziellos und zwecklos
umher, strampft mit den Füssen, bohrt den Kopf in die Kissen, schnaubt
und blast mit dem Mund, pustet durch die Nase, respirirt krampfhaft
in immer schnellerem Tempo.

Zu diesen psychomotorischen, immer noch in scheinbar gewollten
Bewegungen sich abspielenden Erscheinungen treten im weiteren Verlauf Reizsymptome in infracorticalen Centren.

Es kommt zu Zähneknirschen, grimassirendem Spiel der Gesichtsmuskeln, Schielen, tonischem Krampf der Kiefermuskeln, Schnauz-
krampf, zuckenden, stossenden, zappelnden Bewegungen der Extremitäten bis zu allgemeinen tonischen und klonischen Krämpfen. Auch
die Sprache ist gestört, stotternd, lallend (durch Ataxie, Muskelinsufficienzen, Trockenheit der Mundhöhle), näselnd (durch Parese des
Gaumensegels).

In zahlreichen Fällen ist auch die Reflexerregbarkeit eine allgemein erhöhte. Das Stossen und Herumwerfen des Körpers kommt dann zum Theil auf Rechnung dieser und steigert sich, wie beim Hydrophobischen und mit Strychnin Vergifteten beim blossen Anfassen des Körpers bis zu allgemeinen convulsivischen Entladungen. Hier ist dann auch das Schlucken sehr gestört, die Nahrung regurgitirt, wird herausgesprudelt. Bei fehlender Steigerung der Reflexerregbarkeit ist die Nahrungsaufnahme unbehindert, ausser es besteht temporäre Kieferklemme, oder der Kranke presst aus Vergiftungswahn die Zähne aufeinander.

Die Haut- und Sinnesempfindlichkeit ist in diesem Stadium meist gesteigert, der Schlaf fehlt ganz oder beschränkt sich auf kurzen Schlummer mit häufigem Aufschrecken. Schon in den ersten Tagen des entwickelten Krankheitsbildes zeigen sich die Erscheinungen eines tiefen allgemeinen körperlichen Ergriffenseins. Bei der Mehrzahl der Kranken ist schon im Anfang die Eigenwärme erhöht, oder treten wenigstens in den Exacerbationen des Leidens Steigerungen jener auf. Die Temperatur kann sich zwischen 38—39 ⁰ erhalten, erreicht nicht selten aber Höhen von 40—41 ⁰ und darüber. Der Gang der Temperatur ist ein sehr schwankender, unregelmässiger.

Die Ernährung, auch da wo das Fieber fehlt und die Nahrungsaufnahme befriedigend ist, sinkt rapid. Binnen wenigen Tagen verliert sich die Fettschichte und der Turgor vitalis. Schon früh trocknen Lippen und Zunge ein, beschlägt sich die Mundhöhle mit einem fuliginösen Belag, wird der Puls klein, weich, frequent (meist über 100), der Zustand ein adynamischer, mit den Zeichen der Herzschwäche und Neigung zu Hypostasen in den Lungen.

Das bisher congestive Gesicht des Kranken wird nun bleich, mitunter jetzt schon zeitweise cyanotisch. Bleibt das Leben lange genug erhalten, so kommt es meist zu Petechien, Suggilationen, Decubitus. Nicht selten ist Salivation, eine regelmässige Erscheinung in der ersten Zeit, Verstopfung. Im Urin findet sich häufig Albumin [1]).

---

[1]) Die Einzelbilder in diesem Zustand zeigen je nach der Besonderheit der constitutionellen Verhältnisse und der Ursachen Verschiedenheiten der Symptomencombination. So beobachtet man Fälle von mehr stürmischem Verlauf mit heftigen Reizerscheinungen der psychischen und motorischen Sphäre (furibunde Delirien, heftige Jactation, Zähneknirschen, Stossen, Treten etc.), hohem Fieber etc., neben Fällen in welchen früh ein adynamischer Zustand sich bemerklich macht, die Erscheinungen des Hirndruckes (Stupor, Sopor) über die Reizerscheinungen vorwiegen, die Delirien fast ganz fehlen oder einen mehr faselnd träumerischen mussitirenden Anstrich haben, die motorischen Störungen sich vorwiegend in Ataxieen, Muskelinsufficienzen, Paresen kundgeben, das Fieber fehlt oder gering, der Verlauf ein mehr schleppender ist. Auf dieser Thatsache beruht Schüle's Unterscheidung der Krankheit in eine

Constant zeigen sich im Verlauf der Krankheit tiefe, Stunden bis Tage
während Remissionen, in welchen das Delirium schwindet, ja selbst
corrigirt wird, das Bewusstsein sich aufhellt, die Eigenwärme sich
ermässigt, sogar bis zur Norm zurückgeht, die motorischen Reizerscheinungen schweigen, der auffällig lucide oder nur leicht stuporöse Kranke
das Bild eines einfach Erschöpften darbietet, höchstens über Kopfweh
klagt und der Reconvalescenz entgegenzugehen scheint.

Nur selten erfüllt sich diese Hoffnung, indem die Remissionen
immer tiefer und andauernder werden, meist sind sie nur trügerische
Besserungen und von um so heftigeren Exacerbationen gefolgt.

In diesem Wechselspiel zwischen fluxionären Exacerbationen und
Remissionen mit dem Charakter der Erschöpfung bewegt sich der
Weiterverlauf, jedoch schwinden die Kräfte des Kranken immer mehr
und nimmt das Leiden einen adynamischen Charakter an.

Aus dem Krankheitsbild des aktiven fluxionären Hirnreizes entwickelt sich immer deutlicher das einer transsudativen passiven
Hyperämie des Centralorgans.

An Stelle des Stupor tritt Sopor, an Stelle der motorischen Reizerscheinungen treten Ataxieen, Muskelinsufficienzen und Paresen (Flockenlesen, unsicheres Herumtasten und Wischen, Tremor in Gesicht und
Händen, erschwertes Schlingen etc.); die stürmischen Delirien werden
mussitirende, die bisher meist verengten Pupillen erweitern sich, werden
träge in ihrer Reaktion, die Bulbi und Hautdecken werden anästhetisch,
die Wangen bleich mit cyanotischem Anflug, die Herztöne dumpf; der
Puls wird immer weicher und frequenter (bis zu 150 Schlägen und
darüber) der Kranke collabirt, die Haut bedeckt sich mit klebrigem
Schweiss, es bilden sich Decubitus und Lungenhypostasen, die Eigenwärme sinkt bis zu Collapstemperaturen herab, um sich dann in der Agone
zuweilen noch bis zu 40° und darüber zu erheben. Der Tod erfolgt
durch Herzstillstand in tiefem Sopor, nachdem meist noch eine Exacerbation mit fluxionären Erscheinungen vorausgegangen war. Die
Dauer des ganzen Krankheitsverlaufs beträgt selten unter 10 und über
21 Tagen bis zum tödtlichen Ausgang, den ich unter 18 reinen, primär
entstandenen Fällen 14mal zu beklagen hatte.

Da wo die Kranken mit dem Leben davon kommen, dauert es
mehrere Wochen bis Monate, bis sie sich erholen und ohne eine dauernde
leichte geistige Schwäche und grosse gemüthliche Erregbarkeit scheint
das Gehirn aus diesem schweren Krankheitsprocess nicht hervorzugehen.
Von einzelnen Aerzten wurde auch Ausgang in Dementia beobachtet.

meningitische oder maniakalische und eine Inanitions- oder melancholische Form,
wobei aber der genannte Autor selbst ausdrücklich Mischformen anerkennt.

Von grösster Bedeutung ist die rechtzeitige Erkennung dieses perniciösen, von unerfahrenen Aerzten nur zu leicht mit Tobsucht verwechselten oder mit der unklaren Diagnose „Kopftyphus" abgefertigten Hirnleidens.

Zur Unterscheidung von der Tobsucht dient der Beginn aus schweren, wenn auch vorläufig unklaren Erscheinungen eines Centralleidens, die schwere Bewusstseinsstörung, die gleich von Anfang bestehende, nicht durch Ideenflucht motivirte tiefe Verworrenheit, das frühe Auftreten von motorischen Reizerscheinungen, die nicht mehr psychisches Gepräge haben, nicht mehr dem Hirnrindengebiet allein angehören, sondern als direkte Reizerscheinungen speciell als Ausdruck einer Mitbetheiligung infracorticaler Centren anzusprechen sind.

Im weiteren Verlauf machen das tiefe Ergriffensein des Allgemeinbefindens, das Fieber, der auffällige Wechsel tiefgehender Remissionen bis zur Lucidität mit Zeichen tiefster Bewusstseinsstörung und psychomotorischen Reizerscheinungen die Diagnose zu einer zweifellosen.

Nahe liegt die Verwechslung mit einer spontan entstandenen Convexitätsmeningitis. Ihr häufigeres Auftreten bei Männern, der peracute Anfang, der häufige Schüttelfrost im Beginn, die früh sich einstellenden Erscheinungen von Sopor, Nackenstarre, die allgemeine Hyperästhesie, die heftigen Convulsionen, die weniger ausgesprochenen Remissionen im Verlauf gestatten eine Unterscheidung.

Die Therapie wird im Stadium der Fluxion und der Reizerscheinungen durch Eisblase, laue Bäder, vorsichtigen Gebrauch von Blutegeln hinter den Ohren, Ableitungen auf Haut- und Darmkanal zunächst die Hyperämie zu bekämpfen haben. Versuche mit Ergotin haben sich mir nicht bewährt. Auch Opium, so nützlich bei acuter Meningitis, zeigte sich erfolglos. Kleine Morphiuminjectionen (0,01 bis 0,015) mehrmals täglich, minderten die psychischen Reizerscheinungen, sowie die Jactation, und milderten den Verlauf, namentlich bei mit gesteigerter Reflexerregbarkeit einhergehenden Fällen.

Absolute Ruhe, abgedämpftes Licht, möglichst kräftige, aber reizlose Nahrung (Eier, Milch, Bouillon etc.) sind weitere Forderungen. Tritt der Kranke in das Stadium der venösen Stauung und Erschöpfung, so sind Wein, Chinin, bei ungenügender Herzaktion und Collapserscheinungen Champagner, Aether, im Nothfall Campher und Moschus zu versuchen.

Capitel 5.

Psychische Entwicklungshemmungen. Idiotie und Cretinismus [1]).

Von den eigentlichen Geisteskrankheiten hebt sich eine Gruppe von psychischen Funktionsstörungen ab, die wesentlich dadurch ausgezeichnet ist, dass durch organische Vorgänge

1. Das geistige Leben in toto aber vorwiegend in seinen intellectuellen Funktionen beeinträchtigt ist.

2. Dass diese Beeinträchtigung vor erfolgter Entwicklungsreife des Gehirns eintrat und folgerichtig die weitere geistige Fortentwicklung gehemmt wurde.

3. Dass mit dieser psychischen Funktionsanomalie häufig auch körperliche Zeichen gestörter Entwicklung einhergehen, die zum Theil auf eine mit den psychischen Funktionsstörungen gemeinsame pathologisch-anatomische Störung oder selbst Ursache beziehbar sind.

Wir begreifen unter der Gruppe der psychischen Entwicklungshemmungen die Idiotie mit ihren unzähligen Mittelstufen von dem angeborenen completen Blödsinn, der Imbecillität als Mittelstufe bis zu jenen der Stufe des Vollsinnigen sich nähernden Zuständen des Schwachsinns.

Als Unterabtheilung der Idiotie haben wir gewisse Fälle von congenitaler Nullität oder Insufficienz der psychischen Leistungsfähigkeit zu betrachten, bei denen den psychischen Störungen, wohl auf Grund besonderer Schädlichkeiten, eine körperliche Degeneration intensiv und extensiv so ziemlich parallel geht. Solche Zustände werden Cretinismus genannt. Sie bilden somit eine Art der Idiotie. Diese bezeichnet die Gattung. Als eine besondere ätiologische Varietät des Cretinismus haben wir den alpinen zu betrachten, dessen Eigenthümlichkeit wohl auf Rechnung bestimmter tellurischer schädlicher Einflüsse zu setzen ist.

Die Ursachen der Idiotie können:

1. schon während des Fötallebens,

2. während der Geburt,

---

[1]) Stahl, Beiträge etc., Erlangen 1848; Wunderlich, Pathol. II. Bd. 1. Abthl. pag. 1397 (Literatur); Griesinger, Path. und Therapie der psych. Krankheiten pag. 352; Zillner, Med. Jahrb. XI. 1866 (Schmidt's Jahrb. 1867, Nr. 4); Schüle Hdb. pag. 372; speziell über Cretinismus: Maffei und Rösch, Untersuchungen über Cret. Erlangen 1844. Morel, traité des dégéneres. pag. 664; Rösch, Deutsche Zeitschr. f. Staatsarzneikunde 1855, pag. 338; Krauss, d. Cretin vor Gericht 1853.

3. in den Jahren von der Geburt bis zur Entwicklung zur Geltung gekommen sein.

ad 1. Unter den Ursachen, die schon im Moment der Zeugung
oder während des Eilebens wirksam wurden, sind zunächst gewisse
degenerative Factoren zu erwähnen, die von Seiten der Zeugenden
bestanden und zu Missbildung des Gehirns resp. des Schädels führten.
Diese anatomischen Störungen bestehen in abnorm früher Synostose
der Schädelnähte und dadurch gehemmter Entwicklung des Gehirns
oder in selbstständigen Entwicklungshemmungen dieses Organs oder
einzelner Theile desselben, die für das Vonstattengehen der psychischen
Vorgänge wichtig sind.

Als solche hereditär degenerative Momente von Seiten der Erzeuger
hat die Statistik Epilepsie, Hirnkrankheiten, namentlich Psychosen,
fortgesetztes Heirathen in der Blutsverwandtschaft, Trunksucht als
besonders wichtig ermittelt. Ja nach den Erfahrungen von Rüer und
Flemming kann es vorkommen, dass von Seiten in keiner Weise
organisch belasteter Eltern Idioten erzeugt werden, wenn der Moment
der Zeugung mit dem Zustand eines Rausches zusammenfällt.

Als weniger sichergestellte Momente sind grosse geistige Erschöpfung der Zeugenden, Inanition und hohe Grade von Anämie,
Schrecken, Kummer der Mutter während der Schwangerschaft, Er-
schütterungen des mütterlichen Körpers, namentlich traumatische Ein-
wirkungen auf den Unterleib namhaft zu machen. Dass auch Syphilis
hier wirksam werden kann, lehrt ein Fall, den Guislain (leçons orales
II p. 93) mittheilt, wo ein Mann während einer wegen Syphilis an-
gestellten Mercurialkur ein Kind erzeugte, das von Geburt an blödsinnig war, während alle vor- und nachher von diesem Mann erzeugten
Kinder gesund und geistig normal waren.

Trotz solcher schon im Keim gelegener Schädlichkeiten kann es
geschehen, dass die daraus resultirenden Hirnkrankheiten, welche zu
Idiotie führen, doch erst nach der Geburt bis in's 3.—7. Jahr hinein
sich entwickeln.

Zu diesen schon das Eileben treffenden Schädlichkeiten sind ferner
gewisse tellurische zu rechnen, die den endemischen und alpinen
Cretinismus grossentheils bedingen. Diese speciellen Schädlichkeiten
tellurischer Art sind noch nicht über allen Zweifel erhaben. Wahrscheinlich bestehen sie in excessiver Feuchtigkeit des Bodens und der
Luft durch Wasserreichthum einer Gegend, viele Nebel, hohen Stand
des Grundwassers, vielleicht auch durch hohen Magnesiagehalt des
Bodens (Hirsch). Die Hauptentstehungsgebiete dieses endemischen Uebels
sind die grossen Gebirgsstöcke unseres Planeten mit ihren Ausläufern,
so in Europa die Alpen, in Asien der Himalaya, in Amerika die Cor-

dilleren. Dass diese Schädlichkeiten schon während des Fötallebens und nicht erst nach der Geburt einwirken, beweist die Erfahrung, dass der Cretinismus sich auf die Nachkommen vererbt und selbst da, wo das Kind ganz entfernt vom Ort der Endemie erzeugt und aufgewachsen war, sich in freilich abnehmendem Grade auf die Descendenz Generationen hindurch überträgt, bis durch hinlänglich langzeitige Entfernung von dem Ort der Endemie und durch Kreuzung mit nicht afficirten Familien allmälig die letzten Spuren des Cretinismus schwinden.

Kreuzung der Race allein tilgt den Cretinismus nicht, sondern es ist unumgänglich Entfernung der Familie aus dem Ort der Endemie nöthig. Damit stimmt auch überein, dass nach dem Ort der Endemie eingewanderte ganz gesunde Eltern cretinistische Kinder zeugen können. Nachkommen zweier Cretins höchsten Grades gibt es übrigens nicht, weil die Männer fast immer impotent, die Weiber in der Regel steril sind.

Da wo der Cretinismus endemisch vorkommt, ist er entschieden Ausdruck degenerativer Momente, deren Spuren sich auch in der nicht cretinischen Bevölkerung als geringere mittlere Lebensdauer, geringere geistige und körperliche Leistungsfähigkeit, Abnahme der Fruchtbarkeit, zunehmender Procentsatz der Missbildungen, Nerven- und Geisteskrankheiten verrathen (Zillner).

ad 2. Während der Geburt können traumatische Schädlichkeiten auf das kindliche Hirn einwirken, die zu Idiotismus führen z. B. Beschädigungen durch zu enges Becken, forcirte Zangengeburten, Sturz des Kopfs aus den Geburtstheilen bei präcipitirter Geburt[1]).

ad 3. In der überwiegenden Mehrzahl der Fälle kommen aber die Schädlichkeiten, deren wir schon einige berührt haben, erst nach der Geburt, in den Jahren der Kindheit zur Geltung. Sie sind äusserst mannichfache.

Auch hier sind Kopfverletzungen geltend zu machen. So fand Mitchell (Edinb. med. Journ. 1866 april. p. 932), dass bei 2% aller Idioten Schottlands ihr Leiden äusseren Schädlichkeiten, worunter in erster Linie Kopfverletzungen, zugeschrieben war.

Auch Köstl (endem. Cretinismus 1855 p. 95) berichtet von 48 Fällen von Blödsinn bei Kindern, deren Leiden ausschliesslich einem Fall auf den Kopf zugeschrieben werden musste.

Unstreitig gibt es auch Haus- und Stubenmiasmen, die sich namentlich in Proletarierwohnungen grosser Städte bei Mangel von Licht und Sonne, Unsauberkeit, Ueberfüllung der Wohnräume mit Menschen bilden und sporadisch Idiotie und Cretinismus hervorbringen

---

[1]) Mitchell, Med. Times and Gaz. 1862. 26. Juli. Ramsbotham ebenda 19. Juli.

können. Als weitere Ursachen lassen sich Hyperämieen des Gehirns durch Einhüllen des Kopfs, Schlafen am heissen Ofen, Missbrauch der Opiate und des Branntweins als Einschläferungsmittel, geltend machen (Griesinger).

Dazu kommen schlechte Pflege, mangelnde Reinhaltung des kindlichen Körpers, unzureichende Nahrung, Erschöpfungen des kindlichen Organismus durch Schädlichkeiten aller Art, endlich acute schwere Krankheiten, namentlich acute Exantheme, die Hirncomplicationen setzen, ferner Epilepsie und frühzeitig getriebene Onanie. Bei hereditär belasteten Individuen kann noch in der Pubertätszeit eine ohne alle äussere Veranlassung aufgetretene Hirnerkrankung (Hyperämie, entzündliches Oedem?) der weiteren Entwicklung des Gehirns Schranken setzen und einen Rückgang der psychischen Entwicklungshöhe verursachen. Es bleibt dann ein dauernder Zustand von Schwachsinn bis Blödsinn zurück.

Was die pathologisch-anatomischen Processe bei der Idiotie anbelangt, so lässt sich im Allgemeinen nur sagen, dass sie seltener acut, meist chronisch verlaufen, in congestiven, entzündlichen oder sonstigen Ernährungsstörungen des Gehirns, der Hirnhäute, sehr häufig auch des Schädels bestehen.

Ein einheitlicher Befund an den Centralorganen kommt durchaus nicht diesen Zuständen zu, nicht einmal dem alpinen Cretinismus, doch lässt sich im Allgemeinen der Satz aufstellen, dass die Ursachen des Cretinismus primo loco in Schädelanomalieen beruhen.

Makroskopisch finden wir nun bei Idiotie als Ursache allgemeine oder partielle Hirnatrophie aus Hyperämie, Entzündung, Erweichungsheerden des Gehirns, Meningealextravasaten, Hydrops der Arachnoidea, Hydrocephalus internus. Diese Hyperämieen sind nicht selten durch calorische Schädlichkeiten (Liegen am heissen Ofen, heisse dumpfige Stube, Zuwarmhalten des Kopfs, Insolation) oder durch Athmungs- und Circulationshindernisse bei Erkrankungen der Respirations- und Circulationsorgane (Keuchhusten), entstanden, die Meningealextravasate kommen während des Geburtsakts zu Stande oder sind Complicationen von acuten Krankheiten.

Die Abnormitäten der Schädelknochen bestehen meist in vorzeitigen Synostosen.

Die mikroskopische Untersuchung von Idiotengehirnen hat bisher ergeben: Verkümmerung der Ganglien der Corticalis mit Trübung der Zwischenganglienmasse, Beschränkung der Circulation in der Corticalis durch Obliteration vieler in die Venen unmittelbar einmündender Capillargefässstämmchen.

Betrachten wir diese verschiedenartigen makro- und mikroskopi-

schen Processe näher, so finden wir zunächst am Hirn als Bildungs-
hemmungen oder Residuen früherer Krankheitsprocesse:

1. Abnorme Kleinheit des ganzen Gehirns in allen seinen Durch-
messern. Es handelt sich hier um ein einfaches Stillstehen im
Wachsthum, um ein Miniaturhirn, das übrigens in allen seinen Theilen
ganz proportionirt, zuweilen aber in einzelnen Parthieen ungleich entwickelt sein kann.

Es finden sich aber auch Fälle, wo bei ziemlich gutem Volumen
bloss grösste Einfachheit und Armuth der Windungen der Corticalis
besteht. Die Ursache dieses Wachsthumstillstands des Gehirns in toto
kann nicht selten auf zu frühe primäre Schädelverknöcherung zurückgeführt werden, doch kommen auch Fälle vor, wo die Nähte offen
blieben und die Ursache des Wachsthumstillstands im Hirn selbst lag.
In diesen Fällen ist oft der Schädel abnorm verdickt oder Hydrocephalus vorhanden, oder auch Sklerose des Gehirns.

Ueberhaupt stehen Hirn- und Schädelentwicklung nur in unter-
geordnetem Zusammenhang und entwickeln sich grösstentheils selbst-
ständig.

2. Gehirne mit partieller Verkleinerung. Die Verkümmerung
kann hier die Vorderlappen, die Hinterlappen betreffen, es kann sich
auch um ein Zurückbleiben im Wachsthum der einen Gehirnhemisphäre
in Folge einseitiger Schädelsynostose, originärer mangelhafter Entwicklung oder encephalitischer und apoplectischer Vorgänge handeln.
Weitere Befunde sind Verkümmerung der Med. oblongata und ungleiche Grösse und Asymmetrie von Basilartheilen. Zuweilen betrifft
die Verkümmerung dann auch das Rückenmark. Es kann dann auch
wohl der Rückenmarkskanal offen bleiben.

3. Sogenannte Porencephalie (Heschl) d. h. Fälle, wo ein grösseres
Stück der Windungen und des Centrum semiovale fehlte, so dass man
durch die Lücke frei in den Ventrikel sah. Jene wurde dann von
reichlichem Serum ausgefüllt — das in einer Blase oder einem Maschen-
werk der inneren Hirnhäute eingeschlossen war. Zuweilen zeigte sich
auch der Schädel an der betreffenden Stelle blasig vorgebaucht. Dieser
Process scheint nicht aus einer Bildungshemmung, sondern aus einer
fötalen destruirenden Krankheit hervorgegangen. Es bestand in solchen
Fällen Paralyse und Contractur auf der entgegengesetzten Seite.

4. Fehlen einzelner Hirntheile, so des Cerebellum [1]), der Zirbel,
des Balkens [2]).

5. Ein sehr häufiger Befund ist ferner chronischer Hydrocephalus

---

[1]) Hitzig, Ziemssen Hdb. XI, pag. 476.
[2]) Sander, Archiv f. Psych. I. pag. 128.

angeboren oder in frühesten Lebensjahren erworben, namentlich mit Offenbleiben der Fontanellen und Makrocephalie. Er ist meist primär, zuweilen secundär e vacuo bei Atrophieen einzelner Hirntheile.

6. Encephalitische Processe, heerdartig oder diffus, besonders mit consekutiver Hirnsklerose und Atrophie der afficirten Stellen.

Diese Processe kommen schon im Fötalleben und nach der Geburt bis zum 5. Jahr vor. Die Idiotie ist hier meist von halbseitiger Parese, Contractur, oft auch von Epilepsie begleitet (Griesinger).

In den häufigen Fällen, wo ein bis dahin gut entwickeltes Kind um die Zeit des Zahnens fieberhaft erkrankte, Convulsionen bekam, delirirte, sich bald erholte, aber nun Idiot wurde, sind besonders anzunehmen:

a) congestive bis entzündliche Processe an den Hirnhäuten, wobei leicht Hydrocephalus zurückbleibt [1]).

b) Encephaliten, die nach Ablauf des acuten von Gehirnschwellung begleiteten Stadiums die Weiterentwicklung des Gehirns an den betreffenden Stellen sistiren.

Diese letzteren Processe sind besonders da zu vermuthen, wo eine Körperhälfte im Wachsthum zurückbleibt, wo halbseitige Krämpfe, Paralysen, Contracturen sich ausbilden (Griesinger).

7. Selten sind die Fälle, wo sich das Gehirn in toto hypertrophirt zeigte (Virchow, Baillarger, Robin).

8. Am seltensten findet sich als einzige Anomalie auffallender Reichthum an grauer Substanz mit selbst heterotopischer Entwicklung derselben [2]) an Orten, wo sich normal keine findet, z. B. im Marklager der Hemisphären.

Die Anomalieen, welche den Schädel betreffen, sind entweder secundäre, wie sie im Bisherigen angedeutet wurden oder primäre.

Die ersteren werden bedingt durch Wachsthumshemmung des Gehirns im Ganzen oder einzelner Theile desselben. Hier schliessen sich dann entsprechend jener die Schädelnähte abnorm früh und verknöchern, wodurch allgemeine oder partielle Schädelverkleinerungen gesetzt werden.

Die primären Schädelanomalieen, welche uns hier hauptsächlich interessiren, betreffen die Schädelkapsel oder bloss den Schädelgrund oder auch beide. Sie beruhen auf einer Hemmung des Knochenwachsthums in Folge entzündlicher Ernährungsstörungen an den Nähten (Virchow, Welker) mit dadurch bedingter vorzeitiger Synostose oder in Folge ungenügender Ernährung der Schädelknochen durch frühe

---

[1]) s. Huguenin, Ziemssen Hdb. XI. pag. 424.
[2]) Hitzig, Ziemssen Hdb, XI. pag. 759; Virchow, Simon, Meschede.

Obliteration ihrer Gefässe (Gudden). Für einen Theil dieser Schädelanomalieen macht L. Meyer (Archiv für Psych. V. p. 1) mit Recht
rhachitische Processe verantwortlich. Daraus entstehen dann die mannichfachsten Schädelverbiegungen und Verbildungen mit oder ohne Naht-
synostose, je nach der Natur des veranlassenden Vorgangs (Dolicho-
Lepto-Spheno-Klino-Brachy-Oxycephalie).

Ist die Entwicklungshemmung des Schädels eine allseitige und
gleichmässige, so entsteht die einfache Mikrocephalie bei übrigens
ganz proportionirtem Schädel. Betrifft sie dagegen nur die Schädelkapsel und nicht den Schädelgrund, so entwickelt sich ein ganz eigener
Typus der Gesichts-Körperbildung und auch des geistigen Lebens,
der sogenannte Aztekentypus. Es sind dies Mikrocephalen, die zwar
sehr klein bleiben, aber von durchaus proportionirten, nach Umständen
eleganten Körperformen sind. Die Nasenwurzel liegt meist sehr hoch,
so dass die Stirn gerade in die Nase übergeht (Griesinger).

Gratiolet hat einige Fälle untersucht, die einen sehr kleinen
Schädel mit sehr dicken Knochen und Synostosen am Schädeldach
zeigten, dagegen war die Schädelbasis sehr wenig verknöchert, die
Basilarknochen waren noch fast ganz knorpelig, Pars petrosa und Sieb-
bein grösser als normal, der Raum für das kleine Gehirn nach allen
Richtungen äusserst gross. Dem entsprechend waren Cerebellum,
Med. oblongata und Rückenmark sehr stark entwickelt, dessgleichen
die Sinnesorgane und ihre Nerven, während die Oberfläche des Grosshirns nach Umständen weniger Windungen zeigte, als die des Orang Utang.

Dieser enormen Entwicklung der mehr den motorischen Bahnen
dienenden Hirntheile gegenüber der Verkümmerung der psychischen
Centren auf Grund der compensatorischen Erweiterung am Schädelgrund entsprach auch das psychische Leben. Es sind äusserst lebhafte
Geschöpfe, die sich „vogelleicht bewegen und deren Bewegungen wohl
coordinirt sind. Sie sind heiteren, leicht erregbaren Gemüths, neu-
gierig aber sehr launenhaft, fast aller Aufmerksamkeit baar und sehr
schwachen Geistes, wenn auch manche derselben ordentlich sprechen
können".

Griesinger vergleicht sie mit Vögeln und manche erinnern durch
ihre schmalen niederen oder kurzen Köpfe, ihre spitzige Nase mit hoch-
liegender Wurzel und durch sehr bewegliche Augen in der That stark
an die Vogelphysiognomie.

Ganz das Gegenstück dieser Fälle ist die durch primäre früh-
zeitige Verknöcherung der Knorpelfugen der Schädelbasis bedingte
basilarsynostotische Form, wie sie vorzugsweise aber nicht ausschliesslich dem endemischen und alpinen Cretinismus zukommt. Bekanntlich
finden sich im Fötalleben drei Knorpelscheiben, nämlich zwischen

vorderen und hinteren Keilbeinen und zwischen Keil- und Grundbein. Die beiden ersteren sind ziemlich bedeutungslos und verknöchern normal schon bald nach der Geburt. Die Synchondrose zwischen Keil- und Grundbein verknöchert dagegen erst im fünfzehnten, bei manchen Individuen sogar erst im zwanzigsten Jahr, so dass die Schädelbasis nach dem Clivus zu mindestens ' fünfzehn Jahre Zeit hat zu wachsen. Erfolgt diese Ossification zu frühe, so fixirt sie eine Form, die sonst nur bis zur Mitte des Fötallebens normal ist und die Grundlage des Cretinenschädels abgibt — nämlich:

Stärkere Biegung des Schädelgrunds nach oben, kleinerer Vereinigungswinkel des Keil- mit dem Grundbein (sphenoidale Kyphose), steilerer Clivus.

Dadurch entsteht eine sehr charakteristische, dem Aztekentypus gerade entgegengesetzte Physiognomie — nämlich vorgeschobener Nasenrücken (aufgeworfene Nase), tief eingedrückte sehr breite Nasenwurzel, weit abstehende Augen, breite aber weniger tiefe Augenhöhlen, vorgeschobene Jochbeine und Kiefer (Prognathismus).

Eine weitere Folge ist eine mehr flache und quere Stellung der Felsenbeine und Schmalbleiben der grossen Keilbeinflügel und damit auch der mittleren Schädelgrube, wodurch wesentlich eine hemmende Wirkung auf das Wachsthum des Vorder- und Mittelhirns ausgeübt wird (Griesinger).

Die Tribasilarsynostose ist also der anatomische Ausgangspunkt für eine specielle Art cretinistischer Form, namentlich für den alpinen Cretinismus, jedoch ist diese nicht die einzige Schädeldifformität, die denselben bedingen kann, sondern alle möglichen anderen Formen von Schädelverbildung können das gleiche Resultat haben.

Mit diesen Hemmungsbildungen gehen anderweitige Skeletabnormitäten, sowie auch Entartungen in anderen Körpertheilen in der Regel einher.

Zuweilen findet sich Zwergwuchs, wie es scheint durch zu frühe Verknöcherung der Epiphysenknorpel.

Der Kopf ist in der Regel unproportionirt gross, mit alten Gesichtszügen, er findet sich auf einem kleinen, untersetzten, oft noch kindlichen Leibe; dabei dicke Lippen, wulstige Augenlider, aufgeworfene, an der Basis tief eingedrückte breite Nase, gedunsene, wulstige Beschaffenheit des Körpers, beruhend auf Hypertrophie der Haut und des Fettgewebes. In der Regel findet sich dabei auch kropfige Entartung der Schilddrüse.

Das psychische Leben hat dabei, entgegen dem Aztekentypus einen apathisch torpiden Charakter, die geistigen Processe können auf Null reducirt sein; die Sprache kann ganz fehlen.

Klinische Betrachtung der Idioten.

Wenden wir uns zur klinischen Betrachtung der Idioten und Cretinen, so haben wir hier zunächst die wesentlichen und wichtigen Funktionsstörungen im psychischen Gebiet zu berücksichtigen. Eine Eintheilung nach dem Grad der geistigen Infirmität ist bei diesen individuell unendlich variablen Zuständen schwierig durchzuführen.

Im Grossen und Ganzen können wir völlige Idioten und Halbidioten (Imbecille) unterscheiden und ebenso Voll- und Halbcretinen. Ein Versuch einer weiteren Unterabtheilung liesse sich nach dem Verhalten der Sprache, als dem wichtigsten Criterium geistiger Entwicklung und Entwicklungsfähigkeit gewinnen. So unterscheidet Krauss [1]):

1. Als tiefsten Grad der Idiotie den Zustand der Sinnlosigkeit, wo die Sprache gänzlich fehlt oder nur auf ein Lallen unarticulirter Laute reducirt ist.

2. Blödsinn: hier ist die Sprache dürftig entwickelt, der Wortschatz knapp und auf die Sphäre der einfachsten materiellen Lebensbedürfnisse reducirt.

3. Stumpfsinn: die Sprache ist hier nicht mehr fragmentarisch, erhebt sich schon zum einfachen Periodenbau, bleibt aber quantitativ und qualitativ auf kindlicher Stufe und an der sinnlichen Vorstellung haften.

4. Schwachsinn: die Sprache wird hier reicher und nähert sich der des Vollsinnigen; aber sie ist arm und lückenhaft, sobald es sich um übersinnliche Begriffe handelt.

Für unsere klinische Uebersicht genügt es vollkommen zwei Stufen zu unterscheiden, nämlich die des Blödsinns, wo die Bildung übersinnlicher Vorstellungen, Begriffe und Urtheile und damit der entsprechende Sprachschatz überhaupt fehlt — und die des Schwachsinns, wo diese Fähigkeit zwar in beschränktem Masse gegeben ist aber nie die Höhe und den Umfang wie beim vollsinnigen Durchschnittsmenschen erreicht.

Psychische Symptome. Auf der tiefsten Stufe des Blödsinns fehlen die geistigen Processe fast vollständig. Die Aufnahme von Sinneseindrücken beschränkt sich auf die Objekte, an welchen das Nahrungsbedürfniss befriedigt wird und nur das sinnliche Bedürfniss der Befriedigung des Hungers veranlasst solche tiefstehende Organisationen zu einem triebartigen Bewegen dem der bewusste Zweck fehlt. Der Geschlechtstrieb fehlt noch oder ist nur in Anfängen vorhanden. Die Befriedigung des Nahrungstriebs bildet den Mittelpunkt aller psychischen

---

[1]) „Der Cretin vor Gericht" 1853; s. f. Kussmaul, Störungen der Sprache" pag. 220; Meyer, Archiv f. Psych. V. pag. 4.

Vorgänge. Statt eines bewussten, mit einem vorgestellten Zweck verbundenen Strebens, besteht ein blosser Bewegungsdrang, der nur durch
äussere Anregung oder durch ein starkes sinnliches Bedürfniss zur Entäusserung kommt und den höchstens Dressur und gewohnheitsmässige
Uebung zu mechanischen Leistungen befähigen.

Der Blödsinnige verharrt in träger Ruhe, da es ihm an Motiven
zum Bewegen fehlt.

Auf der tiefsten Stufe dieses Zustandes, dem apathischen Blödsinn, wo überhaupt gar keine sinnlichen Vorstellungen zu Stande
kommen, beschränkt sich die motorische Seite des Lebens auf reine
Reflexbewegungen und automatische Akte, zu denen höchstens noch
ein gewisser Bewegungsdrang und ein Nahrungstrieb kommen. In
der instinktiven Befriedigung desselben ist aber der Blödsinnige nicht
einmal wie das Thier im Stande, sich seine Nahrung auszusuchen.
Er steckt ohne Wahl alle Gegenstände, deren er habhaft wird, in
den Mund.

Solche niedrige Organisationen sind absolut hilflos wie das neu-
geborene Kind. Sie würden einfach verhungern, wenn sie nicht Gegenstand der Fürsorge wären.

Der Mangel geistiger Anregung verleiht auch dem höher stehenden Blödsinnigen in seiner ganzen Haltung ein charakteristisches
Gepräge des Schlaffen und Energielosen, das zum Theil auch dadurch
zu Stande kommt, dass die Streckmuskeln geringer innervirt sind als
beim Vollsinnigen; auch ohne dass Paralysen und Muskelinsufficienzen
bestünden, haben Gang und Haltung deshalb etwas Plumpes, Täppi-
sches, Halt- und Hilfloses. So verschiedenartig die Stufen des Blödsinns sein mögen, so besteht die trennende Schranke vom Schwachsinn
doch immer darin, dass die lückenhaften spärlichen Vorstellungen sich
nicht vom sinnlichen Element losmachen können, nicht zur Bildung
abstrakter begrifflicher Vorstellungen, zur Bildung von Begriffen und
Urtheilen verwerthbar werden.

Aber auch die Reproduktion etwa gebildeter Vorstellungen ist eine
unvollkommene, nur auf äussere Anregung oder ein sich erhebendes
sinnliches Bedürfniss hin erfolgende. Die ganze Vorstellungsreihe läuft
dabei rein mechanisch ab, wie sie ursprünglich gebildet wurde. Gemüthlicher Regungen ist der vollkommen Blödsinnige nicht fähig; Mitgefühl,
sociale Gefühle sind ihm versagt, nicht einmal das Bedürfniss eines
socialen Lebens ist ihm gegeben, er geniesst nur dessen Wohlthaten
ohne alles ethische Verständniss für dessen Bedeutung. Nur nach einer
Richtung ist eine Reaktion möglich — nämlich wenn sein dürftiges
Ich eine Beeinträchtigung erfährt. Er reagirt darauf mit heftigen
Affekten des Zornes, die geradezu überwältigend sind und in einer

weit über das Ziel hinausgehenden brutalen Weise entäussert werden. Sie haben durchaus das Gepräge von Wuthparoxysmen, in welchen das Bewusstsein vollständig schwindet und deren sich das Individuum hinterher nicht erinnert. Zuweilen kommt es auch zu spontanen, ja selbst periodischen Wuth- und Tobausbrüchen unter dem Einfluss fluxionärer Hyperämieen des Gehirns, namentlich bei räumlich beengtem Schädel.

Auch bei dem Schwachsinnigen ergeben sich Insufficienzen der psychischen Thätigkeit.

Schon die Sinnesthätigkeit weist Defekte auf, insofern die Aufnahme der Sinneseindrücke eine langsamere beim Schwachsinnigen ist und viele Sinneswahrnehmungen ihm entgehen. Nothwendig ergibt sich daraus ein geringerer Reichthum an Vorstellungen, zumal da auch die sinnlich aufgenommenen nicht so vollkommen verwerthet werden, wie beim Vollsinnigen, indem Association und Reproduktion träger und lückenhaft ablaufen.

Die Bildung übersinnlicher Begriffe und Urtheile leidet damit Noth und das Urtheil in übersinnlichen Dingen ist einseitig, unklar und durch fremde Autorität stark beeinflusst. Der Schwachsinnige ist leichtgläubig, wird leicht düpirt, hat keine eigene Meinung, sondern stützt sich auf die Anderer. Das innere Wesen, die feineren Beziehungen der Dinge entgehen ihm und ebenso unfähig ist er, wenn er wirklich einmal die Pointe der Sache erfasst hat, sie mit dem richtigen Wort zu bezeichnen.

Sein Sprachschatz ist immer arm, sobald es sich um übersinnliche Dinge handelt, während er in der ihm adäquaten sinnlichen Sphäre sich genügend auszudrücken vermag.

Der dem Vollsinnigen innewohnende Drang, Grund und Wesen der Dinge und die mit ihnen geschehenden Veränderungen zu erforschen, fehlt ihm fast gänzlich, er nimmt die Dinge wie sie sind oder zeigt höchstens eine Art stupider Neugierde.

Ein höheres geistiges Interesse, ein zielvolles Streben ist ihm fremd.

In der Befriedigung der gewöhnlichen materiellen Bedürfnisse des Lebens geht sein ganzes Dasein auf, er hat keine Zeit, noch weniger Lust, sich mit etwa Abstraktem zu beschäftigen, das ihn langweilt und ihn unverhältnissmässige Anstrengung kostet. Dieselbe Unzulänglichkeit wie auf intellektuellem zeigt sich auf ethischem Gebiet. Der Schwachsinnige ist nothwendig Egoist, er überschätzt vielfach seine Person und Leistungen, wodurch er den Spott der Andern herausfordert und sich zur Zielscheibe ihres Witzes macht, wie dies meist in der Gesellschaft der Fall ist.

Das Wohl und Wehe der Mitmenschen berührt ihn nicht, nur

Benachtheiligung der eigenen Persönlichkeit erzeugt stürmische Affekte, die dann leicht die Grenze der Norm überschreiten.

Seine freudigen Affekte gehen dann wohl in tolle Ausgelassenheit über, seine depressiven in Wuth oder Verwirrung, die namentlich leicht aus dem Affekt der Furcht erfolgt und in kopfloses Entsetzen ausartet.

Der Schwachsinnige kann ein brauchbares Glied der Gesellschaft sein, insofern er eine eingelernte, gewohnte Beschäftigung gut, ja wenn sie eine mechanische ist, geradezu vortrefflich verrichtet, eben weil er seine ganze Aufmerksamkeit ihr zuwendet und durch Nichts abgelenkt wird; aber diese Leistung verrichtet er maschinenmässig, ohne im Stande zu sein, sie abzuändern, etwas Neues zu combiniren und zu produciren. Er hat keine eigenen und neuen Ideen, sondern zehrt von dem dürftigen Vorrath von Kenntnissen und Erfahrungen, die er mühsam erworben hat.

Nothwendig fehlt ihm damit die Aktivität, Spontaneität, das plan- und zielvolle Streben des Vollsinnigen; ein geringfügiges Hinderniss genügt, um ihn ausser Fassung zu bringen, indem er es nicht zu überwältigen vermag und bei seiner Unselbstständigkeit bedarf es oft eines blossen Abrathens, um den Erfolg seiner Willensbestrebungen zu vereiteln, wie andererseits die Autorität Anderer leicht im Stande ist, ihn zu allem Möglichen, selbst Widersinnigen zu bereden.

Höhere ästhetische moralische Urtheile und Begriffe sind kaum vorhanden. An ihre Stelle treten bloss mnemonisch erworbene und automatisch reproducirte moralische Urtheile Anderer. Fast alle ästhetischen, religiösen, rechtlichen Begriffe sind somit nur Gedächtnissleistungen und Schulreminscenzen, die im gegebenen Fall zudem lückenhaft und verspätet eintreten.

Immerhin kann das Rechts- und Pflichtgefühl ziemlich gut entwickelt sein, nie stützt es sich aber so tief auf ethische im Charakter festwurzelnde Gefühle und Anschauungen, wie beim Vollsinnigen. Es besteht vielmehr in einer halbbewussten Regung und Eingebung eines sittliche Urtheile Anderer verwerthenden Gewissens. Deshalb ist auch die Reue über eine etwa begangene rechtswidrige Handlung eine oberflächliche.

Eine interessante Erscheinung bei einer gewissen Categorie von Idioten sind einseitige, instinktive, den Trieben der Thiere vergleichbare Befähigungen zu gewissen artistischen Leistungen, die um so mehr in Erstaunen setzen, je mehr das gesammte übrige geistige Leben darniederliegt. Sie finden sich namentlich als hervorragende Begabung zu Mechanik, zum Zeichnen, zu Musik. An diese einseitigen Kunstfertigkeiten reihen sich weiter Fälle, wo ein auffallendes Wort- oder Zahlengedächtniss besteht.

Nie finden sich solche einseitige Begabungen bei der accidentellen, sondern nur bei der durch hereditär degenerative Momente entstandenen Idiotie.

Somatische Symptome: Zu diesen Störungen der psychischen Funktionen gesellen sich in einer grossen Zahl von Fällen anderweitige, von Läsionen der Centralorgane ausgehende Funktionsstörungen.

Im Gebiet der höheren Sinne findet sich häufig Amblyopie, durch Atrophie des Sehnervs oder Retinitis pigmentosa bedingt, ferner Schwerhörigkeit, unvollkommener Geruch (in einigen dieser Fälle hat man die Riechkolben verkümmert gefunden) und Geschmack. Auch die Hautsensibilität ist nicht selten abgestumpft bis zur Anästhesie.

Im Gebiet der Bulbusmuskeln besteht häufig Strabismus, seltener durch Krampf als durch Lähmung der Augenmuskeln, im Gebiet der Sprachmuskeln häufig Stottern.

Mannichfache central bedingte motorische Störungen finden sich in den Extremitäten, so

a) Krämpfe, bald partiell und auf Zehen, Arm oder Bein beschränkt, bald allgemein und veitstanzartig.

Häufig sind auch epileptiforme Krämpfe; sie können eine zweifache Bedeutung haben. Entweder sind sie der psychischen Infirmität coordinirte Symptome und durch die gleiche anatomische Ursache hervorgerufen oder die Epilepsie ist das primäre Uebel und hat die Idiotie herbeigeführt.

b) Von Contracturen finden sich spastischer Klumpfuss, caput obstipum, Contracturen im Kniegelenk.

c) Häufig sind paralytische Zustände.

Viele tiefstehende Idioten können weder stehen noch gehen; bei anderen besteht Schwierigkeit, beim Gehen das Gleichgewicht zu halten, es finden sich Anomalieen der Muskelinnervation, partielle Paralysen und Muskelatrophieen, wohl aufzufassen als spinale Distrophieen (durch gestörten Einfluss trophischer Centren des Rückenmarks), ferner Ataxieen und Coordinationsstörungen.

Viele solcher Paralysen und Muskelinsufficienzen sind durch die Hirnkrankheit, manche durch eine gleichzeitige Rückenmarksaffektion bedingt, zuweilen hat man dann auch Verminderung der elektrischen Contractilität gefunden.

d) Zu erwähnen sind endlich noch zuweilen sich findende automatische und Zwangsbewegungen, sowie choreaartige Störungen, die nach Schüle als Ausdruck direkter Erregungsvorgänge unvollkommen entwickelter psychomotorischer Centren aufzufassen sind.

Die sexuellen Funktionen zeigen bei den Idioten ebenfalls tiefe Störungen. Sie fehlen gänzlich bei den Idioten höchsten Grades, die

Genitalien sind häufig klein und verkümmert, die Menses treten spät oder gar nicht ein.

Es besteht Impotenz resp. Sterilität. Auch bei den Idioten mittleren Grades sind die sexuellen Triebe schwach entwickelt. Zuweilen beobachtet man brunstartiges Auftreten derselben. Bei höher stehenden Idioten kommt auch Onanie vor.

Auf central bedingte trophische Anomalieen sind der nicht seltene Zwergwuchs, die dicke fleischige Zunge, die wulstigen Lippen, die schlechten, bald absterbenden Zähne zu beziehen, wie sie in der Regel sich bei der endemischen Form vorfinden.

Verlauf und Prognose. Bezüglich des Verlaufs lässt sich bei den so verschiedenartigen anatomischen Processen, die der Idiotie zu Grunde liegen, wenig Allgemeines sagen.

Häufig sind die Processe schon vor der Geburt oder in den ersten Lebenszeiten entstanden, schreiten nicht weiter vor, und hinterlassen stationären Blödsinn. Da wo die Idiotie aus Epilepsie oder Hydrocephalus sich entwickelt, hat sie vielfach einen progressiven Verlauf und die einzelnen epileptischen Anfallsgruppen oder Nachschübe entzündlicher Hyperämie bilden die Stufen, auf welchen das geistige Leben seinem völligen Untergang zugeführt wird.

Selten führt die ursächliche Hirnkrankheit an und für sich zum Tode, durch Nachschübe des Hydrocephalus, acute Hyperämieen, Hirnatrophie, Meningitis etc., doch erreichen die Idioten im Allgemeinen kein hohes Alter, da das Hirn ein locus minoris und überhaupt die physische Widerstandskraft geringer ist als bei nicht mit dieser Infirmität Behafteten.

Am ehesten noch gestattet der endemische Cretinismus ein höheres Lebensalter, doch sind auch hier Beispiele von 60jährigen Cretinen eine grosse Seltenheit. Zuweilen tritt dauernde Besserung des Leidens ein. Es handelt sich hier wohl um leichtere Fälle, bedingt durch Anämie, Erschöpfung durch geistige und körperliche Ueberanstrengung oder Masturbation.

Therapie. Eine Heilung der Idiotie ist a priori nicht denkbar, denn es handelt sich ja in der Regel um abgelaufene Hirnerkrankungen, bei denen die Therapie zu spät kommt. Nur in seltenen Fällen, wo das Leiden auf constitutioneller Lues beruht, wo es Ausdruck functioneller Erschöpfung ist oder das allerdings durch palpable Hirnstörungen bedingte Leiden in seinen ersten Anfängen erkannt wird, kann von einem Heilversuch die Rede sein. Es können hier hygienische und medicamentöse Mittel in Frage kommen. Versuche, die hydrocephalische Idiotie durch Jodmittel zu bessern, haben zu keinem Resultat geführt. Selbstverständlich sind bei der Kinderpflege alle unter der Aetio-

logie angeführten Momente im Interesse der Prophylaxe wohl zu
berücksichtigen. Von einer Prophylaxe wird ferner das Meiste gegenüber dem endemischen Cretinismus zu hoffen sein. Neben der Entfernung aus dem Ort der Endemie, die allerdings die Nachkommenschaft am meisten vor dem Uebel schützt, aber nur selten ausführbar
ist, handelt es sich wesentlich darum, durch Verbesserung der tellurischen,
atmosphärischen, hygienischen Bedingungen, die Ursachen der Volks-
degeneration zu beseitigen. In der That haben darauf, speciell auf
Verbesserung der Volksbildung, grössere Reinlichkeit, Entsumpfung
von Gegenden etc., abzielende Bestrebungen bedeutende Erfolge aufzuweisen [1]).

Für die constatirten Fälle von Idiotie wird es sich in der Regel
darum handeln, die dürftigen Elemente eines Geisteslebens durch
methodische pädagogische Dressur zu einer leidlichen psychischen und
socialen Existenz zu gestalten und damit sowohl der Gesellschaft als
der Familie und dem Individuum eine grosse Wohlthat zu erweisen.
Diese schwierige Aufgabe fällt den Idiotenanstalten zu, die diesem
öffentlichen Bedürfnisse auch in anerkennenswerther Weise entsprechen.

---

[1]) Es sei hier nur an die Erfahrungen von Tourdes in Strassburg erinnert,
wo nach Regulirung des Rheinstroms und Entsumpfung der Gegend, die früher
grosse Zahl der Cretinen auf ein Minimum herabsank.